公共建筑装修谋略

GONGGONG JIANZHU ZHUANGXIU MOULÜE

朱树初　编著

中国建筑工业出版社

图书在版编目（CIP）数据

公共建筑装修谋略/朱树初编著.—北京：中国建筑
工业出版社，2014.8
　ISBN 978-7-112-17135-4

　Ⅰ.①公…　Ⅱ.①朱…　Ⅲ.①公共建筑—工程装修
Ⅳ.①TU242

中国版本图书馆CIP数据核字（2014）第180042号

这是一本从事建筑和装饰装修工作20余年的专家根据亲身经历写成的经验之书。文中的每一个字都是毕生经验的结晶。他给装饰装修项目经理、木工、油漆工上岗培训授课多年，一直在建筑和装饰装修行业从事管理工作，对现场情况十分了解。现为中国建筑装饰协会住宅装饰专家库成员，株洲市装饰装修协会专家委员会副主任。相信此书的内容，会让从事装饰装修行业的技术人员和学者耳目一新。

责任编辑：毕凤鸣
书籍设计：京点制版
责任校对：李美娜　关　健

公共建筑装修谋略

朱树初　编著

*

中国建筑工业出版社出版、发行（北京西郊百万庄）
各地新华书店、建筑书店经销
北京京点图文设计有限公司制版
北京建筑工业印刷厂印刷

*

开本：787×1092毫米　1/16　印张：13¼　字数：283千字
2014年9月第一版　2014年9月第一次印刷
定价：**36.00**元
ISBN 978-7-112-17135-4
（25935）

- Preface -
前 言

　　公共装饰装修，简称公装。在人们心目中，公共装饰装修比家庭装饰装修要久远得多，却很少见到谈论这个话题。其实，现在做的公共装饰装修，同以往已大不一样，值得谈论。特别是在中国的城镇化建设步伐加快后，更有必要将其作为一个课题来做，还必须要做好，以引起广泛的关注。

　　从一般情况来看，公共装饰装修似乎好做，没有什么风格特色可言，几乎都差不多。以现代风格特色为主，选用现代材料，只要显得大气和明快，觉得实用，使用方便，便大功告成。然而，实际状况根本不是这样，要适应现代社会发展和城镇化建设要求，以及达到投资业主的意愿，就不是一件简单和没有特色或个性的事情。公装同样有着人们难以意料到的状况，成为一个比较难的课题，需要下一番功夫，费很多力气，出不少主意，才能实现投资业主和公众的愿望，达到目的。

　　毫不夸张地说，现代人对于公共装饰装修工程的期望值越来越高，既要求其给予城镇化建设增光添彩，又要求其成为提高人们生活质量的"主角"和"希望"。"主角"要当好，"希望"要实现，条件要改善，环境要变好。公共装饰装修真能担当起这样的责任和义务？从现实状况看，公共装饰装修经历的时间虽已久远，但还是一个新兴的行业，显然有许多不成熟和多缺陷之处，需要各个方面的支持和帮助。尤其处在现行激烈竞争的市场环境下，其困难程度可想而知。具体到每一个从事这一行业的企业和个人，其生存和发展更不容易。要谈作为和抢占到行业的一席之地，获得竞争中的主动权，则必须肯钻研和善用功，费大劲，才有可能获得机会。

这是第一次就公共装饰装修课题进行讨论，撰写的内容基本上是本人亲身经历和总结出的工作经验，以及对现状的叙述和对将来的展望，难免有许多不当之处，只是为公装这个课题谈论做一个抛砖引玉之举，或作交流之用，期望从事公共装饰装修职业和做这方面研究的学者及众多读者们给予斧正。本书还得到谭家利、龙学工、刘秋平、蒋松林、郭德利、谢新成、梅玲、陈成等人的帮助，一并表示深深的谢意，不胜感谢！

- Contents -
目　录

第一章
公共建筑装饰和装修

公共建筑装饰和装修指的是家庭装饰装修以外的所有公共场所的装饰装修。在很大程度上取决于其所获得的不同作用和价值。从严格意义上讲，公共建筑装饰和装修是有区别的，侧重点也是不一样的，必须对此有明确的认识与理解。

第一节 公装概述

公共建筑装饰和装修,人们简称为公装。由此,从装饰装修行业上,也就形成了公装和家装两大概念。作为公装,其涵盖的范围是相当广泛的。在现实中,经常遇到的有商场、办公楼、写字楼、会场、酒店、学校、图书馆、展览厅、医院、车站、游乐场所、剧院、影院、电视活动中心、旋转厅、庙宇、连廊、电视塔、佛塔和门面等。由于其用途和获取的价值不同,以及规模大小的不一样,从而形成了装饰和装修上的区别。

一、公装的由来

公共装饰装修的形成是早于家庭装饰装修的。这是由于人类生存和环境发展的缘故。据相关研究资料得知,早在人类生存和发展初期,出于对大自然的崇拜和爱慕,人类经常将自己熟知的动植物图案和捕鱼、狩猎的场景很形象地画在公共活动看得见的岩壁上。由于长期坚持和不断完善这些图案逐渐让人们自身感觉到壁画、岩画的优美之处,似乎有着装饰的作用和效果。随着人类群居生活的出现便有了建筑。于是,人们把群居生活的建筑室内外墙壁绘上图案,一方面是为表达祈求食物的愿望,另一方面又美化了建筑。这些图案除了动植物和捕鱼、狩猎的场景外,又采用方和圆等简单的图案。这就是集体居住地装饰的开始。也是说,形成了公共装饰的概念。

真正显示出公共装饰状态的,是在人类进步和社会发展比较好的时候,人们最先将公共居住地的建筑和用来膜拜的神庙的柱身,柱头和柱基以及建筑的梁拱上。在世界东方中国和印度的庙宇内,欧洲的古希腊,罗马建筑柱上,都开始出现各式精美的画作和图案。这些精美的画作和图案显示出来的是公共装饰成效。因为装饰偏重的是视觉艺术角度的效果。公共装饰主要表现在皇宫的装饰上,给柱上、梁上和显眼的视觉面上,画上龙和凤等式样图案,虽然简单,由于花样百出,式样繁多,色彩鲜艳,给建筑增添了不少美感。人们曾经用雕梁画栋来形容古建筑的装饰。

随着生产的发展和人们生活的改善,人类开始把这些装饰上精美的画或图案同装饰功能结合起来应用,便形成了装饰装修。装饰和装修两者功能是有区别的。装饰,主要体现出装点修饰和装潢、打扮的意味;而装修则偏重于工程技术。施工工艺和构造做法。能将视觉艺术效果和施工工艺、工程技术结合起来,形成一个建筑物内外构造的完整性,比原有的建筑要完善美观得多。这样才不失为装饰装修功能得来的成效。

到了十七、十八世纪，在中国古代建筑上呈现的不再是简单的"雕梁画栋"的装饰，而是整座建筑内外装饰装修的画面了。在这个时期，在欧洲兴起了"装饰之风"。从这个时候开始便形成了装饰装修。那时，由于工商业的发达，人们积累了一定的财富，有了良好的经济基础。人们在建筑的室内外，不惜使用昂贵的材料进行装饰装修来炫耀自己的富有。尤其到了文艺复兴运动和工业进步，手工工艺发展时期，"装饰之风"更威，人们在公共和自己居住的建筑物上，运用装饰装修和绘画、雕刻及其他工艺艺术手法美化建筑和陈设。有的还不惜在装饰装修材料上，镶金镀银，充分显示出珠光宝气，华丽夺目。这样的"装饰之风"甚至影响到整个欧洲和美洲，波及周边的国家。到十八世纪末，这种装饰装修，从局部点线发展到面，再发展到整个建筑。例如中国北京出现天安门城楼的红砖黄瓦；故宫和颐和园的装饰装修等，都成为公共装饰装修的典范。

二十世纪后，随着形式和功能的结合，人们又将装饰装修方法开始脱离出建筑体，发展到空阔的大自然中，充分利用装饰装修手段，装扮着人们想美化和亮化的区域。

如今，装饰装修已成为公共场所环境改善不可缺少的手段，用来美化和亮化建筑室内外的环境，体会到视觉和感觉的舒适，而且运用其来创造价值。例如，商业场所的空间进行的装饰装修，就是为了追求价值和吸引顾客，其目的在于获得利润的最大化。在现代的公共装饰装修中，都是针对用途不同而进行有的放矢，装饰装修的谋划、设计、选材、工艺和施工方式千差万别，必须懂得和熟悉不同的装饰装修方法，如图1-1所示。

图1-1　古建筑装饰装修

二、公装方式

公共建筑装饰装修和家庭装饰装修是装饰装修行业的两大系统。公共建筑装饰装修有着其独立的特征。不说历史上形成的装饰特征，那是艺术家们和特殊工匠专门从事的工作性质。到了现代的公共装饰装修，却也不是一般人说干就干得了的，必须具有与其适应的知识和技艺，特别是实施现代工艺和技艺，更是需要有这方面的特长和技术。

从表面上看，公装方式同家装一样，似乎是瓷砖、木板、水泥和钉子之类的组合。其实不然，两者之间有着很大的区别。比如外立面装饰，其构造形式是钢龙骨和石板材、金属板、玻璃以及木塑板等人造环保材料。过去的建筑外墙面装饰装修，使用的是混凝土和石砂，或是混凝土面，或是水泥浆铺贴瓷片之类。如今为安全和美观起见，减少维修，完全采用大块干挂石材板，配装玻璃幕墙面和金属板拼铺等做法，不再是老工艺的粘贴方式了。建筑室外墙面的装饰装修，无论是小型墙面，还是大型墙面，同家庭装饰装修工艺和工序是迥然不同。因此，在装饰装修行业里，相应地出现了幕墙装配工艺和施工专业。

其实，公共装饰装修的室内工艺和施工，也同家庭装饰装修有着很大的不同。现代的不少小型商场室内装饰装修，看起来很简单，也很适用，不像家庭装饰装修那样，土、木、水和电等工序，样样少不了。尤其是水和电工序，还多是隐蔽性的工程，其施工工艺显得很复杂，需要小心翼翼。而公共装饰装修则没有这么复杂。例如，一些小型的店铺门面的装饰装修，一般是将成型的材料组合起来，或粘贴起来，再铺贴整块的招牌布（板），就像模像样地改变了原有的面貌。室内的墙面和顶面，也同样可以用组合方式装扮起来，显得简洁明了，大方适用。这是公共装饰装修的发展趋向。

具体到现阶段的公共建筑装饰装修方式，比家庭装饰装修做法要丰富得多。仅涂装就有刷涂、滚涂、高压无气喷涂和气压喷涂等，还有贴装、画装、铺装、配装、包装和套装等。这些方式，既可以专用，也可同用，显示出公共建筑装饰装修方式的多样性和协同性，却是家庭装饰装修工程中不容易做到的。

涂装，主要是针对建筑室内墙面，顶面和外墙面。其材料选用水性和油性涂料。其功能有着改变原有墙面的功能，起着装饰、保护和标识的作用。其工艺相对比较简单。但若是针对再装饰装修的墙面和顶面的涂装，必须先清洁和打磨好底面。假如是针对需要批刮仿瓷的墙面，则最好在清洁和打磨好的底面上，先喷涂一层涂料膜后，再批刮仿瓷，这样做出的墙面和顶面的装饰装修质量要好得多。

实施涂装方式，主要是按工艺要求来做。先要对涂饰的表面进行细致的处理。表面处理得好，对涂饰的效果有保障。如果涂饰前的表面处理不好，犹如麻布袋绣花一般，越绣越差。同时，涂饰的表面要干净干燥，保持洁净的作业环境，选择适宜的涂料。这样，无论是刷涂、滚涂，还是喷涂，麻涂，都能得到理想的成效。

涂装要根据设计要求确定好涂层和刷涂的次数。每次作业，对其表面都要做良好的处理，保证涂饰的底面光滑和清洁，不能有任何的麻面，底面必须干燥彻底，不能有湿润状况。每次涂层宜薄不宜厚，一个面最好一次性操作完成，不作多次施工。而且，涂料要使用一个批号和型号，每次调配都用完，不宜作多次调用，以免涂料发生变化，对涂装造成影响。

贴装方式是引申电子零件安置于印刷电路板表面技术的做法，主要是针对涂饰好的表面再贴上装饰布（纸）材料。这是在装饰装修行业兴起的一种方式。对于公共场所进行再装饰的墙面和顶面,要去不少工序和缩短很多时间,才显得简洁和快捷。

贴装前一定要处理好贴饰的表面,既要打磨干净,又要打磨光滑平整,使之没有凹凸的麻面。在处理好底面后,先将底面涂刷一层粘胶,除去底面粉尘颗粒,保持光滑的面,在晾干若干时间后,再实施贴装工序,方能保障粘贴质量。

同样,画装也是在涂饰好的墙面或顶面,采用作画的方式进行装饰。其底面涂饰的色彩最好以白颜色为好,才能体现出画装的效果。这种装饰装修方式,给行业增添了技艺色彩,似乎有些返璞归真,把艺术应用于现代装饰装修,使公装成效能满足于某个环境和个人的需求,带来了诸多便利。

包装是公装中常见到的一种方式。这是为在装饰装修施工中简便过程,方便装饰,掩护隐蔽,改变面貌,提升质量,加快速度,按照一定的技术方法,应用型材和辅助物等,将物体包装起来,达到装饰装修的目的。实施包装方式,必须具有包装对象,选好材料,设计出造型和规定结构及防护技术等,并能够获得好的视觉效果。在公共建筑装饰装修施工过程中,无论针对大型的装饰工程,还是小型的装饰工程,都可以做得到。主要是把好包装形状的设计和加工关,同时,要选择好材料和色泽。基本材料有塑料、玻璃、金属、陶瓷、竹木材和复合材料等。色泽则是包装中最具装饰装修作用的,应当依据整个装饰装修风格特色选择准确,不仅可增强装饰性,而且给人以强烈的感召力。如今的公共装饰装修工程施工中,首要选择的是适合人体理念的绿色环保的包装。既要选用绿色环保材料,又要运用环保工艺手段,为做好整个工程的装饰装修结构造型和美化装饰装修成效,来显现出包装的作用。优秀的包装成效体现在善于结合事物本身特征,充分地运用外形要素的形式法则;善于适应作用要求,进行准确成效定位,并能够体现个性美的特点。例如商场和餐饮的装饰装修选择形式是不同的。善于选用"轻、薄、小、短"为适合性,杜绝夸大和无用性发生;善于从自然中吸取灵感,应用模拟手法进行多种多样的创新,体现出新颖效果;善于运用新工艺、新材料和新式样,进行不同性质或式样的包装。像在同一类空间和装饰装修工程中,可选择不同材料和不同式样,做多样性包装;善于应用环境和人的适应性要素,尤其是能根据不同环境、不同状况和不同作用等,做灵活性包装。总之是善于大力展现包装的优势,克服不利因素,将包装工艺在公共装饰装修工程中发挥得最好。同时,善于应用其技术要素,减少污染,降低消耗,改善生态,达到绿色环保的包装要求。值得注意的是,进行包装施工,最好能实行可拆卸式,利于装拆和更换,其形式可采用单一式、组合式、复合式和综合式等,以针对其作用做为好。

实施配装的方式既可应用于室内工程施工,也可应用于室外工程施工。以往室外的装饰装修工程施工,大多采用石板材、玻璃为主材。石板材作为室外装饰材料的有贴片,就是将小块的瓷片或小石板,应用水泥浆或粘贴胶贴于外墙面上。

针对大一点的瓷片和石板材，则是先安装金属龙骨，再用胶粘的方式扣挂在龙骨上进行配装，可达到良好的装饰装修成效。随着装饰装修新材料的不断涌现，要尽可能地应用好。例如，现阶段出现的木塑板材，是一种新型的装饰装修材料。这种新型材料，既可替代有限的木、竹和石材，又能针对装饰装修的色泽，任意地加工出相适宜的型材。其材料成分由天然木纤维和高分子树脂经高温复合改性而成的生态环保材料。色泽可任意调剂，具有多种型面供选择，质地均匀，可防腐防蛀，防水防潮，不翘曲开裂，防火阻燃，易于切锯、刨削、钻孔和安装，不需要任何涂料，不含任何对人体有害物质，其使用寿命是自然木材的 3 倍以上，是室外墙面和地面公共建筑装饰装修首选的材料。

值得关注的是，在公共建筑装饰装修工程施工中，目前还没有得到普遍应用的方式，则是成套装的方式，同家庭装饰装修中的集成装饰装修有相类似的状况。集成装饰装修主要是整合同家具相关的所有产业资源，上下游企业联盟形成战略采购和供应链，为消费者提供节约成本和装饰装修时间，全环保的一体化家装及全方位的服务模式。由此可见，对于公共装饰装修也应当向这样的趋势发展。借用"套装"这个名词，实现装饰装修一体化，有利于提升公装的成效，加快工程施工速度，缩短时间，节约成本，达到整齐和谐统一的印象。在现场普遍应用的有套装门、套装材料、套装玻璃幕墙和套装家具等，形成配套模式，不能不说是公共装饰装修行业的进步。如图 1-2 所示。

图 1-2　应用木塑板装饰装修一条街（湖南湘潭市）

三、公装的作用

一般情况下，公装同家装一样，有改变和美化室内外环境的作用，让人有一种舒适满意的感觉。但是，不少的公共建筑装饰装修还有追求商业价值，获得其最理想利润的作用等。在现代生活中，很多的公共建筑装饰装修是为了显示某一地域、某一单位和某一部门的经济基础状况，也有的是要改变一种心理压力，让自身精神能振作和兴奋起来。在这里说的公装作用是针对建筑改变面貌和改善室内外环境而言。

首先是简化工作，提升品位。针对装饰装修给予建筑改变面貌和改善室内外环境，无论是给予建筑外墙面干挂石材板，还是做外墙面涂料，装配木塑板等，给予建筑外观提升品位带来了意想不到的成效。面对室内外墙体的收口收边，以建筑砌体不好解决，或者需要花费高成本的边缝和接口处，采用装饰装修的方式要容易得多，也简便得多，且从工序和工艺技术上也要好一些，既可从人力、物力和财力上得到节省，又从建筑解决难题上得到简化，其质量也是靠得住的。例如，一个大商场或一个大会场，在一个硕大空旷的室内空间里，有些立柱需要改变外观状态，使用装饰装修方式做涂饰，或做包装，比使用建筑方法要好得多。尤其是从壮观角度上，应用包装和涂色彩的方式，就完全可以达到目的。像天安门城楼这样雄伟壮观的建筑，如果只有原体建筑，而没有室内外的装饰装修，其壮观程度是有很大区别的。又如现行的塔楼建筑，有许多的缝隙和收边处，应用建筑工序的施工方法，处理起来显得很繁琐，也难以达到视觉好看的效果，更不要提品位了。如果应用装修装饰方式，或是包装、配装，或是应用其他的装饰装修方式，从工序和工艺技艺上要比建筑工序施工简便得多，用材也显得灵活，质量和视觉成效都可以上几个台阶。

其次是质量靠得住，让人放心。随着现代建筑业的发展，建筑结构有了很大的变化。除了原有的干打垒和木结构、砖混结构、竹木结构、土木结构、框架结构和板式结构外，又有了钢混结构和钢结构等，对于钢结构之类的建筑，应用金属材料和复合材料，能够形成整体式建筑，而作为造型式的钢结构，不作外装饰装修，是达不到美观和适用要求的。像湖南省株洲市在提升城市品位上，为建设4A级旅游景区的神农城中，将其中几大建筑都设计成钢混结构和钢结构式，还将钢结构做美观式造型。针对这样结构的建筑，仅以建筑手段是达不到壮观效果的，从保障质量和美观成效上，必须实施装饰装修方式，从用材到保证造型不变，室内外装饰装修用材都选用轻型的，不会影响到结构质量安全和外观变化，还能为观赏性增光添彩，让人有美不胜看的感觉。

再次是建筑补充的延伸，收获功能奇效。如今的装饰装修，不再完全依附于建筑体，有着独成一体的趋向，视其为建筑体的补充延伸不为过。在现代建设中，不少公共建筑群体，需要附属品来补充。这个补充就是装饰装修方式。例如，大型商场外的标识和广告牌，还有室内外的装饰物和家具系列及陈设物，都是属于公共装饰装修的范畴。对于商场开业和建筑的感召都有着不可替代的作用。特别是一些起着独特用途的建筑，像庙宇、游览长廊、电视塔和宝塔等，都是必须经过装饰装修的补充，能起到建筑拾遗补漏，完善应用机制的作用。

第四是增值提效，增添感召力。在现有的使用功能上，每一个公共装饰装修都有着增值提效，增添感召力的作用。游乐场、影剧院和宾馆，特别是酒楼，必须经过装饰装修，即使是一个小超市，想要招揽顾客，没有装饰装修是不可能的。又如写字间和办公楼，也是必先进行装饰装修，不经过精心装扮，似乎感觉是在毛坯房里办公，显得很寒酸，会让办公者很不安心的。如果酒楼内不进行装饰装修，会令人感觉是住在寒窑里，或在冷窑里一般，就不会有顾客光顾和生意兴隆。由一个毛坯建筑和经过装饰装修的楼栋作比较，毛坯建筑很明显地比不上经过装饰装修的楼栋。这样的例证比比皆是。因此说，公共装饰装修有着增值提效，增添感召力的作用，绝不是虚夸。只是增值提效还同管理、服务等方面有着密切关系，则另当别论了。如图 1-3 所示。

图 1-3　公共装饰装修的作用

第二节　公装条件

任何公共建筑装饰装修是需要条件的。这个条件，既有外部的，也有内部的，有工艺技术上的，也有施工过程中的等。由具备装饰装修资质企业来做。不同资质等级的企业做的工程大小规模是有很大区别的。因为具有资质等级高低不同，其技术力量也不同。现在国家规定的资质企业等级有特级、一级、二级、三级。规定各等级企业承担公共建筑装饰装修工程是不一样的。最好是选择有设计和施工成一体的企业，其技术力量是比较好的。在这里说的公装条件，主要侧重于工程施工中必具的条件。

一、工艺技术　规范明确

正常情况下，做公共建筑装饰装修的普遍工艺和技术是有明确规定的。凡做过工程的都知道常规下，每一个工种的工序流程是很明确的。例如，承担一个室内装饰装修工程施工，必先从水电隐蔽工程施工开始，再做吊顶、墙面和地面的施工。具体到做吊顶工序，则是先做吊顶杆和龙骨架安装调手，有次龙骨安装的，安装完成后，要检查是否平整，检查平整无误，接着封面板，再做面上作业，达到工艺技术的平整和符合视觉成效。在这里说的工艺技术规范明确是针对公共建筑装饰装修的不同工程，尤其是针对大型的工程施工的工艺技术要求不是千篇一律，是有区别的。又以吊顶工序为例，有平面型、凹凸型、波浪型、圆弧型及半圆弧型等，面上封板就有不一样，用材不一；有批刮仿瓷涂饰，也有贴面布（纸）。针对有宾馆和招待所，有酒楼和饭庄，有剧院和影城，也有旱冰场和滑冰场等，针对公共场所的用途不一样，要求的工艺技术和选用材条件显然不一样。但每一个工艺技术要求必然是很规范的。这样，对于工程施工者必须要明确其工艺技术，有专业性的知识和实践经验。否则，便会达不到设计要求。

例如做饮食公装工程施工同做影视城的公装工程施工，就会遇到不少装饰装修施工上的不一样。即使是做相同名称的工序，也会出现许多不同的情况。饮食公装工程中施工的墙面，必须做得很平整光滑，需要铺贴瓷片，易于清洁卫生，选用材是符合这方面条件的瓷片或相适应的复合材料；而影视城公装工程施工的墙面就不能这么选材和施工，必须以符合吸声消音的要求为重点，选用的材料是吸声消音好的混纺布或其他相适应的复合材料，却不是易于清洁卫生的瓷片。像这样不相同的情况有很多。

同样是做室外的装饰装修，一栋写字楼、办公楼或商务楼，必然同文化艺术楼、游乐城或庙宇等是不尽相同的。如今不少办公楼的室外墙面的装饰装修是滚涂或刷涂外墙用涂料的，还有贴瓷片的，干挂石材板的，也有拼相木塑板材的。仅这些装饰装修的施工工艺技术就有很大的区别。更不要说同做仿古典风格的庙宇类外墙的装饰装修工程施工的工艺技术。这类建筑室外墙面的装饰装修施工用材，大多应用的是仿形复合材，使用的是干挂或粘贴不一样的工序及工艺技术。面对这些千差万别的装饰装修施工工艺技术，具体操作都是很规范明确的，必须做到心中有数，知根知底，而不是半知半解，或一窍不通，就不符合做这一类公装工程的条件。做公共建筑装饰装修工程，一定要把质量和安全放在重中之重。特别是针对做大型的公共装饰装修工程，遇到的建筑一期同二期，或是钢结构同混凝土框架结构连接在一起的，有明显伸缩缝的装饰装修工程，从顶面、墙面到地面的施工工艺技术的要求，就应当有明确规定，必须按要求来做。不然，就会发生让人"头痛"的问题。例如，在参加湖南省株洲市神农太阳城这个具有室内装饰面积二十多万平方米的装饰装修工程中，就遇到一、二期建筑连在一起，纵向连接是混凝土框架结构连体，横向为钢结构连接混凝土结构，其连接逢，即伸缩缝的装饰装修工艺技术由于规定不明确，又因建筑的伸缩缝处理不到位，造成装饰装修铺贴地面瓷砖、墙面干挂的石板材，遇到热胀发生起拱、开裂、松动和脱壳等一系列问题。其实，建筑做了伸缩缝处理，装饰装修铺贴地面砖和墙面干挂石板都留了 10 毫米～15 毫米左右的缝隙，却没有达到建筑伸缩的要求。特别是有的没有预留 10 毫米缝隙的地面铺贴，不但会使相邻地面材料全面起拱和开裂，还会令未连接的只相邻近 20 毫米厚的钢化玻璃被挤得变形和碎裂，造成不必要的损失。无奈之下，重新按规范做伸缩缝处理，方才达到要求，解决了这一问题。

二、风格档次　品位确定

在人们的心中，似乎做公共建筑装饰装修有风格、档次和品位之说。这是不准确和不内行的说法。其实，公共建筑装饰装修工程是有风格、档次和品位的。一般的公共建筑装饰装修工程显现出来的是现代风格与和式风格，或自然风格的结合，也有不少的是古典式，中式和简欧式风格的。例如，古建筑和新建庙宇这一类的新装饰装修基本上是古典式风格；有的办公室为显得庄重高档和符合个人喜好，应用中式风格做装饰装修。因此，公共建筑装饰装修是有着风格之分的。事先要给予确定，让做工程者心中有数，胸有成竹，把握准确，不要搞混淆了。风格，显现出来的一种品格，给公共建筑装饰装修的形式作出分别，体现出装饰装修的品位。现实中，人们似乎认为公共建筑装饰装修不存在品位，显然是不正确的。随着人们对公共建筑装饰装修要求的严格性的理解，装饰装修材料的不断更新，尤其是市场竞争性的加剧，除了提高工作服务质量之外，必然会在公共场所的档次上做文章，以获得更好的工作效果，或取得更多的商业利润。

品位是由档次决定的。档次又是由设计和用材质量高低决定的。随着自然材料资源的局限，越来越多应用的是仿型复合材料。这类装饰装修材料是在激烈的市场竞争中脱颖而出，必然会体现出其特有的品位和档次的。只是需要使用者善于辨别，应用适宜，防止给承担的公共建筑装饰装修工程施工造成差错或差别，不出问题是需要具备一定的条件，都是给予装饰装修操作者提出的严格要求。

做公共建筑装饰装修工程，提出风格，档次和品位的确定，是做好公装工程的一个先决条件，并不是随意撰写和无根据的。像现实中出现的提升城镇品位的建设中，具体到装饰装修就有档次和品位要求。如图1-4所示，其所呈现的设计和施工成效是具有档次和品位的。如果现场施工操作者不能按设计的工艺技术要求做，或是对设计理解不透彻，是做不出其风格特色的。显然就不符合公共建筑装饰装修现场施工者的条件，不仅给自身名誉带来了不好的影响，而且给企业声誉造成难以估量的破坏。

图1-4 呈现公共装饰装修的档次和品位

由于经济的发展和人们生活水平的提高，以及城镇化建设的如火如荼，人们对于公共建筑装饰装修的档次和品位要求会日益讲究，不再是千篇一律的形状，有着不断提升档次和品位的多类型风格的欲望，对投资业主或使用者也是求之不得，对提升城镇建设也有良好的基础。对于这一点，作为公共装饰人必须要有清醒的认识。

作为公共建筑装饰装修的风格特色和档次品位，一定会随着经济增长，社会开放和时代进步不断地提升对从事这一职业的人员，必须要适应社会开放和时代进步需求，认真地把握好这一条件，才能给自身的事业带来便利和优势。同样，由于公共建筑装饰装修行业的开拓和发展，同其密切相关的行业也在发展，水平也在提高，所以要时刻关注其变化，要成为内行，不可当门外汉。对于提高公共装饰装修档次品位是至关重要的。比如，今后的装饰装修专用材料，就很有发展前景，必须对各类材料的性能、特征和用途有一定的懂得和掌握。这对于做好工程施工是不可缺少和不能放松的。总而言之，一定要抓准公共建筑装饰装修风格特色，掌握各施工和用材的工艺技术，把握好人们对档次品位欣赏的脉搏，了解城镇建设对公共建筑装饰装修质量的要求，无疑是抓住和抓紧了做好公共装饰修工程的"牛鼻子"，就可以在竞争激烈的行业中占有一席之地。

三、难点重点　把握准确

做公共建筑装饰装修工程同做其他事情一样，要不断开发，不断进步，不断发展。在开发、进步和发展的过程中，会同样地不断出现新情况、新问题、新疑点和新重点，对于做好公共建筑装饰装修工程是有阻碍和困难的，面对这样的条件，必须要以积极、认真和进取的态度，用科学的方法，准确地把握好，不能出现畏难和无所谓的情绪。

在做每一项公共建筑装饰装修工程时，无论是大型的，还是小型的，作为现场施工者，都要善于以抓疑难和重点问题开始。对于每一项工程，疑难是存在的。带着疑问和寻难点问题的态度，是做好每一项公共建筑装饰装修工程必须具备的心态，才有思想准备和严谨的姿态面对工程中出现的问题，就能从容不迫地去解决工程中出现的任何问题。对于做公共建筑装饰装修工程的人，尽管做得多，凭借着丰富的经验解决了不少的实际问题，但在新工程经历中，还是会遇到疑难和需要解决的新问题。何况是新手和做工程不多的人，更需要有遇到疑难，解决难点问题的思想准备和对自身的要求。俗话说："万事开头难。"如果在做工程前，有着寻找难点、解决问题心理，便会很主动地将设计图纸和工艺技术要求有条不紊地梳理多次，有充分的思想准备和胸有成竹的心理做工程，才会有难不倒做得好的把握。

有了找疑难、抓疑难的思想和行动，还有善于解决疑难问题的把握，就有了为做好工程准备的前提条件。同时，还要有善于抓重点和解决重点问题的能力。每做一项公共建筑装饰装修工程，必须有能抓住重点和有解决重点的能力，则为工程进展顺利和做好创造了条件。以做公共建筑装饰装修工程很顺意的经验得知，做工程就需要围着重点做好文章，好比每一张网要撒得开收得拢，就必须要抓住网上纲，纲举目张，撒网就得抓住纲一样，公共建筑装饰装修工程重点有显而易见的，也有不明显却实际存在着的。况且，每一项工程重点都不一样，有吊顶的、造型的、空间和地面的，还有不可能显示在某个固定的方位或部位的。例如，一个小商场的装饰装修，顶面做得很简单，还实施"套装式"方法，做起来显得很简便。像这样工程的重点必然放在地面铺贴和选用材料上。特别是针对大铺贴面的公共场所，一定要组织好人员把地砖铺贴好。这是针对重点确定在地面铺贴的装饰装修状况。像做二十多万平方米的室内装饰装修工程，其中又分出若干个小经营场所，由自身解决装饰装修的。在大面积公共建筑装饰装修工程中，有几十个天井空间作装饰装修，那么，就需要重点抓住"天井"这个工程做出特色，带动其他方面的装饰装修，并把做"天井"装饰装修工程的质量和安全摆在首位，只要做好这个重点工程，其他方面的施工就好做和顺利多了。至于那些在"大公共"外的"小公共"门面装饰装修，也是围绕着"天井"做出特色来。但有一些经营的小门面所处的位置正好在一、二期土建工程相连接的地方。按理说，这些经营的小门面能够将地面铺贴摆在重点上，如何处理连接处的"伸缩缝"，问题就好解决了。然而，现场的施工者对管理人员的要求充耳不闻，我行我素，重点把握着地砖的铺贴质量和进度。从表面上看，施工是抓住重点，保证了铺贴质量，做到了铺贴平度和视觉上的良好效果，然而，商场开业不到一个月地面铺贴的问题便开始出现，在未经过处理的伸缩缝上铺贴的瓷砖出现开裂、空鼓和起拱的现象，并将"大公装"安装在门面的大型钢化玻璃挤得碎裂，显然是没有真正抓住重点给装饰装修造成的恶果了。

　　像标有文化艺术名号的长廊的装饰装修工程，按理说其重点应放在长的廊柱和墙面上。可是，担任装饰装修工程设计单位和从事实际施工的企业，却不在"文化艺术"上做出好文章，既没有在长廊柱上和墙面上这些游客很容易看得到的区域反映出"文化艺术性"，也不在顶面和地面不很显眼的部位做"文化艺术"的补充，泛泛地做着平淡的装饰装修，工程施工质量倒是做得很认真细致，没有太多可挑剔的。对于这样的"成功工程"，却受到多方面的指责，说是"名不符实，乱花冤枉钱"、"浪费装饰装修资源"、"请了文盲工程设计和施工企业"等。这就是抓不住重点做工程的结果。

四、上道工序　质量保证

　　这似乎是一个谁也不敢否认和必须认可的条件，又觉得是多余提出的。可是，在实践中，却经常遇到不能够处理好和保证的条件，造成的后果，给公共建筑装饰装修工程带来的诸多麻烦。

　　公共装饰装修工程的上道工序，并不像泥、木工序那么直接简单。例如，泥工干铺地砖的上道工序有浸瓷砖和干沙与调灰浆，将瓷砖浸湿后晾干水等；木工锯方木前的上道工序是将木头刨方正和划好线。而公共建筑装饰装修的上道工序包括的范围就很广泛了。从一般公装工程上来看，可含有强、弱电线的铺设或预埋，有消防管、空调管、进、排水管铺设和电梯、扶梯及建筑顶面的不漏水、不浸水等。这些工序若由一个企业的几套人员有序施工，或许能保证质量，不出和少出问题。各个工种的施工管理能按照自身的工艺技术要求，保质保量地做好工序，对装饰装修工程的施工不会造成太大的影响。如果不是一个企业组织的施工，或是一个企业组织各工种施工不得力和不到位，或是为了赶工期不重视质量检查和把关，任由招聘来的劳务工自行作业，或是这些施工完成后没有做竣工验收，就匆匆忙忙地要求进行装饰装修多道工序同时施工，或是齐上阵，等，或是装饰装修的基础性工作也做得很匆忙和质量无保证，是会给予整体性装饰装修工作造成不必要的损害。

从公共建筑装饰装修上道工序的状况看，确实纷繁复杂，名同繁多，道道工序对做好装饰装修工程都有着密切联系。每一道工序质量不能保证，就要影响到装饰装修工程施工或施工质量。比如，消防验收过关是公共建筑装饰装修每一个工程必须达到的。假若在进行这一道工序中，不按工艺技术要求来做。从挑选材料到现场施工安排，再到空间安排和连接及施工质量上，不能有任何一个环节出现差错，不仅是要按图纸和工艺技术施工、检验过得硬，而且还要按照现场实际做到位，不发生影响装饰装修工程的情况，不然，就达不到装饰装修施工条件要求。尤其是消防管的连接和喷淋头出现漏水或渗水的现象，都会给装饰装修造成意想不到的影响，甚至会使后道工序返工。像铺设强弱线路，有的铺设和做的桥架有几千米的长度，其铺设线路和桥架的工艺技术要求必须是平铺的，有严格的规定，如果是按图纸而不按现场实际情况来做，往往会出现妨碍装饰装修吊顶高度及美观问题的发生。也就是说，铺设桥架不按实际情况，也不顾及装饰装修吊顶需要的高度，任由桥架平铺，往往使桥架内铺的电线路拉直拉紧了，要修改，就只有从源头开始发生变化，就很难做到，达不到更改的要求，这样也就给装饰装修吊顶造成难以达到规定的高度和工艺技术要求了。

所谓上道工序质量保证，不是单纯从上道的每一个工序自身质量而言的，却是需要符合装饰装修多个方面的施工要求，不受任何影响。否则，装饰装修工程施工很难达到保障目的。如果由一个企业来综合平衡，也许不是大问题，容易得解决。假若牵涉到多个企业承担施工，恐怕就不容易得到平衡和保障，也就要妨碍到装饰装修的顺利施工。这种现象对于承担一个大型的装饰装修工程，不仅对室内施工存在这样的担忧，室外施工也存在着这方面的担心。因为，作为综合性的公共建筑装饰装修工程，还有外景的布局和亮化要求，必须给这些工程施工顺利进行做前期准备，预埋线和就铺设管道，假若不能够做统筹布局和系统安排，都会给室外墙面干挂石材板、装配玻璃幕墙，或做其他方面的装饰装修造成影响，与布线埋管发生矛盾，或有碍视觉成效和达不到美观、安全、顺畅的目的。

一个要求做公共建筑装饰装修的场所，不仅是为实用，而且是要美观。特别是美观上的要求日益严格，能经得起公众的评判。众口难调，公众的美观感觉是最难平衡的。要做得到公众满意只有在做工程施工中下好功夫，做好文章了。

公共场所的装饰装修成效需要符合公众的"口味"，由公众认可。所以在这方面的要求标准宁高勿低，宁好勿差，宁全勿缺，做到万无一失最佳。

因此，要求上道工序质量保障这个条件，是做好公共建筑装饰装修工程必不可少的。必须引起广泛重视和千方百计地做到做好。

这是针对做大型综合式装饰装修工程而言。如果是做小型和再装工程要求上道工序质量保证，还涉及结构上的问题。现行的小型公共装饰装修工程使用时间不很长，3 年或 5 年或 10 年要进行换装，再装或改装的情况很普遍。一些古建筑年久失修，要恢复其本来面貌和达到其使用要求，从内到外进行新的装饰装修，必然会影响到其结构稳固，或者在用材同原结构、原装饰装修工艺技术上发生变化，就有了上道工序质量保证问题的存在。例如，原装饰装修使用的涂饰材料是植物性"大漆"。这种材料制作工艺技术和现代应用的"大漆"质量是有差别的。在做新涂饰前一定要注意到饰面的变化，一定要注意质量效果。即便使用替代品也要保证涂饰成效不要出现太多的反差。针对再装饰装修时的建筑结构、材质和饰面等先期工序，必须要做好和做到位，不能出现任何问题，保证再装的顺利进行，确保工程质量和安全不发生隐患，实现预期目标。

第三节　公装步骤

公共建筑装饰装修不同于家庭装饰装修，涉及的范围和要求不同，使用成效和人员不同，保护方法和理念不同，从而形成其自身独有的装饰装修特性。对现有的步骤要知根知底，心中有数，敲定方案，签订合同，施工准备，材料明确和细部处理，检验整合，努力地实现一个装饰装修工程做得更好的目标。

一、知根知底　心中有数

如今，社会上对从事公共建筑装饰装修工作有一种不实的传言："做公装，做关系。"言下之意，似乎做公装不需要懂得装饰装修专业知识和技能，随意组织人员拼凑就可以搞定的。对于这样的传言，只能说知其表面，不知实质，把公共建筑装饰装修形容得太过简单。其实，做公装比做家装更不容易。主要在于公共建筑装饰装修的情况要复杂得多。特别是酒店、宾馆和商场等装饰装修以"星级"作衡量，就相当严格不能有一点疏忽。做公装，是做关系，说到了问题的一半。

即是互相熟悉和信任。这种熟悉和信任，建立在相互了解的基础上。面对大型的装饰装修工程，作为投资业主或使用者，在寻找装饰装修企业时，应用招标的方式确定下来，必须要了解其工作实力和组织能力，也就是要了解得标企业的资质，以及其政绩，善于做哪方面的工程等。对于资质等级的高低，国家对于具备各级资质企业的技术人员组成和管理人员及技工配备都有着严格的规定。具备哪一级资质的企业能承担多大工程的施工。作为投资业主或使用者必须十分清楚。在双方建立合同关系后，还必须搞好关系，才能够使工程能够顺利进行。反之，任何公共建筑装饰装修工程都无法做好。

依照国家的规定，具有三级以上（含三级）资质的企业，才具有承担公共建筑装饰装修工程的资格。而且还严格规定承担工程大小的是不相同的。仅以三级资质"单项建安合同额 500 万元以上的房屋建筑工程"。严格规定：企业经理具有 5 年以上从事工程管理工作经历；技术负责人具有 5 年以上从事建筑施工技术管理工作经历，并且具有本专业中级以上职称；财务负责人具有初级以上会计职称。企业有职称的工程技术和经济管理人员不少于 50 人，其中工程技术人员不少于 30 人，工程技术人员中，具有中级以上职称的人员不少于 10 人。企业具有的三级资质以上项目经理不少于 10 人。企业注册资本金 600 万元以上，企业净资产 700 万元以上。企业近 3 年最高年工程结算收入 2400 万元以上。对于二级、一级和特级资质企业均有相关的严格规定。这些情况，作为投资业主或使用者方面必须对承担工程建设方的情况是熟悉和清楚的，才有可能将工程施工和自己的愿望交给对方来承担。

知根知底，心中有数，除了投资业主或使用者做到外，同样，作为承担公共建筑装饰装修工程施工的企业，也需要达到这样的要求。一方面需要了解和清楚投资业主的经济实力和给予工程施工的资金来源，有利于工程施工承包方放心大胆地做，不需要有任何的担心。还有作为承担工程施工的企业的知根知底，心中有数，主要还在于对施工的建筑构造承建时间、质量状况、构造情况和做装饰装修的要求得清楚明了，做到胸有成竹，才能有把握做好工程。

首先要了解建筑构造状况和现有状态。必须要到现场实地查看，仔细查验，对房屋结构、质量和面积大小等都必须清清楚楚，不能存在模糊不清。例如，对于门框的检查，门框安装是否牢固平整，门框和墙体连接是否密封严实，门框表面有无异常、开裂和破损等。门页有无变形、开裂和表面情况等。建筑墙面是否平整，有无空洞和开裂、起泡等。还有地面是否发生"起灰"和不平整的问题。特别是针对再装饰装修的建筑状况，更需要了解清楚明白，不能存有任何疑问。

其次是要了解清楚装饰装修规模和风格、档次及特色要求。这是做好装饰装修工程很重要的一点。这为谋划设计、预算、选材和组织施工做铺垫和准备的，也是做好装饰装修工程的前提。做到心中有数，不做无准备的工程，不做匆忙无把握的工程，为保质保量和按设计要求做好工程，让投资业主或使用者满意。这个过程既需要投资业主紧密配合，又需要投资业主事先认可，才能顺利地将工程进行下去，做好做出成效来。

再次是要了解清楚周围环境和多方面的情况。这是知根知底，做到心中有数不可缺少的。周围环境涉及工程开发，是否影响到左邻右舍，能否出入交通便利，是否会受到干扰和发生矛盾等，能为顺利做好工程不出意外创造条件。做公共建筑装饰装修工程，有很多都是处在建筑密集，人口众多、交通繁忙，经商热闹和竞争激烈的区域，难免会发生多样性的情况，让人防不胜防，意想不到。能够多方面地了解清楚，做好必要的准备工作，是同做好公共建筑装饰装修工程密切相关的，必须做得扎实。

二、签订合同　敲定方案

承担任何公共建筑装饰装修工程，签订合同才是正式进行工作必不可少的重要一环。凡是口头上认同的只是意向性的，不能作为承担工程的凭据。承担任何工程的确定是签订合同。但这个情况不完全是一个模式。确定方案和签订合同，也许是两者同时进行，也许会分出先后。各种情况都是有的。

签订合同是工程关系中最基本的要求，是决定今后执行中所有问题的标准也就是说，签订合同的双方必须要按其条款执行。合同签订内容分有资格审查。审查合同相对方的民事权利能力和民事行为能力（合同法第九条：当事人订立合同，应当具有相应的民事权利能力和民事行为能力。当事人依法可以委托代理人订立合同）。对单位就是审查对方是有从事相关经营资格、资质、履约能力和信用等级等。对公民就是公民是否属于限制行为能力人，无行为能力人，是否对合同标的有处分权。可要求对方提供相应的证明文件，并在提供的文件上签名盖章，确保真实有效。文件包括营业执照复印件，资质证明，授权委托书，详细记录其身份证号码、住址（地址）、电话等。对于标的额较大的合同应派人进行落实。基础工作做好，可以很大程度地减少纠纷。

在签订合同时，需要检查相对方的身份，重点是有无代表企业（单位）或他人签订合同的资格。凡不是代表本人的一定要有授权委托书，代表企业（单位）的要加盖公章（不能用部门或财务章等代替）。否则，一旦发生纠纷会带来举证上的麻烦。授权委托书上应表明授权范围、权限，并有授权人的签名、盖章。签名盖章应清晰可见。合同文本上有修改的应在修改处盖章，注明保持双方存留合同文字内容的一致性。

合同条款，按合同法第十二条，合同的内容由当事人约定，一般包括以下条款：1）当事人的名称或姓名和住址；2）标的；3）数量；4）质量、价款或报酬；5）履行期限，地点、方式；6）违约责任；7）解决争议的方法。合同范本较多，不在这里——赘述。

一般情况下，在签订合同之后，承担装饰装修工程施工的企业应当在很短的时间内制定出装饰装修方案。不过，也有由投资方（即上述称的投资业主）拿出装饰装修方案的。承担装饰装修工程施工的企业即可按方案要求组织施工。确定装饰装修方案。方案大体包括以下几个方面：1）编制的依据；2）工程概况；3）施工部署；4）施工准备；5）各主要分项工程的施工工艺；6）施工管理措施；等等。

公共建筑装饰装修工程方案和施工图纸的确定，必须经过签订合同双方的讨论和确定或确认。特别是承担工程施工的企业在编制方案时，一定要多次征求投资方，即投资业主的认同，并要求其签字盖章后，才能确认为最终方案，防止发生不必要的纠纷。在施工期间，如若出现方案和局部变更或增加的部分，必须由投资方，即投资业主签字认定，千万不能自作主张，不按要求施工。这样，就有可能发生矛盾，或出现有理说不清，或者出现白做和费力、费时、费财及费力不讨好的情况出现，还显得施工方是违规作业。

三、施工准备　材料进场

在确定承担装饰装修工程施工后，需要做装饰装修施工前的准备。按照现实状况，一般存在着同相关部门联系或上报资料办好开工证和现场出入证，以获得各个方面的支持。其次，是组织人员，既有管理人员按照图纸要求预算工程量，对施工人员配备并做相应的安排，对施工情况做出计划，需用材料定出计划要求等。特别是承担大型工程施工，需要大量的人员和材料拨资金、招人员，购材料，材料需求的量多，品种、品牌和品行等都要付出实际的行动，对有包装工序的材料，还要联系加工单位，尽早做出安排，实施专材专用，定做定用。同时，对临时招聘的施工人员，要求熟悉图纸，勘察现场，熟悉环境，了解情况等，不做无准备和无把握的工程。

在实际当中，大部分公共建筑装饰装修工程，都是由承担工程的企业，临时组织劳务人员来做具体的工程施工。企业里正式工担任组织的施工员、技术员、预算员、安全员、质量员、材料员和项目经理等管理人员，成为一个"动口不动手的君子企业"。而实际操作的施工人员还有"劳务老板"管理。工程施工完全由劳务人员承担。这样造成施工前准备工作的复杂性。在开工前，承担装饰装修工程的企业，还必须得同"劳务工的老板"签订合同，培训人员，了解情况，尤其是了解技工情况，才能交代任务。形成一个"承担工程，只管工程，却不干工程"的状态，存在着"管干脱节，干管分离"的情况。这样，对于要求结构不很严格的装饰装修工程，不会发生大的质量和安全问题。如果是针对建筑结构要求十分严格的情形下，必须要从管理和质量上，以及技术监管上，要承担很大风险的。例如，不少能够承包到硕大工程的企业，实施管理队伍年轻化，将从学校招聘来的有文凭的学生，进入企业不到3个月时间，就要求单独管理一个项目。其工作责任心强，管理意识高和吃得了苦，能够坚守在现场和工序上，严格按工序的工艺技术要求劳务作业，不发生偷工减料和马虎作业的现象，其工程施工质量也许不会出现太大的问题。如果是只想"挂个牌子"不想真正管工程的，不深入现场认真负责地管理施工和质量、安全等，就很难说这样的施工不出现这样或那样问题。

在各个方面作了充分的面上准备之后，还必须作实质性的准备工作。比如，在了解现场情况的基础上，要根据各个工序的工艺技术情况准备工具，交流经验和布置开展施工的一切准备，有的就要从接通临时水管和电线开始，并对水管和电线路做好妥善保护，不出现安全问题。装饰装修工程有多层楼面的，在施工中同时作业时，必须在现场配装运输提升设施，对这些配装的设施一定要选择好适当的位置，便于运输使用。配装设施时，要认真细致地检查其安全稳妥情况。提升设施要配装稳固，由专业人员负责操作和管理使用，其他人不得随意动用。

随着技术、设备、材料、人员和场地等准备稳妥的同时，装饰装修材料和管理人员也要准备进入现场。材料进场要求由投资业主，或其委托的专业人员对照品牌、质量和数量进行验收。针对有些大批量的装饰装修用材，还要有专业性的质量检验和实验的详细资料，并由监理专检人员验收认定签字盖章。所有运进现场的材料要有顺序和明确的存放区域，不能随意堆放，更不能混淆搞乱了。运输和堆放时，不得乱丢乱扔，以免造成损坏和污染。有的材料还不得沾水，更不能淋雨。如大芯板、石膏板和易生锈的金属材料及木质材料等。

除此之外，对管理和施工人员还需要办理人身保险、设备保险等相关事宜。像有的装饰装修工程施工是高空、临边和危险区作业。例如，边远地区的旅游观光亭，或者高架索和年久失修的古建筑之类的装饰装修工程。有必要给予办理人身安全保险的。特别是对于那些稀有传统的工艺技工人员，则必须有这方面的要求，不能把人身安全当儿戏，是不符合以人为本的装饰装修理念的。如图1-5所示。

图1-5　施工准备材料进场

四、细部处理　检验整改

作为公共建筑装饰装修，不像建筑和钢结构之类的工程，是需要经得起人们的视觉考验的。一方面在每一个隐蔽工程上，要由专业监理检查质量后，再做面部工程；另一方面则是给一个很醒目的部位做出漂亮的造型，以吸引人的眼球。总之，每一个装饰装修工程的成功与否，除了一些特殊部位的结构要求不出现质量问题外，主要在于要求工程外部表面做得细致和美观，决不能是材料的堆砌铺张。行业里有一句口头语："装饰装修的成功，决定于细部好坏"。因此，一定要注意做好工程饰面细部的处理。

如今，在装饰装修行业里有一种不正确的观念："家装工程要做细，公装工程要做快。"言下之意，做公共建筑装饰装修工程没有细部，只赶进度。显然不是一种正确和负责任的思想和行为。一般情况下，做家庭和公共场所的装饰装修工程，都有时间限制。公共建筑装饰装修工程除了商务场所在很短时间内，需要进行多次再装外，大多数的公共场所也是要求较长时间再进行装饰装修的。从时间上是有保障的，不存在快而不讲究饰面美观效果的情况。特别是做旅游景区景点的装饰装修工程，更要讲究美观和细部做得细致漂亮。现实中之所以出现公共装饰装修工程不讲究细部做细的情况，还在于没有建立健全严格的检查验收制度，让一些不顾声誉的装饰装修企业"老板"钻了"空子"，打了"擦边球"。凡注重荣誉和做长久性装饰装修工程的企业，绝不会有不负责任的行为。必然会在工程施工细部环节下足功夫，做出令人赞佩成效的。

在外行人观念中，对公共建筑装饰装修行业内，也有一种不成熟和不全面的看法，认为公共建筑装饰装修工程只作表面文章。这是对这个行业工序和工艺技术不了解的原因。所谓细部，即细小的部位，细小的环节，细小的方面。这个细部不光说的是装饰装修的表面，还要求是每一道工序和每个工艺细节上。既要求基层处理很细致，又要求隐蔽工程做得细致结实，不能出现毛糙和粗糙的状态，留下质量隐患。饰面更是要求细之又细，美之又美。行业里有句俗语："麻布袋绣花，是绣不出好花来的。"对于公共建筑装饰装修工程的细部处理得好，必须得从隐蔽处和基层面做起，才能做出好又细致的饰面。

人们对公共建筑装饰装修的成效，是从装饰装修表面和精致的造型上呈现出来的。其实，功夫却要下在基层面上。基层面处理得细致的装饰装修工程，才是过得硬的美观。基层面处理有角、线、点和面的不同要求，角有阳角和阴角之分；面有表面、立面、正面、侧面、垂面和斜面之别；线有直线、圆弧线、横线、斜线、长线和短线要求；点有小点、大点、圆点、实点和方点等区别。对于这些角、线、点和面细部做得好与不好，对公共建筑装饰装修的美观是有很大关联的。例如，一个装饰装修面，做得很平整光滑，没有细痕和细眼，但是，却不端正，不垂直，不协调和不上眼，方形成了梯形，外行看不出，内行看了不舒服，就觉得不是好的装饰装修效果。因此说，细部处理好，必须从隐蔽工程、基础工序和角、线、点和面等多个方面来说了。细部处理得细致不细致，要经得起内行者的仔细检验。凡是经得起检查验收的装饰装修工程，才是美观漂亮的。

公共建筑装饰装修不仅是只有工程竣工后的检查验收。其实，每道工序和每个环节都需要进行检查验收的。就是说，上道工序在进行期间和完工之后，都要进行检查验收，合格的才能进入下道工序。不然会常常出现和发生这样或那样的问题，是会影响到质量和使用要求。特别是针对公共建筑装饰装修工程，由公众观赏，公众使用和公众评判，其施工的难度和细部处理，必须经得起公评公判的。

细部处理得好与不好，不仅仅是美观，而且还有使用效果的问题。公共建筑装饰装修工程的细部处理最好是一次性达到满意的程度。从基层的工序和工艺技术要求做起，认认真真和规规矩矩地做好每一道工序，扎扎实实做好每一个环节，不要偷工减料，或马虎应付，或走"捷径"，或依赖后序工作补救，都是不可取的。有了认真态度，即使出现处理不当或不到位的状况。只要怀着不马虎，积极整改，主动改过的态度，也是能够经得起检查验收的。能够过验收关，还只是达到处理好了细部的基本要求。关键还在于使用起来能够达到顺心顺手，才能算得上细部处理做好了。

第四节　公装目的

公共建筑装饰装修同家庭装饰装修一样，需要达到一定的目的，才会心甘情愿地花财力、物力、人力和精力做这项工作的。公共建筑装饰装修将成为一个永盛不衰的行业。因而，明确其目的，对做好公共建筑装饰装修工程，主动进取，获得良好的质量和品位效果是十分有益的。弄清公装的目的，应当从收尾清理，完善建筑、改善环境、消除影响、提升功能、满足使用、细化行业、推进社会发展等方面，获得深刻而又满意的感受。

一、收尾清理　完善建筑

针对公共建筑装饰装修基本目的，存在的状况，即给予新建房屋清理，完善建筑的目的；给予旧公共用房再装饰装修并清理整修，完善功能的目的。

公共建筑装饰装修既有室内的，也有室外的，还有不依附于房屋做独立特色式造型的装饰装修，情况千差万别，不可一概而论。的确，对于新建的房屋，无论是公用房，还是私用房，都有收尾清理的必要。尤其是房屋的室外装饰装修，仅用建筑施工方式，难以解决比较复杂的问题。假若采用装饰装修的方法，就可能简便多了。在用材和用工用时及费财上，会有明显的优势。像高层或超高层的建筑，在建造时，由于各种不明确的情况，难免会发生一些意想不到的问题，致使建筑室外装饰装修出现不好解决的状况。如果采用建造修理的措施，会造成许多意想不到的困难，还达不到理想的效果。于是，便采取室外装饰装修中的干挂石板材或木塑板等板材的方法，不仅从工序和工艺技术上简化了，而且不受建筑外立面各种复杂情况的影响，按照室外装饰装修干挂板材工序的工艺技术要领操作，先安装角钢主龙骨，做到横平竖直统一尺寸，再在角钢龙骨上干挂统一的板材，立即会将建筑外墙面和柱子上等不美观和不理想的部位，被很快地遮盖去，形成一个统一的墙体面。即使是室内的墙面体也有不如人意的地方，采用建造方法修复，不一定能达到理想的效果。面对这样的状况，如果能应用装饰装修的做法，其情其景就会大不一样，会让问题得到圆满解决，在外观和质量上也不会出现不放心的状况。例如，一栋超高型的建筑顶内面，出现了近7米高的墙体与玻璃幕墙相结合的形体。由于墙体是经过改造的墙体面边，很不规范，且相连接出现的缝隙大小不一，宽窄不一，墙体又是单砖的，要是应用水泥浆封墙体缝隙的做法，其难度较大，还不保障使用质量。如果运用装饰装修方法，则简便多了。时间和加工速度都会快捷，且不受天气温度的局限，完全可以达到使用质量要求。如果能根据现场实际情况巧用材料，还可减少一些工序和费用，做一道工序就完全可达到收好边口的目的，又不影响观赏性。

对于室内装饰装修，不是很明显地体现出收尾清理，完善建筑的状况。应用这一方法，却能使不少的新建筑简化了收尾过程，致使建筑型体一次就能达到完善的目标。在现行的大型建筑中，有诸多采用钢筋混凝土结构体，或钢结构同混凝土相混合的结构。就有着不少收尾难题不好解决。例如，像湖南省株洲市神农太阳城北区4号栋裙楼的屋顶结构，采用的是直径200毫米圆钢管焊接的圆形屋顶造型，空架式的。如果应用"架空式"，只能在其顶面盖顶。虽不影响其美观造型，却会造成圆体型周围空荡荡的，透风透雨透阳光，严重地影响到室内使用。要解决这一难题，应用焊接金属板的做法，既影响到美观，又不利于维修，更不可以采用砌砖封混凝土方式收边收尾。于是，便应用装饰装修室外收尾的方法，给其顶面应用钢化彩色玻璃盖顶和成型铝板包装的做法，既解决了屋顶不进水，周边不透风，又能突出钢结构造型的美观，其建筑收边收尾的目的也很圆满地实现。

针对有的架空式建筑体，只是一味地应用砌墙体和粉混凝土面的做法，根本达不到安全墙体并且收不了尾。因为十几米高空间，框架柱体不成一条线上，沿楼板边砌墙体还需增加结构柱，不仅占去面积，而且还不安全。于是，便采用外幕墙装饰装修的做法，既扩大了室内空间，提高通亮成效，又可使得类似的建筑在成功房型上，解决了收尾收边的难题。还有是大型建筑设计10余米高的入口收尾，应用砌墙体粉墙面，不但造成室内光线暗淡，而且呈现不出建筑的气势。如果应用透明玻璃和玻璃幕墙的装饰装修的方法，完全能为建设的入口处收尾工程打上一个圆满的句号。

尖顶造型的收尾工程，也多是采用装饰装修做法，为独特的建筑收边收口和收尾解决了难题。

在这里人们不难感受到，装饰装修已经超脱了建筑的范畴，成为人刮目相看，需要大胆开发和创新的新兴行业。

二、改善环境　消除影响

应用装饰装修方法改善环境，是每一个人都清楚的方法和目的。针对消除生理和心理影响，却不是每个人能深刻体会到的。一栋新建的公用楼，一间使用陈旧的小门面，或是一座破旧不堪的庙宇，一个被损坏的连廊，不是迫不得已的情况，一般人们是不愿意光顾和多看一眼的。主要在于环境太差，给人心理上一种不舒服的感觉，严重地还会出现呕吐和烦恼等不适的反应。这种状况或多或少地会影响人的生理。

假若是新造的建筑和使用陈旧及日久失修的公用房，除了危房要先进行整修后再做装饰装修外，从人的视觉到心理上，都会体会到经过装饰装修的建筑，无论是建筑的室内，还是室外，其环境状态和外观效果得到改善，会给人一种非常舒适和愉悦的感觉。

给公共场所或公共建筑进行装饰装修，改善环境是多方面的。从其本身来看，既可改善室内环境，又可改善室外环境；既可改善地面环境，又可改善高空环境；既可改善城镇环境，又可改善乡村环境，等等。而对于人类自身来说，既可从视觉上看到改善了环境，又可从嗅觉上体会到改善了环境；既可从听力上感觉改善了环境，又可从肌肤上体验改善了环境。这样，对人的心理和生理上大有好处和有安全感的。特别是针对具有美丽感、惊奇感及喜悦感的装饰装修，对人的不良影响消除会快得多。本是一座破落得无人问津的古亭、古院或古建筑，应显现出其结构奇特和原装饰的雕龙画凤，然而，却尘埃厚实，漆皮破损，满是蛛网，臭气或潮气散布，会让人避而远之。如果对这样的古建筑组织人力、物力和财力，精心地从内到外给予清理和重新装饰装修，甚至将其外部环境和通道给予改善，使其面貌焕然一新。特别是对原有雕龙画凤的装饰也修缮一新，完全以崭新的面貌呈现在人们面前。给人的感觉和视觉成效，不仅是改善了环境，还会像磁铁一样吸引人的眼光，引诱人的好奇心，让人流连忘返。这样的装饰装修一定会令人刮目相看，不仅是改善环境，消除心理和生理影响这样一点，却是到了助人兴奋，舒服心理，增进身心健康的高境界了。

体会装饰装修改造环境的目的，重要的是让人们感觉到的不仅仅是外表和形式上，还有是展现出一种文化理念和意识的进步。现代人应当在一种美丽、优雅、舒适和舒畅的环境里生活，却不应当在杂乱肮脏的环境下工作、学习和生活。必须善于运用装饰装修的方法，还有经过植树造林，种植花草和清洁水源等手段来改善环境。在室内也可以种树栽花。有人把这些做法归结于装饰装修的方式。应当从广义的角度上给予认可。还有是添加陈设和增置软布艺，以及张贴或悬挂古代画、现代画、书法作品等，也是装饰装修范畴中改善环境的一种，是能帮助消除人的心理和生理影响的。所以，对于装饰装修改善环境，美化环境和舒适环境的作用与目的，是应当给予肯定的。

不过，对于装饰装修的目的为改善环境是相对的，不是绝对的，要做全面分析。不能只看到其积极有利的一面，还应当看到其消极不利的一面。在现实中，有的公共建筑装饰装修选用劣质材料并在施工中偷工减料。从表面看，似乎是在改善环境，实质上是制造污染环境的诱因。劣质材料大多属于"三无产品"，做的装饰装修也显粗制滥造，即从表面就显得不精致，造型上也是七拼八凑，很不雅观，还留下不少的质量和安全隐患。针对这样的装饰装修工程，不能说改善了环境，反而是破坏了环境。对于公共建筑装饰装修工程施工，要讲究"绿色、环保、美观和健康"，这样才算得上是真正改善了环境。像有的公共建筑装饰装修工程施工，为了表面的美观，选用放射性大，环保性差的材料。例如，石材类花岗岩，天然花岗岩材根本不适宜于室内装饰装修用材的。作为室内装饰装修应用的石板材，最好选用人造真空大理石，其基本上没有放射性物质。对于放射性大和对人体造成伤害的天然花岗岩石材，一般用在室外装饰装修特殊情况下。如要选用花岗岩材料作室外装饰装修，人造的比天然的对于环境的污染要小得多，主要是放射性对人体的损害要少得多。

针对公共建筑装饰装修能改善环境，消除对环境影响这一目的说法，要给予充分的肯定。随着经济条件的改善和人们对社会及自然环境改善的期望越来越高，需要尽可能地将装饰装修方法积极有利的一面应用好，克服其消极不利的一面，给予人类创造出更美好的环境。

三、提升功能　满足使用

同样，公共建筑装饰装修方法在改善环境，消除对人的心理和生活影响的同时，提升功能，满足使用是其主要的目的。也就是说，在人们心情特别愉悦和舒畅下，能够有效地利用装饰装修的空间，提高工作效率和创造出更大价值。这种状况在公共建筑装饰装修中体现的是最明显和突出的。

任何一个公共场所的装饰装修，都有提升功能，满足使用的目的。其功能既有扩大室内空间，充分利用空间并保障空间安全使用。同时，致使装饰装修有诸多优化功能的条件。特别是现代装饰装修方法具备科技性条件日益成熟后，更加使其使用功能不断地扩大着和深入。现在最直接体现的是网络、电视、电话、广播和刷卡（即PS）的基本功能。有的工程还体现安全防护能力的监控和防盗性。对有效使用带来了方便和高效率。针对一家综合性的商业楼的装饰装修，其带来功能是多方面的，即有办公、安防、服务和各式各样的经营等，其各个使用功能都不是一样的，有很大的差别，却能共事于一栋楼内。由此可见，其经过装饰装修后提升使用功能是多方面和实实在在的。

有人说，经过装饰装修后楼房是精神的港湾，创新的居所。就是对经过装饰装修的大楼内，令人有着畅想联翩的心情，创新思维闸子得到打开，各式各样的新颖"金点子"、"金方案"和"新事物"不断地涌现出来。就是人们常说的："装饰出效率，装饰能创新"的由来。经过室内外装饰装修的公用楼和住宅楼，不仅其建筑体提高了美观性和品位性，而且给城镇建设功能的提高也创造了条件。如今的城镇化建设是由道路、社区、商店、学校、医院和宾馆等组合成的。如果这些建设和建筑都体现不出特色和品位，仍是落后和陈旧的面貌，不能形成高规格、高水平、高质量和高品位的，显然是不利于城镇化发展和提升的。在进行公共建筑装饰装修后，各个旧式楼和新建楼的室内外状态已发生了很大的变化，成为比较整齐美观的。有的城镇为提升特色品位，还特意给楼栋、桥梁和街景规定色泽，致使其城镇外形外貌特色品位得到很大的提高，也给人们带来愉悦的心情。

提升功能，达到使用满意的要求，还体现在装饰装修的公共设施场所，提高了防火防盗保安全的能力。一般要求经过装饰装修的公共场所，必须通过防火防盗等安全性检查验收。也就是其安防功能要得到"质"的提升。一栋公用楼和公共场所在进行装饰装修的同时，其防火和防盗设施必须要达到国家和相关部门规定的标准。不达标的不能做装饰装修的竣工验收，从政府相关部门到专业部门把安防达标作为公共建筑装饰装修竣工验收的先决条件。这样，也就促进了城镇安防整体功能提升达到更高标准，有利于公共场所的安全使用，为保障人们生命和社会财产安全创造了良好的条件，有利于城镇经济发展。

时下，随着科技发展和智能化水平的提高，在进行公共建筑装饰装修的同时，引进防火防盗的智能化设施，可做到自动控制。一旦出现火灾和盗窃苗头，智能化装置便自动报警和防范。有的还可以进行远程控制。例如，防盗报警的家具和防盗专用装置等，都是在装饰装修中引进和引用的。如若不作装饰装修，一般在公共场所是很难有这样功能的。

同样，随着装饰装修竣工和引用各智能设施后，其使用功能必然会有个"质"

的升华。在室外,让人很清楚楼房经营的项目,出入很平坦方便,交通功能得到满足,特别是有的大型性公共建筑装饰装修配装上自动式电动门,上下楼层有升降电梯和扶梯,有的方面还特别给残疾人进行无障碍通道、无障碍上楼和无障碍设施安排,无障碍洗手间等。在进行人性化和以人为本的功能提升下,让社会呈现和谐氛围。

这样一来,使那些进行公共建筑装饰装修的投资业主,从中体会到在提升自身场所功能和质量前提下,越来越吸引客户的眼球,让更多的客户进场惠顾,商场招客,商家赢商,客户享受,相辅相成,获得双赢,也就达到获取商业利润的目的。

四、细化行业 推进社会

在现阶段,对于装饰装修还没有被普遍认定为是一个独立的行业。但是,事实上,却又是现行推进社会进步不能否认的一个行业。装饰装修已是社会发展不可缺少的行业。在社会发展进程中,一个行业被细化是司空见惯的事。像工业行业在很早以前(没有考察到具体年代),从手工业开始逐渐地发展起来的,成为一个行业后,又逐渐地分化出重工业、轻工业、化学工业和电子工业等。一个行业被细化,只能说明是社会进步和时代发展的需求。装饰装修行业现在还没有被普遍认为能脱离建筑业,但社会和时代已离不开这个行业了。其实,装饰装修的独立特征日益明确,并越来越明显地呈现在人们的面前。例如,装饰装修能离开建筑显现出独有的作用,也能不依赖于建筑体现其成效,做到独特性美化,呈现个性化特色,尤其是别于建筑业的选用材料,只限制装饰装修选用材料的日益发展,更明显地体现出社会的需要。人类社会进步已离不开装饰装修独有的作用。

仅仅是现在装饰装修的作用,也完全称得上是细化了建筑业。越来越多的年轻人,不是学习和学徒建筑专业的,却能从事装饰装修行业。其专业性和特长性不是学习建筑业和长期从事建筑业人士所懂得和擅长的。有不少人从事建筑业几十年,甚至一辈子,却不懂和不会做装饰装修专业,只能在"门外边"游离,令从事这个专业的人感觉其"外行性"。俗话说,"鱼有鱼路,虾有虾路,小虫子也有自己的路"装饰装修行业有着建筑业不可替代的独有特征。

将装饰装修说成是细化了建筑业一点也不为过。从时下社会上专门做装饰装修行业的人员来看,并不是懂得建筑的"半路出家人",完全是只懂得做自己的工作,对于建筑业却感到很"陌生",对做自身学习到的装饰装修事业显得很在行。从事这个行业的人员在日益增多,并在进一步地细致化和专业化。装饰装修是社会发展和时代进代的需求。装饰装修材料如雨后春笋般地涌现出来,并更新换代得很快,其特性都是很清楚的,是为装饰装修专用和独有的,是其他方面不可以应用的。

虽然时下装饰装修还没有明确为一个独立性行业,却成为不少大学新开的学习专业，许多年轻人创业和就业选择的行业。所以说，这是个新兴的行业，是充满着前途和希望的。这些青年人将成为推进社会发展和时代进步的一支生力军。推进社会发展，需要社会各行各业的共同努力。作为一个新兴的行业，任重而道远，不但要加强自身建设，改进现有状态，不断地创新机制和规范行业，而且要增强同其他行业的联系，互相协作，不断地扩大影响力和做强做大，能使自己的作用力，在推动社会发展中，显现出巨大的力量。既然是"新兴"的行业，就有着很大的发展空间和潜力，给予社会的作用力还需要不停地挖掘和创新。

　　这是根据时下行业作用于社会寄予的厚望。但现实中的公共建筑装饰装修的机制还不很完善。没有形成很大的影响力，对推动社会进步的作用也没有充分地发挥出来。主要在于从整个行业里实施的工程工序到工艺技术也没有形成一套很成熟的个性化理论和经验，很多方面还起始于摸索和探讨阶段。特别是独用于行业的专业材料，更没有得到广泛地开发，只是应用式地发展，与行业的社会作用还没有引起足够的重视。按理说，随着社会经济的发展和人们财富的增加，城镇化建设的需求，公共建筑装饰装修队伍建设正处于初级阶段，有着很好成长空间，对于年轻人就业和创业都是一个很不错的选择。尤其是对于主导和研究行业方面，还有着很大的潜力是可以挖掘的。主要在于需要有着主导的理论和成果来指导，以利于逐渐地成熟和发展壮大行业。不能让装饰装修行业在兴起之后，长时间地处于零散、朦胧、稚嫩和依附中徘徊不前，甚至不能壮大起来。在推进社会发展和时代进步前提下尽快地成长起来。不仅要继承发扬过去优良的传统，总结出成套实用的经验而且要不停地开拓和创新，把行业做强做大，为推进社会发展成为更有影响的行业。

第二章
公装原则和要求

　　公共建筑装饰装修同家庭装饰装修一样，有着自身的原则和要求，同时，也有着自身的风格和特色，只要认真地遵循和严格执行，对于做好公装并不难，而且只会越做越好，越会得到公众的信任和青睐，会在行业中做出业绩，为推进行业和社会进步发挥着自身的优势。针对公共建筑装饰装修应当把握好实用、美观、空间、造型、形式等原则和基本要求，就一定能够把工程做好，达到投资业主或使用者满意的成效。

第一节　实用原则

做家庭装饰装修，坚持的首要原则是实用。同样，公共建筑装饰装修也必须坚持实用为第一的原则。把握好实用的原则，也就抓住做公装的基本要求。

一、功能齐全　使用方便

现代的公共建筑装饰装修，一般都追求和讲究功能齐全，适应社会公众和投资业主的使用需要。由于实际中公共建筑装饰装修将功能需求摆在第一位，也就符合了实用原则这一要求。无论是新建的房屋进行公共装饰装修，还是旧式建筑进行装饰装修，即使是用于家庭住宅管理的物业办公场所的装饰装修，以及用于租赁的写字间、商务间、酒店、饭庄、宾馆等，必须是将使用功能都放在重要地位，不能缺少相关设置。时下比较普遍讲究功能设置的有网络、电话、电视、广播和刷卡（即PS）等系统，有的还设置有智能安防功能系统。这些功能系统给投资业主和使用者带来使用方便。

功能齐全，除了设施系统以外，就是要求装饰装修给予空间充分利用和层次增加，给以前不适用的空间做出合理安排。特别是那些不很方便、方正和不起眼的空间，经过装饰装修改变后成为适用、适合及适宜的。假如能使用"量体裁衣"和针对性结合的方法，就会让其起到更大更多的"有的放矢"的作用。例如，那些被视为"黑屋"或"暗室"的空间，在装饰装修下给予"亮化"后，弥补其不足和缺陷，"黑屋"或"暗室"也就会名正言顺成为"明室"了，有限的室内空间给"扩大"了。从现在的公共装饰装修的场所比住宅层高要稍高些，为使有限的空间能充分地发挥其作用，则采用装饰装修有利条件增加"层次"，将工作和休息用于一体，让投资业主或使用者得到方便，减少了不便、思想负担及经济压力，是装饰装修给人们带来的使用方便。

对于一些大型的公共装饰装修场所，将许多配套使用功能一并解决，则会给投资业主或使用者带来更多的实用成效。本来上下楼是要经过楼梯的，经装饰装修后，增加了垂直电梯和扶梯。上下楼则显得更加便利和省心省力。假如是稍偏僻的地方，又将出入的道路整修一新，其实用性也就体现得更明确清楚了。

为了体现明快轻松实用的要求，不少公装根据自身的特征开展针对性的装饰装修，就更体现实用的原则。例如，办公室的装饰装修，明确地依据各方面的实际用途，分别作"有的放矢"的装饰装修。有将办公室与会客放在一起的；有将办公与休息放在一室的；有将集体性办公放在一块的；有将领导和一般人员的办公室装饰装修不一样等等，就很适应了实用的要求。具有特征的装饰装修，不仅在形式上作针对性的，而且在用材上也作针对性的。例如，影剧院室内装饰装修选用材料主要是控制噪声、吸尘和吸声等，为的是防止不利因素的干扰，以显示其实用的特殊要求；像人造滑冰场，除了要控制好地面平整，保持室内良好的温度和空气对流外，还必须在防止潮气和湿气上下功夫，在选用材料上，必须是能防潮、防湿、适用性好的材料，却不是极易潮腐的，带给大家经久耐用的方便。还有是饭庄和茶餐吧的装饰装修，则根据需求分别出雅座、包厢和大厅等不同空间设置，进行针对性的施工。然而，像学校、医院等公共场所的装饰装修，也是按照实用的要求，作有针对性的设计施工；而银行、保险和寄卖店等一类的装饰装修，按照其实用、安全和保险及防盗防火的要求进行的。并在做装饰装修工程施工的同时，配装好安防监控等设施，既有智能式报警装置，又有防护式监控装置。这些装置都是在进行隐蔽工程施工时设置的，表面上不易看到，却为安全实用带来了极大的方便性。

　　除了在做公共建筑装饰装修工程施工时，增添多项功能设施外，还要在"软装饰"和陈设上增加功能性的物件，致使应用的空间功能使用更加齐全和方便。有自动报警的家具、保险柜和电器等，更进一步地将使用功能提高。随着科技进步和功能设施自动化和安全性的提升，会更加广泛被公共建筑装饰装修工程采纳，其实用的成效也会随之提升。

二、有的放矢　用途分明

　　为适应实用的原则，公共建筑装饰装修加强了其用途的特色性。也就是根据用途做装饰装修，实施有的放矢的做法。这样，不仅对投资业主的企图明白无误地体现出来，也能让外人一目了然，不发生误会。作为一个公共场所的装饰装修，只将建筑室内室外进行施工，改变一下原有毛坯的式样，也是能使用的。如今，却强调特色和实用，做有针对性的装饰装修，令外人一看便知晓，提高了其知名度。从现代社会发展状况来看，市场竞争日益激烈。投资业主在越来越规范的市场环境下，显得日益"精明"，不仅在经营上下足功夫，善抓机遇，而且在投资装饰装修方面也体现的"棋高一筹"，依据自己经营实际情况，做有实用性和针对性工程，展现出与众不同的风采。例如，湖南省株洲市神农太阳城经营"动感地带游玩城"的商家，做装饰装修工程施工，是依据其室内空间顶部，布满了消防、空调、排水、进水、进气和强弱电管线路的实际状况，给自身装饰装修吊顶留下空间高度不适宜整体吊顶，如果硬要按一般性整体吊顶的做法，便会给自身经营"电子游玩"造成的噪声无法排除，或花费大气力应用不少吸声消音吸尘专用材料，还不一定能有好的实用效果。于是，便采用"吊花吊"的方法和给顶部管线做变深颜色处理做法，致使顶部高度没有了"局限"，"花顶"部使人感觉到忽隐忽现的"高空状"，使用起来的状态也很好，节约了不少消声减音材料。这就是依据实际状态做装饰装修工程，体现出有的放矢和实用特色，却又花费不多，装饰性也反映出来，能让客户玩得开心，身心不受到过多干扰，可以说，是达到装饰装修良好效果。

同样，有的放矢，体现出了实用特色分明的效果。一看便知，不会发生混淆，误入其间的状况。经过装饰装修的楼房，能很清晰地显示办公楼、教学楼、宾馆、商场、图书馆、展览馆、写字楼和住宅楼等。从室外到室内都能感受到各个方面的特征。例如，进入宾馆，必定出现大厅。其特色是十分明确的。同茶餐吧，饭庄和写字楼有着严格的不同。而茶餐吧的装饰装修特色同超市、门面房也是有着明显的区别。茶餐吧里的装饰装修可以有仿景仿物式的文化氛围，可以将墙面、地面和顶面，甚至其空间都利用起来，形成茶餐吧特有的风格。而超市室内的装饰装修，主要是针对其经营的项目做不一样的装饰装修，墙面做简单的浅色，最好是白色涂饰，地面可按经营项目铺贴不同式样的瓷砖，顶面不作吊顶，让排列不同的管线显得不杂乱，做一种色泽涂饰就很不错了。如果一定要给超市做封闭装饰装修，则显得很不适宜，若要在墙面或地面作体现出文化氛围的装饰装修，则会给人不伦不类和不实用的感觉。

时下，各地区都在做"无烟产业"的文章，给予经营旅游的景区景点进行装饰装修。这一类装饰装修用途只是用于观赏的。针对其"实用"特征，应当是"装扮式"的。有不少地区在给历史上遗留的古迹、古建筑、古庙宇、古人物雕像等进行恢复性装饰装修便能达到目的。然而，却要大兴土木进行新建，还掺杂一些现代式的东西，虽然好看，却令人感觉失去原有意味，也就失去其"实用"特征了。

应用有的放矢的做法，呈现出特色性装饰装修工程，就在于充分体现实用的原则。只有坚持这样做的装饰装修工程，才会值得广泛认同和赞佩。如果不是顾及实用原则，一味追求华而不实的装饰装修，反而会让人感到"费力不讨好"，得不到广泛认同，只能得到是批评和指责。只有依据需求和实用特征做出的装饰装修工程，才是值得肯定的。

三、物管增强　安全保障

近十几年来，公共建筑装饰装修的场地，随着需要增强了物业管理，对于装饰装修后的场地增加了实用性和可靠性。这本是一个新生事物，是市场经济下的产物。以往，公共场地的管理是一个比较薄弱的环节，给投资业主或使用者使用也存在不少意想不到的困难。如今，以有偿方式来加强管理，从而给使用增加了许多便利的条件。

从物业管理的基本职责来看，必然会增强公共建筑装饰装修后场所的实用性。因为，物业管理是一个服务性质的行业。其主要职责就是受物业所有人的委托，依据物业管理的委托合同，对物业的房屋建筑及其设备，市政公用的设施、绿化、卫生、交通、治安和环境容貌等管理项目进行维护、修缮和整治，并向物业所有人和使用人提供综合性的服务。有了专门的行业和人员来管理，一定能提高装饰装修后场所的实用效果。

谁也不能担保，公共建筑装饰装修施工过的场所不出任何问题。在使用过程中，由于每个使用者的素质和使用方法的差别，很难说对装饰装修后的场所使用，能一直保持好的状态并且不出问题。显然是做不到的。于是，便有了专门的行业和人员来维护、修缮和整治，甚至对在装饰装修施工中遗留和未注意到的缺陷进行弥补，必然会增强其实用性。在实际中，也确实体现出这一点。物业管理人员中有不少是内行者，他们对装饰装修中出现的问题和不适宜的缺陷，能及时地发现和修缮完成，解决其中许多匆忙装饰装修后，不易发现和不够完善的问题。例如，消防喷淋和厕所渗漏的问题等。这些问题的出现，一方面很容易损坏装饰装修成果，另一方面影响使用性的质量和安全，往往都是经过物业管理人员发现和修缮整治好的。

还有是物业管理肩负着安全保障的责任，无形中又增强了装饰装修场所的实用性。在现实中，经常出现"梁上君子"不择手段地破坏装饰装修场所，乘虚而入。对于这样的"破坏性"行为，必然会严重地影响到使用。如今，有了物业管理人员的监管。这一类事件的发生会逐渐地减少的，从另外一个方面也就延长了装饰装修成果的使用时间。

本来，在很有限的时间里，做的装饰装修工程，不是很有保障和尽如人意的，难免出现这样或那样的状况，影响到使用效果。即使是经过装饰装修的公共场所，从谋划、设计到选用材料和施工，都很周全和实用，却因为使用人的疏忽和失误，或是使用者的变化，影响到使用效果，由装饰装修人员与其协调，还不一定说得通，解决得了，若是物业管理人员从中调解，反而对装饰装修使用性会带来意想不到的效果。

坚持公共建筑装饰装修实用的原则，就在于解决好装饰装修前后实用与否的问题。装饰装修后的公共场所的使用效果一定要好于之前，让人感觉到做装饰装修，费了人力、物力和财力后，比没有做的效果更差，是让人很伤心的。就是说，做过装饰装修的公共场所一定要实用。再则，要想使用效果更好，一方面要体现出很实用、很安全，另一方面则体现在使用时间能延长，不能出现三五年时间就不能使用，而是让投资业主感觉到使用期限已满足了其愿望。

第二节　美观原则

任何人都会认为，经过公共装饰装修的楼房和室内场所，一定同之前式样大不一样，很美观，不再是脏、乱、差的情景。因此，遵循和坚持美观的原则，同样是做好公装必须要把握好的。坚持和遵守好这一原则，还需要根据实际情况，实用第一和美观第一的原则是有区别的。把握好这一原则，对做好公共建筑装饰装修工程是很有裨益的。

一、作用美观　两者兼顾

前面说到公共建筑装饰装修第一原则是实用。但是，把握和坚持好实用原则，并不等于不要美观。美观也是必须遵守的原则。美观和实用，二者之间还要根据不同的装饰装修工程，明确分出有的公装得遵守实用原则为主，有的公装得遵守美观原则为主，不是一成不变的。却是依据实际状况作灵活调整，则是公装同家装的区别所在。

针对以实用为主的公共建筑装饰装修工程，虽然美观不是主要的，但是也要给人的视觉上舒适、精致和耐看的印象。既不要显得暗淡无味，也不要呈现杂乱无章。更不要有光色过度的现象。如果能根据实际状况凸显一些"亮点"，不为实用的装饰装修工程造成喧宾夺主的效果，则能为实用工程增光添彩，就不失为好的装饰装修工程。例如，在宾馆大厅的正面墙面上，设计出一幅很醒目的"迎宾图"或"迎宾雕塑图"必然给大厅和来宾增添了喜庆或宾至如归的感觉。假如做一幅"观音坐莲"图，却容易让人感到误入了祈祷的圣地之类的地方。还有，给学校教室的墙面或顶部增加点花色和造型，从装饰装修效果上能增添美感，却让学生在课堂上不能认真地听老师讲课和聚精会神地读书学习知识，却容易把注意力放在欣赏装饰装修工程造型的墙面或顶面上。这样的"美观"就显得很不适宜和适用了。对于办公室的装饰装修工程，给墙面和顶面做些花色和造型，也是不适宜，还显得有些奢华，会让人说三道四的。

作为商业超市的装饰装修工程，将地面做花样式的图案拼铺，顶面做严严实实的大面积吊顶，使室内空间高度不足 3 米，空气不很流通，给人感觉是很紧凑的一个状态。这样，超市里摆满了鱼、肉、鸡、鸭等各种各样肉食、水果、蔬菜、副食及杂货等商品，在这紧凑而空气不很流通的室内，一定会让各种气味交织在一起不易散发。对于这样一类不针对实际用途做的装饰装修，不仅浪费了"美观"资源，而且很不实用，反而给装饰装修"名声"造成恶劣影响，此不做装饰装修的毛坯房的商业超市显得更糟糕，则不是美观的装饰装修工程。

同样，本来是作为观赏性的文化长廊、亭、院和庙宇及景点等，只要将其柱、梁、桁、墙和地面做成同观赏氛围相适宜的装饰装修就可以。如果是古建筑的，只要做修复性的装饰装修；或按照其原形状雕龙描凤的图案添彩；或将柱、梁、桁和墙面等按原样修饰一新，便能满足欣赏的效果，却偏偏要按现代状态装饰装修，虽然色彩和图案比原来多了，却丢掉了原有的韵味，就有可能成为画蛇添足的做法，既失去了"美观"的意义，也丢弃了"实用"的效果，会显得得不偿失。

根据作用与美观，显然是要针对美观和实用的装饰装修的原则，来正确处理各不相同的实际要求。无论是做实用的室内外装饰装修工程，还是做只起着观赏作用的装饰装修工程，一定要从其实际需求做针对性对待。在实用为主的前提下，切不可做过多花哨的装饰装修，善于把握好"用"的环节，再尽力把工程做得精致和美观一些。虽然没有很多的色彩和造型，却能从精致上给投资业主和外来人一种"美观"的感觉，达到实用的目的，体现出装饰装修给人耳目一新感觉的。以"观赏为用"的装饰装修工程，则要以"赏"为主，做到赏心悦目的"实用"要求，就能实现"美观"的原则。因而，在承担装饰装修工程时，必须先要理清工程的作用性，才好将重点放在"实用"上，还是"美观"上，做出明确的区别，孰轻孰重，就好作出装饰装修工程的谋划、设计和施工，才能抓住重点，获得主动，切不可一味凭着自己的感觉或经验来做。假如装饰装修工程是以实用为主，则要按照"实用"的需求做出"美观性"；如果是以"观赏"为主的，就要按照"美观"的要求做好"美观性"，不要阴差阳错，发生不必要的差错。不然会有可能出现费力不讨好的情况。

二、欣赏美观 显现品位

坚持和遵守美观原则，就要注意在做公共建筑装饰装修工程时，一定要做出观赏的品位来。就是说，对于以观赏为主的工程，不仅仅要做出观赏性，还要做出品位来，才有可能显现出是坚持和遵守了"美观"原则。

公共建筑装饰装修的特征，在于以提高美观和品位为主要目的。坚持和遵守美观原则，就要将有品位的最终效果图呈现在投资业主和观赏者面前，才是真正体现装饰装修功能效果的。从历史到现在，凡是做过装饰装修工程，或是现在需要做装饰装修的工程，其基本要求和愿望，就是要提高观赏性和观赏的品位。不然，则没有必要费工费时和费财力，也没有必要将其从建筑行业细化出来。按理说，在过去，只有帝皇将相和有钱人家及其经营的场所，或是供人祈祷的庙宇、庵堂等，需要做装饰装修外，平常人家或在其工作、学习的场所，是不做装饰装修的。在近代生活中，平民百姓也多在建筑的毛坯房里，只稍作整理和清洁后，就能居住。公共场所也是如此，将毛坯房的空间整理干净，就成为人们工作、学习和经营的场地。人们只有随着经济条件的改善和生活水平的提高，才越来越对公共场所的条件提出要求。尤其是越来越多的人外出观光和游览风景，也就有了欣赏心情和欣赏品位。于是，也就出现了"无烟产业"的兴起，又有了对观光景区景点的品位要求，对历史遗产和远古的景点有了重新开发的热点，给装饰装修带来了福音。

既然是应现代人的需求，做以欣赏为主的美观性装饰装修，也因此而兴旺起来。坚持和遵守以美观为原则的装饰装修也成为一个热点，依据人们的需求，针对美观原则做工程，不但要体现出一般性的欣赏特色，而且还要体现出高水平、高档次和高规格的特色品位。这既是现代人的要求，也是今后发展的趋势，不以人们的意志为动力，必须要坚持和遵守该原则。不然，就有可能失去做公共建筑装饰装修工程资格。

要使自身不失去做公共建筑装饰装修工程的资格就应当努力去顺应形势和实现市场的需求，能很轻松和得心应手地去做观赏性很强并有特色品位的工程来。其特色品位不是由自己说了算的，是由公众评判出来的，俗话说："众口难调。"公共建筑装饰装修工程特色品位成效，不是容易做到的。需要做公共建筑装饰装修者"手艺"高超，能依据各种实际情况和周围环境，做出有特色品位，或是别出心裁高于众人观赏性的工程效果。这是要求有超凡的能力和深厚的功底，方能做得到的。

欣赏美观，显现特色品位，主要在于每一个公共建筑装饰装修工程的实施者，要站在观看和欣赏的角度来时时刻刻告诫和提醒自己，是否坚持和遵守了美观的原则，以凸显应用装饰装修的方法做出的工程，是否比其他的做法要先进一步，技高一筹。尤其是比运用建筑手段做出的工程更高，达到更美的要求。即使是针对以实用为主的公共建筑装饰装修工程，也要一丝不苟地坚持和遵守"美观"原则，做到既实用又美观，不断地将装饰装修行业的影响力扩大，为城镇化建设上台阶和上品位呈现出独有的功夫。

提出欣赏美观，呈现特色品位这一原则，是给做公共建筑装饰装修工程工序的工艺技术的展开，作出新的命题，提出更高的要求。就是说，要达到大众的品位要求，并不是件容易的事情。需要从事公共建筑装饰装修这一行业的人员有着比一般人更高的审美欣赏水平，有着胜于众人能力的真才实学，绝对不是仅能应付和敷衍的做法，显然是不能服众的。俗话说："打铁必须自身硬。"做公共建筑装饰装修者，一定要有超凡的审美素质和能力，有着很好的艺术修养。才能使自己做出的公共建筑装饰装修工程，有公认的美观效果和良好的艺术效果，还经得起时间的检验，不能成为昙花一现的工程。那样，才有可能达到人们的愿望，适应时代进步的要求，能在激烈竞争的市场中占得一席地位。

美观，即看上去舒服，有着美好的外观。对于做公共建筑装饰装修工程者至关重要。不过，仅有这一点还不够，还必须有特色品位，能从做的工程的品质、质量和档次及外观上，都要经得起公众的检验和品味，能从中感觉到公共建筑装饰装修工程的气质性、知识性和特色品位性来，成为一个经典之作，显示出文化内涵和崇高价值，也许才能达到美观原则上的美观特色品位。愿更多这样的公共建筑装饰装修工程呈现在人们面前，成为留给后人的精神财富。

三、显眼部位　呈现特色

同做家庭装饰装修一个道理，显眼部位，呈现特色。在以往的公共建筑装饰装修上，有许多的精品工程，给人们深刻的印象，过目难忘的中国北京天安门广场对面的人民英雄纪念碑，其外装上的群雕图就很有特色，让人看了后，心理能清晰地呈现出人民英雄伟大形象和历史功绩。天安门城楼的红墙黄瓦的装饰装修特色，呈现出同其他古建筑很不一样的特色，给人留下永久难忘的记忆。即使是现代建筑装饰装修中，也有不少做出特色工程，同样体现美观的原则。像上海市浦东区的东方明珠；江苏省张家港市华西村修建的塔楼，湖南省长沙市岳麓山半坡上的毛泽东青年雕塑像和北京市天安门广场边的毛泽东纪念堂等，都给参观过的人留下不可磨灭的印象。

做公共建筑装饰装修工程，一定要呈现出特色。而呈现特色的方法有很多，最简单、最直接和有成效的做法是在最显眼的部位做出与众不同的效果，或者做出独有特色。这种特色有色彩的变化，造型花样的不同，还有呈现不同的标志，能给人一种新颖耀眼亮丽和印象深刻的效果。在实际中，有许多的公共建筑装饰装修工程，重在实用上，没有全面开花地做高档次，整个工程都显得平淡无奇。在工程即将完成之际，使用"画龙点睛"的方式，在全工程最显眼的部位，做一个很新颖的标志性造型，或配上补充性设施。例如在显眼处竖立一个耀眼的标志性物件，特别吸引人的眼球，并让观赏者放眼一看，便知道该装饰装修工程的作用。像湖南省长沙市建的火车站，整个装饰装修显得很平淡，后来在车站前竖立一座钟楼，从很远的地方就可以看到这个火车站标志性"钟楼"。有了"钟楼"这个标志性的装置，也就提升了其装饰装修的特色品位了。但是，也有后配装置不是很好的。例如，有的宾馆、酒店和商场门前配置一对石狮，就有点拒"客"于门外之嫌了。据传，大门前配置一对石狮，是封建王朝官吏房屋门前，为显示自己的威风，拒平民百姓于门外设置的。市场经济社会，作为宾馆、酒店和商场等经营性场所的装饰装修，理应是为了吸引顾客才做的，为何又要拒顾客于门外？这样的装饰装修配置则显得不伦不类，令人难以理解。

所谓显眼部位，即眼睛很容易看得见的地方，显而易见。在这样的部位上做出同使用或观赏相关联的色彩，造型或宣传物（品）的装饰装修特色来，达到美观的效果。例如，酒店在其显眼的部位布局上放有特色菜的图片、特色标志的装饰画；或商场在外墙装配上经营特色商品的大幅装饰画。这样，不仅对室内外装饰装修工程增光添彩，而且还给顾客提供了各种信息。让其从远处就清楚了酒店、商场的基本情况。还因为每个人的好奇心和被耀眼的装饰装修色彩及造型吸引，必定要到此看一看，走一走。假若第一次到酒店或商场见到特色的东西，就会有试一试的欲望。如果实际效果正合其意，必然会再次光顾。这样，酒店或商场的经营必定会兴隆起来，正好同投资业主做装饰装修的愿望相吻合。

按理说，对于新的装饰装修工程，尤其是新开张的经营场所，外来人都会以一种喜悦和好奇的心情来领略个中意味的。假若能从显眼的地方一眼看到不一般的装饰装修特色，便会留下美好的印象，对工程美观性的评价也会徒增几分，是有利于从事公共建筑装饰装修工程承担的企业和投资业主的。假若是连续出现这些美誉成效，则会给其市场的竞争力增强了许多。必然是每一个公共建筑装饰装修企业和投资业主都愿意看到和得到的结果。

对于公共建筑装饰装修工程做得好与不好，善于运用在显眼部位，呈现出令人喜爱特色的做法，显然是做好公装，做出不同凡响公装工程的好方法。在显眼部位呈现出装饰装修的特色，做法有固定的、活动的，动静结合和后配饰等。无论采用何种做法，一定要同用途、风格和特色相协调。不过对于色彩和造型需要征求一下投资业主的意见为好。特别是色彩上要获得其认同。因为，色泽上的深浅感觉是每个人难以统一的。针对喜好不一的状态，最好以投资业主的喜好为主，综合多种意见，以免发生不必要的误会。但是，对于色泽的选择，还不能违背公共建筑装饰装修风格特色，更不要以装饰装修操作者自己的喜好来确定色泽。从某种意义上，做特色装饰装修，突出显眼部位的效果，要有大胆创新求奇的做法，也许会得到意想不到的收获。如图 2-1 所示。

图 2-1　显眼部位　呈现特色

四、依据实际 形成美观

坚持和遵守美观原则，还须依据实际，形成美观。做公共建筑装饰装修工程，必须依据其用途、环境、风格和业主意愿等实际状况，做出能吸引人的特征来。所谓特征，即每个事物都有着自身特有的，区别于其他的显著形象或标志。坚持和遵守美观原则，就要善于把握住实际中呈现出最漂亮和吸引人的华美的外观形态。

首先从公共建筑装饰装修工程的实际用途上，寻找到其美观的特征。作为公共建筑装饰装修工程，其用途是很广泛的。例如，其用途能说得上有千万种，还都不一样的。有经商、经管、办公、住宿、展览、研究、学习、写作、会议纪念和游玩等。仅经营就有商场、商店、商铺、超市、宾馆、饭庄、饭店、酒吧、茶吧、公园、游乐场、景区和景点等，经营的用途又分出许多种类，又有各自的风格、特征、档次和品位。并且，都有着各自的实际状态。要抓住其最显现美观的，不是一件容易的事情。但是，必须得抓得住，才能实现目标，呈现其"美观性"来。假若抓不准，就会失去美观性，没有坚持和遵守美观原则，是做不出好装饰装修工程的。像做普通级和"五星级"宾馆的装饰装修工程，其"美观性"要求是大不一样的。然而，则必须按照其实际要求做出来。显然，各自工程的用材、造型、色彩、谋划、设计、施工及采用的工序工艺技术是有区别的。像做普通级宾馆的装饰装修工程地面、墙面和顶面不会有很多的造型，甚至不做造型和不分色彩及选用普通材料，只将地面铺贴上瓷砖，墙面和顶面批刮白色仿瓷涂面层涂料就达到要求了。做"五星级"宾馆的装饰装修工程，就大不相同了。既要做多种装饰造型，又要应用多样色彩，尤其在选用材料上不能是普通型的。在每个显眼的部位，要做"美观性"装饰装修和"美观性"造型，有不少的"亮点"吸引人们的眼球和引起人们的兴趣。地面既做高级地板铺面，又做高级地毯铺路、铺地；墙面和顶面除做得平整、光滑和细腻外，还会粘贴上高档墙布，其花色品种一定要呈现高档、美观、品位和舒适的感觉，并且是环保健康的。在后配饰上与普通级宾馆也大不一样，设置要很齐全，让消费的顾客有一种很舒服享受，其"美观性"特征是普通级宾馆无法比较的。

同样，针对实际环境情况做装饰装修工程也是坚持和遵守"美观原则"很重要的一环，不可缺的方面，为将工程呈现"美观性"创造条件。在实际中，做公共建筑装饰装修工程所处的环境是有很大区别的。有在优雅华丽景区的，有在喧哗热闹城区的，有在偏僻独处环境中的，有在建筑林立、鳞次栉比状况中的，有在潮湿脏乱区域的，有在海浪咆哮，台风狂刮海边的，有在风尘沙暴侵蚀下和有在冰雪长年覆盖的地方等等。虽然所处环境不同，但做出的装饰装修工程，同样要使每一个工程都呈现出各自的"美观"效果。例如，在热闹的城区，可选择做宁静优雅风格特色的装饰装修工程；在优雅华丽的景区，可选择做热烈火爆风格特征的装饰装修工程。以这样反环境特征的方式做工程，说不定能收获到意想不到的"美观"效果。

做公共建筑装饰装修工程，其目的是为了改变环境，呈现装饰"美"的效果，将脏乱差改变成美观整洁，恶劣改变成优雅；潮湿改变成干净；寒冷改变成温馨；将一个个不适宜的室内外环境，应用装饰装修方法改变成令人喜爱和满意的"美观"效果来。

依据实际状况做出"美观"，很重要一点是，不仅要获得投资业主的喜欢，而且还要得到众人的喜爱和交口称赞。要实现这样一个目标，同是坚持和遵守"美观原则"不可少的。每一个投资业主要求做装饰装修工程，除了有实用原则外，必定有"美观原则"。面对这种要求，就一定要善于利用投资业主的特长做好文章，做出其满意的效果。由于每一个投资业主的文化素养和审美会大不同，只要能充分地抓住和发挥出来，也就能呈现其所喜爱的"美"。如果是当装饰装修风格特色的"美"同投资业主欣赏的"美"发生矛盾时，以其欣赏的"美"与风格特色相悖时，也只能以建议和说服的方法，来尽力体现出风格特色美。否则，就要变更装饰装修风格，做到"客随主便"，把"美观原则"应用灵活。像有的投资业主为显现自己的办公室与众不同，强调其装饰装修风格特色是古典式或中式的，同其他办公室的装饰装修不一样。于是，作为承担装饰装修工程者则要灵活地运用自己的专业特长，做好布局，让自己依据投资业主的企图确定风格，仍然要体现这样的工程的"美观"特征。最好选用现代装饰风格特色，就能达到"美观"并能实现投资业主意图。因为，古典式或中式风格特色显得庄重贵气，现代风格特色显得简单朴实。将大众公用场合应用现代风格做装饰装修，只给投资业主的办公室内做古典式或中式风格。这样，既不失现代风格特色办公用地的"美"，也给予投资业主一种心理上满足的"美"，还不失坚持和遵守"美观原则"。

还有是善于把握好装饰装修风格特色的"美观原则"。一般情况下，做公共建筑装饰装修工程，多以现代风格为主，稍有讲究的，就分别有选用古典式、中式、简欧式或和式风格特色。不过，无论选择做哪一种装饰装修风格工程，都要很好地坚持和遵守"美观原则"不放松。做到既要保持某种风格特色为主，又要不损害整体装饰装修的实用效果。例如，时下，中国各地都在积极经营"无烟产业"，做恢复古代建筑的修饰，或重建仿古建筑，作为人们旅游观赏的需求。但是，古建筑的装饰装修风格特色是古典式的。如果仅以现代材料和现代人的装饰装修水平，必然同原始和古代的装饰装修做法是有很大区别的。必须得依据传统的做法做出相类似式的风格特色来，才能呈现出"美观原则"的。不然，会遭到众人的议论的。如果能以现代材料做出令人满意的效果，当然是再好不过。

第三节　空间原则

在公共建筑装饰装修工程中，空间包含两个方面：一是室内空间。这个空间是有限的。而每个室内空间是不一样的，有大有小，有高有低，确定工程大小和高低的区别；二是室外空间。室外大自然的空间是无限的。不过，室外装饰装修的面积是有限的，是随着建筑楼房的高低和大小来确定。坚持和遵守空间原则，就是要把握好装饰装修工程的规模，特征和成效，把握住装饰装修工程的质量和安全。同时，要善于从有限的空间上做好文章，认真设计和组织，善于灵活地应用装饰装修方法，致使在有限的空间发生喜人的变化。

一、空间的局限

凡从事公共建筑装饰装修行业的人员，都很清楚做工程的空间是限定的。无论是十几平方米，还是几十万平方米，其装饰装修工程规模都是有限的。假若给大空间与小空间做装饰装修工程，是有很大区别的。不过，无论做大空间面积工程，还是做小空间面积工程，两者之间区别在于工程大小，规模不一，投入的人力、物力和财力上也不同。假若论做工程的工序和工艺技术是相近的。俗话说："麻雀虽小，肝胆俱全。"做任何公共建筑装饰装修工程，都要做水、电、土、木和涂饰工程的施工。只是量小量大，分工细致和繁琐的区别。例如，水的工程就有上水、下水、进水和排水；电的工程分得细一些，除了强电、有机械使用，又有照明和亮化，以及宣传、指示灯、标牌使用用电等。同时，还有弱电工程的设计和施工。弱电工程施工日益增多，过去，有电话、电视和广播，现在又增添了网络、监控、刷卡（POS）和智能安防等。还只是限定于室内装饰装修工程施工的内容。如果是从室内外整个装饰装修工程施工内容来看，还须增加室内外宣传广告、指示灯和标识标牌等。尤其是时下讲究健康环保装饰装修，在修通进出口道路同时，还有着室内外绿化种植工程的施工。其规模和细化程度已成为一个繁杂的系统工程。说明做公共建筑装饰装修工程的空间，已越来越日益扩大着和繁重得多。

在做大而繁杂的装饰装修工程上，可以采用空间限定的做法，将大空间分割成若干个小空间，或者按照楼层和东、南、西、北分出各个空间，还可以从楼层中分出不同的工程量来。例如，一栋几十层的宾馆大楼，几十万平方米的装饰装修面积，直接做出整体工程，不是一件很容易的事情。要是分楼层空间和有顺序地分出装饰装修工程施工量，也就是以空间限定的方法来做工程施工，也许会容易得多。首先，从整个装饰装修工程的用途分出，不同楼层的用途和工作量的大小，以及做工程施工的工序区别，就能有的放矢地组织不一样的施工人员有序开展工作。甚至还可以从每一个小空间中，分出不同的用途再相应地组织施工。经过这样做空间细化和限定，再做装饰装修工程施工和监管施工质量，如果追究施工责任等，要容易方便多了。即使在一个楼层内分出办公、经营、歌舞和休闲等装饰装修施工功能，在空间限定的原则下，比笼统地做装饰装修工程要好得多。

这样，在做装饰装修工程谋划设计上，可运用空间限定原则。同样，对于各工序施工的工艺技术上，也可以应用空间限定做细化要求。例如，像地面的铺贴，便可以分出不一样的做法。有铺贴瓷砖。瓷砖铺贴分别可用 800 毫米 ×800 毫米、600 毫米 ×600 毫米、300 毫米 ×450 毫米、200 毫米 ×200 毫米、300 毫米 ×300 毫米等不同规格，以此做法便可分别出不相同的空间。有铺贴石材板的，石材板也有不同规格尺寸。有也铺竹、木地板和强化木地板的等。这样，就能使地面铺贴施工工程，呈现出很多式样可以活跃装饰装修工程的效果。墙面和顶面的装饰装修施工也可以运用多种多样的做法，在空间限定的原则下，变得活跃起来。有在顶部吊顶做三级或二级吊顶的；有应用格栅吊顶的；有做局部或点缀式吊"花顶"的，致使顶面装饰装修工程活跃和简单多了。墙面的装饰装修施工，同样在空间限定方式下，选用多种多样的做法，应用不一样的材料，使得空间的原则能发挥出应有作用，做出令人满意的装饰装修工程。

做室内装饰装修工程施工，能运用空间原则做出满意的效果。同样，在室外的装饰装修工程施工中，也完全可以运用空间的原则，做得美观满意的。尽管室外空间不好把握，但只要坚持和遵守着"空间的原则"做装饰装修，一定会获得令人满意的效果。在有限的空间面积状态下，可应用的材料，形态上、色彩上和式样的变化，会使得室外的装饰装修呈现良好的效果。例如，在室外的一个大墙面上做装饰装修，可以干挂人造石板材、铺装木塑板材、玻璃材和金属板材等。致使"空间原则"能得到广泛的应用，将室外空间装饰做得尽善尽美，为城镇建设提升特色品位给予了良好的条件。

二、空间的组织

做好公共建筑装饰装修工程，就在于如何巧妙地进行空间的组织，把一个新毛坯室内空间或需要重新进行装饰装修的空间组织好，做出一个让投资业主满意的实用和美观的效果。空间的组织，提出的是两个方面的问题，一方面说的是如何将要进行的装饰装修的空间工程，组织人力、物力和财力做出满意的效果；另一方面是，将要进行装饰装修的空间，如何做出合理的组织，使用哪些更合理、巧妙和成功的方法，也就是说，如何谋划设计和施工，令工程完善得更好。

空间的组织是坚持和遵守空间原则的一个重要环节，必须从承担工程开始，就要对工程空间做出细致、详尽和圆满的谋划设计，尤其是如何运用装饰装修方法，致使工程空间能得到开发和应用，将那些很不起眼和容易被忽略的空间发挥其应有的作用，并让投资业主感觉到投资所值、投值增值和投资获利的愿望能够实现。

一般情况下，一个工程的空间是限量和固有的。但是，投资业主愿望经过装饰装修施工后，能得到"扩大"，让固有的空间面积得到提升和提高。这样一来，似乎给承担装饰装修工程的企业提出了一个新的命题，能否组织企业中的专业人才，来发挥空间组织特有的作用和成效。按理说，只要组织合理、组织周密和组织大胆，充分发挥出企业中相关专业人才的主观能动性和积极作用，给予固有空间提升和提高是完全有把握和做得到的。通常情况下，做公共建筑装饰装修工程，有以厅为主的组合形式、围绕厅的组合形式等，就是将厅的空间，运用造型、色彩和灯饰的装饰装修方法，做成公共活动中心，将亮点和显眼部位部署在厅的空间里，对其他空间则组织成围合形式，或呈辐射状，或直接与厅连通形式等，组织成装饰装修各实用和美观的小空间。这种空间组合的目的，是将使用效果能组合起来，又能有序地分散开去，起到一个既能合理使用空间的作用，又能负担起分配和联系各使用空间的用途。人们可以通过厅的作用，任意地出入每个使用空间而相互没有影响。这种以厅为主的空间组合形式比较普遍。例如，大办公楼、大酒楼、大宾馆和大商场等。做这样空间形式的装饰装修工程，厅的空间效果一定要组织做好，能形成一个适宜的活动中心。但是，应当依据实际状态来做，不一定式统一的形式，作为过渡性的空间组合也是有的。其厅的空间组合形式，可大可小，可方可圆和可高可低，尽可能地依据建筑组成实际状态而定，也可以运用装饰装修手段达到要求。

运用空间的组织来实现使用要求的，还有以廊为主的组织形式。这种空间的组织形式最大的优势在于各使用空间，是以借用走廊的作用同各使用空间进行直接的联系。各使用空间在自己活动的范围内，很少受到外来干扰，显得比较安静和实用。运用这种空间的组织方式，大多是依据建筑建造的形状进行的。从楼梯或者电梯到达出入楼层空间，直接通过走廊进入各使用空间。遇到这种建筑组织形式的走廊的装饰装修工程施工，其地面、顶面和墙面，则成为"美观"和"重点"，需要下功夫来坚持和遵守"美观原则"，才可能做出有特色品位和档次的工程效果来。

还有是以某个空间为主体，再以其他使用空间环绕其四周或呈扇状形的组织方式。这样空间的组织或组合方式，对于主体空间在装饰装修上，或在功能使用要求上是作为重点的，因为，这样的组织方式，将主体空间和次要空间的分配上，有着很大的区别，有主从、主次和主辅关系十分明确的特征。例如，宾馆中的主庭、会议中心的报告厅、体育馆的活动中心，或演剧场所，都是呈现这一类状态的装饰装修工程施工的组织状态。

在具体空间的组织形式上，则主要是运用装饰装修施工的多种手段，以围合、落差、覆盖、悬吊、隔断、隔墙、布帘和卜沉及家具等，呈现出其功能的作用。围合，顾名思义，即运用装饰装修施工中一种全包围的结构形式，致使空洞的空间成为一个实用的组合体。落差，即给一个平整的空间面升高一部分或降下一部分，从而造成整个平面有着高低差的立体感。至于隔断、隔墙和布帘及家具等做法，就是将一个空间或一个大空间进行分割开来，成为两个或两个以上的空间，以备实际用途，而使用悬吊、覆盖和空架等做法。会使空间成为主体状态。应用这样的装饰装修施工手段，完全是应投资业主的意愿和用途进行空间组织行为的，能使空间面积扩大，有利于使用效果的提升。给投资业主使用带来实惠的目的，还有运用组合式家具的作用，既能起到隔开和活跃空间作用，又能给使用带来实际用途和美观效果。所以，坚持和遵守空间的组织这样的方法，一定给承担公共建筑装饰装修工程施工的企业造成诸多不便，给投资业主带来更多的用途。

三、空间的变化

公共建筑装饰装修的作用，在于促使室内外空间的变化。坚持和遵守空间的原则目的，要求善于应用装饰装修方法，让脏乱不堪和空荡荡或很不起眼的空间变得实用和美观起来，发生很大的变化。这种变化是检验装饰装修效果成功与否的关键。

从室内空间呈现变化的效果，主要在于检验运用的方法是否正确。从承担公共建筑装饰装修工程开始，对于空间作用的理解、运用到谋划和设计，以及在布局、管理及做法上，是否正确、规范和恰当。能否对有限的空间，做到空有其用，空用合理，空做美妙，人见人赞的变化效果。例如，从整个布局的谋划设计上，是否合理合情有创意，让投资业主或使用者，甚至业外人员，都认为是一项做得好的工程。在应用空间上，做到实用为主，美观兼顾，方法得当，未有纰漏，没有差错，尤其在应用空间上有新意，把投资业主和业外人员想到的能呈现出来。同时，把投资业主和业外人员没有意识和理解到的，也能做出来，做得到位和别致，达到喜出望外的效果。像做围合这样的结构式装饰装修工程，能否有变化，即使做出入的门，有的一见便清楚其式样和结构，有的地方的门，让不是很熟悉或内行的人，就不清楚其结构状况，是有着"隐形"功能，给人有着一种"神秘"感。对于顶部的"围合"，不是概念上的，是依据实际情况，虚实结合，时有时无。顶面的"围合"，显得灵活多变，又不影响到空间的装饰装修效果。

对于空间的变化，一定要坚持和遵守"空间原则"，充分地应用装饰装修灵活多变的做法，将工程做得让人刮目相看。以往，人们对装饰装修的作用一直不看好，认为只是建筑业的"依附品"，不会有什么作用，只是给建筑"打扮，打扮"，不可能有"惊喜"状况出现。然而，实践证明，作为社会发展不可缺少的装饰装修行业，不再是过去的"建筑装修"那么简单，只是给建筑修修补补，起完善建筑的作用。如今的装饰装修已是另外一个概念，不但给予建筑和建筑空间修缮作用，而且是以实用为基本要求，既能给建筑提升特色品位，还能"扩大"其使用面积，将很不起眼和不规范的"空间"充分利用，"扩大"使用功能，达到实用的目的。

空间变化，不仅是"扩大空间"和巧妙装饰装修，而且还在提高特色品位上多做文章。特色品位的提升，体现在方便好用和外观漂亮整洁。像许许多多人一样，对于装饰装修的作用有着极高的愿望。例如，从酒店到宾馆等经营行业，要求分出若干个特色和档次。这个"特色"和"档次"是对其室内外有着严格的区别和要求。室内装饰装修从"硬装"到"软装"都有变化，变化的程度、高低和大小都是很严格的。所谓"硬装"，指的是为满足装饰装修结构、布局、功能和美观要求，添加在建筑表面的一切装饰物及其色彩，大都是不能移动的。所谓"软装"是指按照房屋平面的立面功能在做好框架后，也就是完成"硬装"后，凡是可以移动所有室内装饰物如窗帘、沙发、壁挂、地毯、床上用吊灯、灯具、玻璃制品，以及家具等多种摆设、陈设之类。其实，还包括墙布（纸）。在公共建筑装饰装修工程中的美容中心、服装店、品牌专卖等，都是以"软装"为主的。作为装饰装修行业的工作，"硬装"和"软装"都是密不可分，相互渗透的。在空间变化上，都是需要充分应用的。至于在应用上，偏重于哪一种方法，则要视具体情况来确定，才能使装饰装修的空间变得令投资业主满意。

针对室外空间的变化，也是有讲究的。室外装饰装修的空间，虽说是广阔的。但是，如果是针对某个区域的室外装饰装修的空间是有局限性的，要充分地利用这个"空间"做好文章，不仅以"硬装"上规划好空间变化的内容，做出一个良好的视觉效果，而且要充分地运用好"硬装"和"软装"方法，较好地发挥其作用。像大型商场宾馆和影剧院等室外装饰装修，就有这"两种方法"的结合。如室外布景、广告和标识之类，比在室外墙面上"干挂材"还显得重要，能给室外添彩不少。尤其是在提升城镇建设特色品位上，强调"亮化"要求，需要做好文章。像湖南省株洲市建设的4A级城市景区"神农城，"不但有明确的"亮化"工程，而且还有"声光"工程，给景区建设添光不少，每天吸引着成千上万的人前往游览。

随着社会发展和时代进步，人们对公共建筑装饰装修的标准要求会越来越高，给装饰装修增彩的项目和内容也会日益增多，其目的和要求是给空间变化增辉，以满足人们的欣赏需求，达到看、听、摸和用的满意效果。

第四节　造型原则

造型原则坚持和遵守得怎样？是关系公共建筑装饰装修工程效果的重中之重，必须把握好。同时，要做出特色。造型与创意是做出特色的关键。在造型上要充分体现点、线、面清晰，搭配色彩分明、大小形状协调、选用材料环保等要求，才会让投资业主和业外人员对工程效果产生好感，给承担工程施工的装饰装修企业抢占市场提供更多机会和条件。

一、点、线、面清晰

做公共建筑装饰装修工程施工必须有造型。造型是以点、线、面组成。如何巧妙地将点、线、面组成立体的造型，能很清晰，又很奇特地呈现在观赏者面前，给人眼前一亮的感觉。这样的造型，才显示出创意，给人新意，又能得到赞赏。只要用心去变化着点、线、面组成的造型，一定能获得更多人欣赏。

点，在公共建筑装饰装修工程施工中，一般较小的形状称作点。例如，一个造型的小形状，在整个大的造型中就可称作点。尽管这个被称作点的占有面积或体积很小，却可能在造型中起到"画龙点睛"的作用，不可小视。在造型上，往往在整个装饰装修面上起到醒目和吸引眼球的作用。特别是由无数个有着不同色彩的小立体形状，在不同造型背景下起到动感、活跃和特有效果，很容易引人注目，激起无限的兴趣。

在公共建筑装饰装修工程中，人们常常遇到点组合的造型，粗看显得很简单和直率。如果从整个装饰装修面或造型中看，就会得到不同凡响的感觉。像一个长廊顶面由圆形或椭圆形成排列有序的凹式形状，凹处内装配上灯具，即筒灯，闪烁着不同亮光，从远处望去，给人既有一个导向的感觉，如星星点点，又由于其外部造型的特征，造成比较活跃的动态感，令一个装饰装修面活泼起来了。

线，在造型中是少不了的。由水平线、垂直线、圆弧线、抛物线、几何曲线、斜线和涡形线等组成的造型，比点更容易使装饰装修工程面显得活泼。一般地说，直线在造型中应用很多，给予的造型是坚实和刚直感。直线有水平、垂直和斜向的。每当用直线做出的造型，会给人以舒缓、平和与稳妥的印象。如果是斜线面，就会有了动态感了。同直线不一样的曲线，在造型中应用好了，会给人不同联想，做出不少新奇的创意，将装饰装修面做活了。

要使造型给人以清晰的感觉，由点、线、面任意组合的造型是千变万化的。在坚持和遵守造型的原则下，善于运用有利条件，做出让投资业主和公众满意的造型，以满足装饰装修工程的要求。一般情况下，每个公共建筑装饰装修工程都是依据需求做造型。做造型离不开点、线、面的运用。关键在于如何运用变化做得合情合理和更恰如其用。造型不仅是用于观赏的，而且能给予工程更深的含义，带来实用的效果。例如，在给酒店或饭庄工程装饰装修时，醒目区域做得好的造型，可给宾客带来不同感觉的效果，使宾客有宾至如归的感觉；有增进食欲和增加回头客的效果等。反之，如果在造型上不是为"用"下功夫，不但不能提升好的效果，而且可能成为"恶作剧"就不是成功的造型了。

充分地运用点、线、面的功能，发挥出装饰装修从业者的主观能动性和专业特长，以创造的精神做出实用和美观的造型。对于做出受市场青睐的装饰装修工程，并不是一件很难的事情。关键在于是否用心和对工程实用的理解。同是一个做装饰装修的人，有善于运用点、线、面的特长，做出令人满意的造型；只能照般照抄，做出一般无特色的造型；还有反而做出与工程毫不相干，甚至给工程作用带来负面影响的造型。因此，看似很简单和普通的点、线和面，却有着截然不同的效果，就在于对其的了解、理解和化解的不同，需要有自己的独特见解，做出独有的清晰能引人注目的造型，需要下功夫、费气力，多了解和理解点、线、面的作用，才能在做工程中化解得好，做出与众不同的效果来，显然是受到广泛欢迎的。

二、搭配色彩适宜

色彩在现代公共建筑装饰装修工程中，越来越显得重要。爱美之心，人皆有之。过去的公共建筑装饰装修工程，突出原色，大多以白色为主。时下，除了美观的作用外，还有特色品位和档次的要求。因而，对于公共建筑装饰装修工程，特别是针对造型上的色彩配饰，一定要做得和谐、自然和明确，能呈现出美观的色彩，发挥其应有的效果。

公共建筑装饰装修工程的色彩。要配得精和巧，做到恰如其分。宜少不宜多，整个工程的色彩配备最好不超过"五种颜色"，还包括"软装饰"的色彩。不少高档次和高品位的装饰装修工程，在进行"硬装"基础后，以"软装"来完善装饰装修面的越来越多，主要是粘贴墙布（纸）做饰面。例如，三星级以上的酒店、宾馆和饭庄普遍这样做。一般的酒店、饭庄和茶吧及咖啡吧在其包厢里也这样实施"软装"，以此显示其装饰装修档次上的区别。这些"软装"是具有色彩的。色彩有浓厚的、浅淡的、白底现花色和浅底呈深格的等。"软装"材料的色彩是明确的，关键是同装饰装修风格是否相协调。原本是现代风格的装饰装修，却选择深褐色、大红色、深黄色和深蓝色，则有些不合时宜了。

这是针对"软装"后，给予工程色彩配备的不适宜。如果是涂饰色彩。随意选择同装饰装修风格特色不协调，就会出现杂乱无章的状态，更谈不上适宜。况且涂饰的色彩比"软装"材料的色泽，从质量到视觉效果上还有着差别，达不到清晰、清新和清洁的要求，有着深浅的区别。更何况不按规范搭配色彩，就不好把握了。

公装的色彩配备比家装色彩配备要困难得多。主要在于家装的色彩配备由业主个人可确定的。公装却不完全由投资业主个人说了算，他（她）会顾及公众的感觉。如果他（她）确定的色彩得不到公众的认同，就会违背其装饰装修的目的，影响其经营的业绩。于是，针对公装的色彩配备要做到同装饰装修风格特色相一致，比任意搭配色彩要稳妥得多，也好把握一些。因为，装饰装修风格特色的色彩是经过长时间检验，又要得到普遍认同。如果要有创意，主要还是针对造型要求作变化。造型是起"亮点"作用的，比较整体色彩亮丽点也能让人接受，也容易出效果。如果出现与整体装饰装修风格特色不协调的状态时，也易于纠正和调整。

作为公共建筑装饰装修工程的色彩搭配，主要还是针对工程实际要求做为好。严格意义上看，除了历史遗留下来的古建筑一类有特别之处外，一般都以迎合客户的感觉作为重点来配备。在现实中的公装色彩的配饰有不少并不按其风格特色来做，却是以"富丽堂皇"的标准为主。例如，想作为高档次和高品位的工程来做，常以人们感到的"金黄色"、"深紫色"和"深蓝色"等色彩做配饰，有创意的不多。尤其以风格特色做创新的更不多见。多以"仿皇宫"和"简欧"风格等特色的色彩，就觉得是高档式公共建筑装饰装修。这样给人的感觉是"老套"，没有新意和清新感，谈不上高档次和高品位。像那些所谓的"四星级"或"五星级"宾馆的装饰装修，除了其陈设和设施具有现代感外，都停留在"老套路"上，以表面的"富丽堂皇"来表现，却是很粗俗的，没有在细节和细致上下功夫。如果这样的装饰装修工程式样多了，则显得平淡和普通。在色彩配饰上能摆脱"老套路"，呈现清新、轻松和清静的特色效果，对自然式、简欧式和现代式的风格色彩有点变革，给人一个新颖，新鲜和新意的感觉，一定能推进公共建筑装饰装修色彩变革的。如图2-2所示。

图2-2　配色彩适宜

三、大小型协调

做公共建筑装饰装修工程，无论其规模大小和施工面不同，还是有无造型和立体感的体现，一定要注意造型大小和色彩深浅的协调，不可随心所欲去做。也就是说，做工程就是做协调，如图2-2所示。把协调性摆在一定的地位，做出来的装饰装修工程不会差。

在实践中，经常遇到和看到做的公共建筑装饰装修工程不很协调的状态。有的将一个工作面造型做得格外大，出现比例失调。虽然凸现造型格外显眼，却使整个装饰装修面有本末倒置的问题，反而影响到效果，给人一个很不好的印象，这样的装饰装修工程是不成功的。一方面在造型上的布局一定要合理，不能出现喧宾夺主的状况，不利于造型的实用和美观效果。另一方面不能为造型而影响到结构牢固和使用寿命。一般情况下，一个装饰装修工程或一个工作面，有着整体布局和功能性，如果不顾全大局，只重视某一点，显然有欠妥的和不协调的状态，不利于装饰装修效果。例如，一个本不是很大的宾馆，其厅是宾客出入必经之地，面积也不大，空间层高也很一般，光线比较暗。如果给这个厅的正面墙上或顶部做一个较大的造型，在顶部做三级吊顶，还做凸式造型。这样的装饰装修虽然花费了大的人力、物力和财力，做得也很成功，但造成的实际成效却是适得其反，既有碍于室内光线和观赏性，又给人一种压抑感。

协调，主要是指装饰装修做得恰当，能依据实际状况定风格、定特色和定格局，不做想当然的工程。这是做出特色工程的基本。确定风格，重在协调。虽然在室内某个小空间内可以不按某风格色彩来做，形成一个综合式风格特色。但是，在公众视觉面上的色彩，认为以同样风格特色做比较好。如果不按风格特色做，能做出新意和新颖来，让人们感到新奇的视觉效果，则另当别论。假如出现不协调的结果，就是没有做好工程，要重来就不好了。确定装饰装修特色，无论是造型，还是色彩，能做出独有特色来当然好。每做一个装饰装修工程，都强调做出特色，体现特色，才会受到欢迎。有特色的工程，也一定是协调的。没有协调，就谈不上特色，必须将两者之间的矛盾处理好，才是成功的工程。同样，定格局，即规模。常常听到承担工程者向投资业主询问装饰装修工程的规模大小。规模有两层含义：一是以面积大小定规模；二是以档次高低定规模。也就是说，按投资额多少定格局。只要确定了格局，工程就好做了。

以大小型协调，要求坚持和遵守造型的原则。做室内装饰装修工程是这样，做室外装饰装修工程也是如此。室内是由近距离视觉成效体现出来，室外则是由远距离观赏感觉出来的。一栋公用楼、一座商务楼，一条长形的观光走廊等，人们从很远的距离外，就能看到其装饰装修工程是不是协调。这种协调是由装饰装修的大小型反映出来的。例如，一座商务楼的室外装饰装修，如果是应用一种材料组成，只要注意到每组成材尺寸大小、色调深浅和施工一样，其协调性是能把握的。如果出现多种状态，就不好把握。假如一座楼的外墙垂直面分成干挂石材板、玻璃幕墙和配装百叶窗等式样，则需要严格地把握住每种材料占有的面积比率，确定以哪种材料装饰装修为主，其他材料为辅，才能做到协调性。这种协调必须是以实用为主，还是以美观为主，则要视具体情况确定，不能是盲目的。

作为公共建筑装饰装修工程，不论是室内实用型，还是室外呈现观赏型的，都有个大小型协调把握问题，稍有差错，发生比例失调，都会影响到实用和观赏

效果的。例如,室外的装饰装修出现不协调状态,就会让人有安全疑虑,担忧建筑的不稳定,是否会发生安全事故;针对室内的装饰装修工程出现不协调问题,则会让人感到不舒服。如果是做经营的场地出现这种状况,就能造成顾客的畏惧心理产生,不会再次光顾的。这样,有可能出现违背投资业主的初衷,不利于经济效益的增长。如图2-3所示。

图2-3　大小型协调

四、选用环保材料

这是现代公共建筑装饰装修工程造型原则必须坚持和遵守的。作为公装的造型选材,一定要把握好。不然,有可能出现造型变形和工程不环保。必须做到正确选材和用材。

材料和质感是公共建筑装饰装修中不可缺少的重要元素。材料的质感分为硬质和软质。硬质材料质地很硬,多为天然材料;软质材料质地柔软,多为人造材料。按其材质加工,又可分为精致型和粗犷型材料。天然材料,是自然生成,不是人为制造的。像天然的木材,一般是指截去树木的枝叶与根部所留下的部分,经过加工成为装饰装修工程和木制品制作中有用的木材料。天然石材料是由天然岩石加工去除不成材的部分而成。天然材料由大自然日晒雨淋,经过长时间的生长成就的。天然木材成材,至少要几十年时间,甚至更长。天然石材的成型,至少要几百年或上千年的时间,因而具有密度小、强度高、吸收能量好、不导电、不传热和良好的加工性能,纹理清晰美观等特征。但也有受自然影响,呈现很清楚的杂质痕迹。如天然木材就很明显。还有放射性影响很大石材,不宜用于室内装饰装修工程。人造材料是由人通过机械加工而成。材料成分显得广泛而多元性。但有着整洁、精密和好用的特征。例如,人造木板材幅面大、变形小,表面平整光洁,并节省木材,比较经济实用。在公共建筑装饰装修工程中多有使用的。像人造真空大理石就很适宜于室内用材,几乎没有放射性。人造花岗岩材的放射率也只有天然花岗岩的四分之一。

在现代公共建筑装饰装修工程中使用的人造材料，只要是正规厂家生产的，经过检验属于规范性产品，是合格的适宜于使用的，属于国家或国际规定范围内，对人体影响很小，甚至没有影响的。随着科技的进步和发展，人造材料会日益向着环保健康绿色方向发展，更有利于装饰装修造型用材。选用环保的造型和装饰材料，是适应人们日益需求进行的。在现实中，选用装饰装修工程和造型材料讲究环保健康性上，家装比公装要严格和讲究一些。不少投资业主认为是公用，没有那么讲究，又多以自己不内行为由，放松对选用材的环保性，是有着不负责的因素。这种状况会越来越不允许的。但是，作为公共建筑装饰装修工程承担者，是识材的内行人士，要坚持环保健康发展的正确做法，把握好选用材料环保的可贵性。

坚持和遵守选用造型材料的环保做法，一方面要依据造型实际用材的基本要求出发，把握好用材关，另一方面要持有发展的眼光，有着对自己行业独特的见解和做法，能在选用造型材料上走正确之路，为使公共建筑装饰装修工程朝着选用环保健康材料发展，为和谐社会，把握以人为本的正确道路做出榜样，以行业的好风气促进时代发展。因为，现代中国社会的各行各业，都在努力地为实现"低碳降耗，健康环保型"社会做出贡献。作为虽不很起眼，却在城镇化建设中起着重要作用装饰装修行业，理应从自身做起，从行业做起，自觉地顺应时代发展。每承担一项公共建筑装饰装修工程，要努力做到"千里之行，始于足下"的古训，不要有随意性，对有害不合环保要求材料，坚持不用。

选用环保造型材料，既是社会发展和时代进步不可抗拒的潮流，也是对每个从事公共建筑装饰装修行业人的职业道德的严格要求。现行社会由于处在发展阶段，造成一些人的思想意识唯利是图，在做公共建筑装饰装修工程中，只图高额利润，不管是否环保健康，明知故犯，选用"三无"材料，致使有放射性和危害人体及污染自然空气的材料充塞于工程中，不但造成质量低劣和安全隐患，而且各种有害物质直接或间接地伤害人体健康，造成社会人群中各种病，不是加速社会进步和城镇化建设提高。因此，千万不要以个人一己之利，给人类社会造成伤害。这种伤害是害人害己，得不偿失。

从行业要求来看，针对不同的公共建筑装饰装修工程施工和造型要求，选用材料是有严格规定，借着做工程的机会干出伤天害理，既不符合工程的质量要求，又造成安全隐患，或缩短工程使用寿命。例如，在装饰装修工程中选用造型材料；要求使用"硬质"天然材，为省事贪利，却使用人造"软质材料"替代，或许，在一段时间内可应付过去，若时间稍长一点，或遇到意外情况，则会马上暴露出来。假若是在保质期内（工程竣工保质期两年），会使得承担工程者重新修复。如果在保质期后，既要给予修复，还会引起不必要的争执。这样，表面受害的是投资业主，

图2-4 选用环保材料

实质上受害的却是承担工程施工者自己。最后还背上个不守信用，没有诚信的企业的包袱。不坚持和遵守"造型原则"选用材料的事是不可以的。如图2-4所示。

第五节 形态要求

公共建筑装饰装修同家庭装饰装修一样，是有着形态要求的。形态即指形状和神态。凡有造型的工程，必然要反映出形状和神态，有时还非常明显和迫切。特别是有着观赏性很强的装饰装修工程，更讲究形态，因而，做形状和神态工程，必须把握好稳定和均衡，对此和差别，韵律和节奏，重点和普遍之间的脉搏关系，把工程做得好上加好，让投资业主无话可说，感到满意。

一、稳定和均衡

稳定和均衡都是公共建筑装饰装修特别要求的，也是保证质量和安全必须做到的。无论是室内外龙骨和框架，以及室内使用的货架、陈设架、书架和桌椅等，都应当是稳定的。过去做货架、书架和桌椅一类的框架下宽上窄，下大上小，按照一定的尺寸加工成的。以行话说要"放点厌"，才能形成稳定的状态，从视觉效果上也舒服一些。以现在加工的做法，上下一样的尺寸，虽然显得方正，从视觉上却有着上宽下窄的感觉。例如，只有桌面板的高脚架，给人就有着虚幻感和不稳定的担心。然而，在做公共建筑装饰装修的龙骨架和框架时，大多借助于轻质材料，也不显得大沉重了。稳定是做公共建筑装饰装修工程强调的重点。没有稳定，则做不好饰面。例如，要给一墙墙面进行涂饰，却存在墙要倾倒的状态，涂饰也就做不成。即使墙面开裂、或空鼓、或起泡和有墙刺（即建筑涂饰的墙面出现疙瘩），都成为刮仿瓷和涂饰表面不稳定的因素，影响到装饰装修工程质量。何况造型的结构，货架、商品架和桌椅等，稍有不稳定，都会妨碍到形态的不稳定，下道工序也就无法作业。注重稳定，是做好公共建筑装饰装修工程的基础。

均衡对稳定起着积极的作用。一般是指室内的各要素，左和右，前和后之间的联系，显示出对称。而对称则是极易达到均衡的一种方式。在室内装饰装修中，大多应用均衡方法来实现稳定和美观的要求。例如，一个长廊的顶部做造型和配装灯饰，都是以均衡的方式来完成的，形成从近处向远处观望去，有一个匀称和谐感。在一个面做造型或布局灯饰，或做一个装饰柜，或做一张货架，首先想到和做到的是均衡和对称，形成一个平衡稳定和美观耐看的效果。即使是改变造型的形状，或部署异型灯具，从整个面上看上去都是以均衡和对称要求的。有的还运用均衡和对称的方式来创新各个造型，以其变化达到引人注目的要求。实质上，又是以变化求均衡和对称，达到稳定的目的。

在做室内装饰装修和制作一件商品架，或一件家具中，都会运用均衡方法达到稳定，让投资业主放心。同样，在做室外装饰装修工程时，大多数也是运用均衡和对称的方法布局的。给予商务楼、办公楼、教学楼和科技楼，甚至是住宅楼的室外墙面做装饰装修，无论是选用石材板干挂，还是做玻璃幕墙，配装百叶窗，应用木塑板材，在布局和色泽上，都以均衡和对称方法进行。这样，做出来的效果才令人放心。从视觉效果上感觉也很舒服。同时，对建筑外形增彩不少。如果不按照均衡和对称方式干挂石材板和配装玻璃幕墙，随意地做着屋外的装饰装修，一定会使人眼花缭乱，让人眩晕的。

特别是应用有色彩的材料装配造型，必然会选用均衡和对称的方法来做。其做出来的，一定是一幅美丽的图案，能给人眼前一亮的效果，并能达到平衡人心和实现视觉舒适的愿望。

应用均衡和对称的做法，显得简单不复杂，还容易让人接受，施工起来也很轻松，按部就班地去做，很快能收到成效。

不过，均衡是相对而言的，在室内或室外做装饰装修和造型，也有不按均衡和对称来做的，却要注意到色彩的对称。或是应用同类的比色，或是应用原色态，形成红黑、红白、黑白和蓝白等对比色，给装饰装修一个面或一个造型获得一个醒目亮眼的效果。例如，在一个长方形的造型上，就用三分之二的红色倒梯形，三分之一黑色三角形，并在红色板中央又开一个小于黑色三角形的长方形的窗，既可使其外形很醒目地呈现在人们的视觉中，又不影响到室内的光线，达到室内实用，外观耀眼的目的。这样的图案，虽不是运用均衡和对称的做法，却也以色彩造型稳定的方法做出成效。像这种善于运用色彩来表达稳定和均衡的造型做法，在现实中处处可见，稍做留意，便能看到。例如，应用一个大圆形对着一个小球形，是不对称的。大小比例相差很远，如果采用对比色彩，应用红白或蓝白等对比色彩，也一定会吸引人的眼球，给人好感和舒服感的。应用均衡和对称的方式，不仅让人感到很稳定,而且会做出很规范的公共建筑装饰装修效果。如果有创新思维,一定会做出令人惊喜的公共建筑装饰装修工程的。如图 2-5 所示。

图 2-5　稳定和均衡

二、对比和差别

应用对比方法,会很明显地找到差别。因为,对此是把两种情况相互比较,能够突出各自的特点和缺陷。如果这种方法应用于公共建筑装饰装修工程中,既借助于相互之间的共同性求得更好的效果,又能通过比较,找到差距,对做公共建筑装饰装修工程坚持和遵守形态好的,促使工程做得更令人满意。或是要求每做一个工程,或做一个造型,做得一次比一次好,并能不断地更好的方向发展,达到精益求精的目的,是做公共建筑装饰装修工程至关重要的。

做公共建筑装饰装修工程同做其他任何事情一样,要善于运用对比方法找到自身差距,做到有所进步,有所提高和有所变化,将工程做得越来越好。这是投资业主企盼的,也是工程承担者自身期望的。做公共建筑装饰装修工程的任何人,都要善于运用对比方法,找到差别提高自己。但是,事物又有着多面性。如果过分地强调对比,又会失去协调,难以达到要求。因而,既要运用对比找到差别,为积累经验创造条件,又能在对比中,很快找到解决问题的方法,实现最好的效果。

对比,可以是多个方面,也可以是一个方面进行,还可以同一个方面进行。既可找差异,又可找特点,针对大工程与小工程,综合工程和简单工程,针对造型大小、高低;相同形状,不同形状;相同色彩,不同色彩;相同情况,不同情况;

相同环境，不同环境；相同材质，不同材质等，善于巧妙对比，必定有所收获，找到共同性或不同性。抓住共同性有利提高和发扬长处，找到不同性加以利用，做出各自特色。例如，做大型工程和综合性工程，就有共同性，即规模大，条件高，用材多和时间长，以及相应地针对实际情况做出特色来。不同性是各个工程会有着自身的"个性"。大工程，有综合型和单一型的。特别是单一型的工程比较综合型工程相应简单些，只要针对其实用状况做装饰装修。例如，一座办公楼的装饰装修比一栋写字楼的要简单得多。同是一栋楼房相同的面积，办公楼室内外，只要做简单又相同的装饰装修就可以。而写字楼室内外的装饰装修，就可能有不相同的特色，特别是室外也许还要做大型广告牌，地面做标识牌等，以便向外人宣传是写字楼的特征。室内也要做多式样的和风格特色的装饰装修，由各使用要求来确定。不过，从中找到相同的共性，在施工中抓住"共性"，有利于工程施工，找到"个性"更有利于做出特色工程。即使是相同的教学楼，由于所处地域和环境不同，会使各自的"相同"出现"不相同"。在闹市区域的教学楼，其室内外装饰装修工程施工中，最好能选用隔噪声材料，门窗也要做隔音防尘的，比较在环境优雅的教学楼的装饰装修要复杂，还多一些工序及工艺技术要求，为改善环境和条件，以达到良好的教学楼标准。处在一个偏远和环境清静的教学楼装饰装修工程施工，是不需要做隔音防尘的，显得简便多了。在室外装饰装修工程上，要做标志性装饰装修，以防闲散和无事人员擅自闯入，影响到教学秩序。

同样，随着公共建筑装饰装修材料的不断更换和创新，在承担工程施工时，也可以应用不同材料作对比，以利于根据不同材质做不同特色，得到不同效果的工程。就是针对同样的工程，也可选用不同材料做对比。例如，做室外装饰装修工程多选用人造石板材，应用安装龙骨干挂的工艺要求，显得很直接和简单。但也有的室外装饰装修工程选用木塑板材的。这是一种新型材料，比人造石材板要轻便、环保和经济得多，还不需要做钢龙架装配，可直接应用相同材做龙骨。最大特点和优势是，可根据实际使用挑选色泽。

应用对比找差距，对于公共建筑装饰装修工程承担的企业和个人，无疑是一种好方法。一方面是对自己做的工程形态有个比较。按常人说的，不比不知道，一比吓一跳，必然对做好工程形态有着极大的帮助；另一方面是对承担工程施工有好处，每做一个工程，尤其是针对相似的工程有着借鉴和总结提高的作用。做公共建筑装饰装修工程同做其他事一样，善于对比能看到自己的不足和优势，有提高和进步的动力。做公共建筑装饰装修工程，就要不怕对比。有了对比，会让自己提高和进步得更快。在当今竞争激烈的社会环境下，要使自身保持勇往直前的态度，善于应用对比方式做好承担的每一个工程，做出特色和与众不同的效果，才有可能成为同众多对手竞争中，做永不败的佼佼者。

三、韵律和美感

做公共建筑装饰装修工程，从某个角度上说，是做韵味与和谐，及秩序性工程。在现代社会，非常流行韵律和美感的东西，装饰装修行业也不例外，做公装和制作家具，以及给予公共建筑装饰装修造型，都离不开这些。为提升城镇化建设和人们生活品位，不惜下功夫，来展示这种装饰装修方法的作用，既是顺应人们的心愿，也凸显客观上实际存在，是很有发展前途的事情。

在客观实际和人们生活实践中，本来就存在着连续韵律、渐变韵律、起伏韵律和交错韵律等，能给人们产生不同的感觉，也使人们的生活丰富起来。像连续韵律，即由一种或几种组成元素，按照一定的距离连续重复排列形成的韵律。例如，做一个小食品商柜，在其右边做几个抽屉，运用上下连续韵律，左边框边运用的则是横向连接韵律，致使这个小食品商柜就有了别具风味的感觉。

渐变韵律，即是连续重复组成部分在某一个方向，如体积大小，质感粗细或色彩浓淡，或冷暖色等方面，都有规律地逐渐增加或减少。渐变韵律因组成部分之间的渐变程度繁简不同，也有多种多样形式，所以能起到调和的作用，具有和谐悦目的效果。例如，一个大商品柜，右边的抽屉组成的线条呈自然渐变韵律的变化，既有立体感效果，又有和谐美观的感觉。

起伏韵律，即造型的组成部分，作有规律变化或增减的状况。起伏韵律在装饰装修工程中的造型，或制作商品框采用逐渐起伏的形式，或采用弯曲波浪形式起伏的。这样的造型式样，无疑能使装饰装修或制作的商品框形状，呈现出活跃和庄重的格调。例如，在现实中的陈列柜式样，其腿部做成"牛腿"或"马蹄"呈弯曲波浪形起伏韵律，让人感觉到活跃的姿态。

还有交错韵律，在公共建筑装饰工程或制作公用家具中，给予其造型的各个组成部分，作用规律的纵横穿插或交错排列式，便能产生出交错韵律。这种交错韵律的造型在实际中，应用得比较广泛和频繁。例如，做古典式或中式风格特色装饰装修工程中的窗格、隔板等，尤其在组合式柜架和陈列柜的造型中，得到普遍应用，能起到一种协调、点缀和巧妙的装饰装修效果，让人有新奇感。

在公共建筑装饰装修工程的造型中，能够灵活和巧妙地运用各种变化的韵律，一定会得到式样多变，形体美丽的效果。在室内的公共装饰装修工程中，一般在醒目的墙面和顶部做造型时，有许多则采用渐变韵律和起伏韵律的做法，致使墙面和顶部发生很多的变化，从视觉到心灵上自然地呈现出一种节律和声韵的感觉。特别是在做长廊式顶部造型时，时常有应用这样的方法，使得长廊在人们的视觉里是那样的浪漫和美妙。

还有是在做仿古式建筑的装饰装修工程，或进行古曲式、简欧式和中式风格特色装饰装修中，多采用渐变韵律和起伏韵律方法，让不少部位和一些造型变化得更加美观和吸引人的眼球。特别是在历史遗留下来的遗址，做过修复式装饰装修的景区景点上，呈现出的各式造型，都是应用的渐变韵律和起伏韵律的手法，看后，真让人流连忘返。例如，像湖南省株洲市新建的神农城神农坛的装饰装修的地面、墙面、柱子和顶部均应用这样的做法。如图 2-6 所示。

图 2-6 体现韵律和美感

四、重点和一般

同家装造型一样，公装造型也有重点和一般。有利于凸显重点和亮点。往往作为造型亮点的部位，便是工程中的重点。然而，公共建筑装饰装修工程的重点不会集中在固定的区域。都是随着每个工程实用和观赏性不同，有着变化的。室内，或许在"大堂"的正面墙上，或是大门口，或是厅中央，或是厅顶部等。不像家装的"亮点"大多集中在客厅的电视背景墙面上，变化很少。

公共建筑装饰装修工程的重点，主要有层意义，即实用的重点，做造型所要呈现的效果。就是说，公装的重点，主要是针对实际用途，表达出很确切和适宜的要求，不能像做一般工程没有针对性，也没有特色。在实际中，经常看到不少的公共建筑装饰装修工程泛泛而做，只要将室内的"六个面"不再是毛坯样，达到整洁、规范和铺贴上装饰材就达到目的。这样的工程，只能说，做得一般，没重点。另外，是应用造型做出美观的重点。不仅让投资业主感到装饰装修工程做得很美观。同时，让外人也感到工程做得很漂亮，能留下美好的印象。这个重点一定要在耀眼的部位，选择得很准确，却不是在固定的位置。有在室外广场中央的；有在进大门营业厅耀眼部位的；有在过道顶部和出入厅中央的，等等。必须依据具体情况，选择在活动频繁的公共区域内，给人一眼就能看到的效果。不过，公共建筑装饰装修工程不像在家庭装饰装修工程，只在客厅电视背景墙和过道的一、两个区域，而是会出现在多个区域。例如，有几十层楼的宾馆装饰装修工程，可能有几十个重点区域，却不在同一个位置，并且，做的重点造型也是要有变化，不是呈现一个式样。

就是说，在公共建筑装饰装修工程中，各个组成部分，一定要明确体现出重点和一般的区别，不可以"一视同仁"，同等对待，应该分出主与次。如果不分主次，做笼统性装饰装修，不但，给人平淡无特色的感觉，而且还削弱完整性，觉得不是在装饰装修，而是在堆砌材料，也就失去意义。因此，做公共建筑装饰装修工程，一定要做出重点和一般来。无论是布局整个空间，还是做造型，或者在各个细节处理上，都必须把握好重点和一般的关系。否则，做不好公共建筑装饰装修工程，更做不出有特色的工程。

做突出重点的装饰装修工程，在方法上可运用"视觉亮点"、"趣味中心"和"色彩特色"等来做。关键是，要善于选择位置，选准部位和选对色彩，注重新颖性和刺激性，应用造型奇趣，色彩鲜艳和位置合适的方法，体现出与众不同，不落俗套，运用人的好奇心理做好重点，必然会使工程呈现满意的效果来。

在坚持和遵守造型原则上，已经在做着重点和一般的区别。做公共建筑装饰装修工程，如果不做造型和做好造型，是没有重点和一般而言的。造型是针对重点做的。如果不做造型，则显得整个工程做得很一般。做造型，也要分出造型中的重点。只要把造型重点和特色做出来，能达到吸引人的目的。让看过的人都有好的感觉，才体现出造型是针对重点做的，区别于一般的装饰装修工程。

做出有重点和特色的造型，显然是坚持和遵守好形态原则。一个公共建筑装饰装修工程，如果没有任何造型，都是平平淡淡的，就不存在着形态，与一般性装饰装修没有区别，得不到任何人赏识的。而只有把造型做好，才能把装饰装修工程做活，做出韵味、趣味和品味来。关键是任何公共建筑装饰装修工程要体现重点，有着造型形态的呈现，以此区别于一般性工程。只有呈现出重点，呈现出造型形态，呈现出特色，才会真正体现出好的装饰装修工程，令人感兴趣，吸引人的眼球，得到广泛赞扬，扩大企业影响。

第三章
公装设计和施工

在承接到公共建筑装饰装修工程后，必须依据建筑图到现场实地查看先做谋划。谋划是为设计做准备。谋划要有策略思维。设计则是兑现谋划。两者是为做好工程实施的第一步。这一步很重要，要做扎实和做好，少出纰漏和问题。不然，给做好工程带来很多的隐患，甚至影响到工程的顺利完成。因此，要求针对每一项工程，做好谋划和设计，必须从有的放矢，巧布空间、凸显功能和体现特色上下功夫，真正做到设计把握好，施工没问题，做出让人放心的工程。

第一节　谋划和设计

如何做好公共建筑装饰装修工程，必须针对不同用途和投资业主的心愿做好设计。设计是做工程必不可少的步骤，没有设计就不能做工程。做设计必先做谋划。谋划是针对每一个工程和不同工序，以及每一个装饰装修工艺技术，色彩表达和材料选用等进行谋划和计划。有了成熟的谋划和计划，设计就好做多了。做出设计成效的把握性也大多了。

一、谋划策略

谋划，就是想办法，出主意，想出好"金点子"。谋划在公共建筑装饰装修工程上显得很重要，也显得很有必要。做一个公装工程，做的谋划和计划，对做好工程设计很有作用。同样，做计划也一样，即工作或行动前预先拟定的方案。有了一个比较成熟的方案，对设计也是不可少的。因此，对于一个成熟和慎重的公共建筑装饰装修从业人员和企业来说，则很有必要善于对承担的工程先进行谋划和计划，做到心中有数了，再进行工程设计，其把握性会更大更好些。

做公共建筑装饰装修工程的谋划，必须做得周到和详细，不能马虎行事。这样的谋划才做得好，不会影响到整个工程设计和工作开展。谋划是为工程开展做的工作。就要抓住如何入手，怎样开展工作，全面周到和认真细致地想办法和定出主意。特别是遇到一般情况下没有的，只是投资业主提出的个人要求，则要想出好办法给予解决，才会做到心中有数，胸有成竹，勇敢面对，为设计和施工做好充分的准备。如果不是这样，往往会出现意想不到的问题，对设计和施工都有可能带来被动的情况。

针对工程设计先做谋划。谋划必须做得详细和周到，不能有疏漏。无论是空间、墙体、顶面和地面，还是造型选材和队伍配备；无论是重点，还是一般；无论是管理，还是施工；无论是室内状况，还是室外状态；无论是室内条件，还是室外环境；无论是规模大小，还是档次高低；无论是风格特色，还是色彩要求，等等，都要在谋划范围之内，清清楚楚，明明白白。同时，还要注意到使用功能和投资业主的愿望，不能出现遗漏。稍有出现纰漏，都不是好的谋划，会给设计和施工造成意想不到的困难，显然是不允许的。

要想谋划做得好，还要注意策略，要有策略思维。策略，即为达到战略目标并适应形势变化而采取的手段。对于每个公共建筑装饰装修工程面对的情况、对象和时机，以及要求是不一样的。俗话说：此一时，彼一时。尤其是面对再装饰装修工程，虽然相差的时间只有几年，其要求是大不一样的。要有超前思维。针对办公楼、科技楼、图书馆、教学楼、商务楼、写字楼、超市、饭店，以及剧院、影视城、体育中心等工程，从其用途和时间上的不同，其装饰装修的理念是有区别的。不能认为同一个用途，在时间概念里，是不能作相近似和差不多的理解和谋划。不但从式样、造型、色彩和选材，都要提出很正确的思维，做出详细认真的计划要求。例如，针对超大面积新建楼作商场的装饰装修工程的谋划，要从室内到室外，从地下层到顶层，从空间到地面、墙面、顶面和外墙面等，将色彩、造型、重点和一般，特别是针对做适宜于商场特征的标识等，都要作出一清二楚的谋划，不能有纰漏。不然，就会出现装饰装修施工上的问题，甚至出现麻烦和返工，对做好公共建筑装饰装修工程是有害无益的。

要有谋划策略，还必须得符合投资业主的要求。就是说，要善于针对投资业主的使用愿望，有深刻、深远的"金点子"，不能出现差错，只能从其愿望上，谋划得更精彩和更出色，体现出专业上的"高明"，才会获得认同、赞许及信任。如果只是照葫芦画瓢式的作谋划，是做不出好谋划的。这种谋划会越来越没有市场，最后只会失去公共建筑装饰装修的市场的机会。只有依据实际作用和投资业主愿望作出专业性很强，很有特色和成效明显的谋划，才是真正做出的好谋划，让人信服和放心的。

二、谋划方法

做好公共建筑装饰装修工程谋划，说起来容易，做起来并做得好却很不容易，必须得讲究方法，或运用方法正确和得当，则会收到事半功倍的效果。否则，会出现做得不好和尴尬的状况。因为，一个人的认识和思维毕竟是有限，要有着善于取人之长，补己之短的能力。

要想谋划做得周密和详细，不是关起门来，坐在办公室里，对着建筑图冥思苦想能实现的，需要到现场面对着实际空间和现实情况进行的。公共建筑装饰装修工程不能像建筑工程那样，只要按照图纸施工，不出现差错就能竣工。公共建筑装饰装修工程却不能这样做，需要面对实际状况。如果只靠建筑图纸和拍脑袋会出差错，不仅做不了，更做不好，而且浪费了人力、物力和财力，耽误了时间。主要在于实际状况同建筑图纸上的要求，或多或少地发生着变化。实际建筑上的一条线、一个边、一面墙和一间空间，都不会如图纸上那么方正，平整和规范，必然会出现这样或那样的偏差。如果建筑工程做得规范，出现的偏差会小一些。假若建筑工程出现问题，其偏差不是一点儿，相差得会很多。如果装饰装修仍按建筑图纸去做谋划和设计，可能发生差之毫厘，谬以千里。根本不是建筑图上画的式样。公共建筑装饰装修工程是给建筑工程弥补不足。假若不知道建筑工程的"错"、"丑"是什么状态而闭门造"假"，显然是实现不了目的，达不到要求的。况且装饰装修工程同建筑工程的性质不一样，前者关键在于"细"，后者可"粗"一些，由"细"弥补"粗"、"错"和"丑"，建筑工程就能完善，达到现代人们对其使用要求。在建筑行业里有句俗话："粗活差一寸，老板不晓得信。"在装饰装修行业中却不是这样。人们称装饰装修为细活，也有这样的俗语："细活差半分，老板气得哼。"由此可见，公共建筑装饰装修工程的谋划和设计，必须到现场针对实际状况来做，按照实际式样尺寸不能差分毫。

同时，谋划不是由承担装饰装修工程的一方可以做得周密和详细的。凡是有经验的工程设计者，除了在现场认认真真了解情况和测量尺寸，做到心中有数外，会毫不犹豫地征求投资业主的意见，详细听取和了解其企图及心愿，做到心知肚明，胸有成竹后，还会感觉到自己的谋划出偏差，则又千方百计地去聆听同行或旁人的建议和看法。然后，综合出各方面的意见和建议，再进行精心筛选，去糟取精，去伪存真，取长补短。于是，作出初步的谋划和计划，将这个初步方案推出去听取多方面意见，特别要多征求投资业主的意见，以实现其愿望为主者，最后形成一个完整的谋划方案。

一个公共建筑装饰装修工程完整的谋划，不但要以整体、造型、局部和一般的施工上有着全面的方法，而且还要从色彩、灯饰、亮化和标识标牌等诸方面都有要求，形成一个比较规范性的方案。同样，要依据工程整体先分出几个局部，再从局部谋划出几个要做的"亮点"。对于"亮点"是以造型还是以色彩呈现，都要有着很详细的谋划方案。做造型又要有具体的计划，以装饰装修造型表达，还是以广告宣传造型体现，是很明确的。对于使用色彩，则要分清楚是深色调，中色调，还是浅色调。没有十足的把握，可用"样品"法进行比较。方案要获得投资业主的认同，以免发生争执和误会。因为，色彩对于每个人是很敏感的。特别要防止做出让投资业主很忌讳的色调。

再则，谋划方法讲究的是善于抓住重点和要领。好比"纲举目张"一般。对于做好谋划，落到实处是十分有益的。一个公共建筑装饰装修工程，做出特色，令人满意。从谋划和计划开始，就要抓重点。抓重点则从谋划抓要领进行。每个工程的要领是不一样的。尚且依据的条件，用途和环境等，也是有区别的。例如，一个影剧院和一个体育馆的装饰装修工程的谋划要领，是大不相同的。影剧院需要清洁和安静，以及光线不能强，体育馆的活动中心，则是讲究光线好，空旷和结构稳。抓住这些要领，对于设计和施工的工艺技术要求，就很清楚，不会出现差错，造成被动，影响工程。要领，即事物的关键。每一个公共建筑装饰装修工程，都有着各自的关键。只要抓住每个工程的关键，工程开展设计和施工就好多了。像做商场的装饰装修工程的谋划，其要领在于能抓住吸引和招揽顾客为重点，做工程造型和色彩上，对于公共建筑装饰装修企业和从业者，提出了一个新的课题和命题。通过装饰装修方法，起到招揽顾客的作用，在时下是应用招牌、标识和广告的做法。

随着装饰装修专用材料生产的创新和发展，一定会发生这样的状态，在承担公共建筑装饰装修工程谋划上，最好能直接采用装饰装修的手段，会节省诸多工序及工艺技术，显然是一个不错的谋划，值得应用的。

三、谋划实施

谋划实施，不但要做文字方案，有计划安排，而且要以图纸的形式体现出来。通常所说的设计。把谋划方案实施到工程施工步骤中去。必须做得认真细致，才能使公共建筑装饰装修工程的各项工作顺利开展，把谋划方案落到实处。

在有了谋划方案和计划后，必须与投资业主沟通交流得到认同，还需上报相关部门审查。如有设计资质的单位，应当经过集体的研究讨论和相关工程技术人员的审核，待基本认同再由专业人员具体设计图纸。在设计中，要注意处理好三种关系，才能把谋划方案转变成设计的图纸。一是要注意处理好整体与局部及细部的关系。谋划是整体性粗略设想，对局部和细部只能做粗略性的要求，从做出方案到实施的图案，其表达方式是有区别的。作为局部及细部的设计表达，需要同整体要求相一致，不能发生大的矛盾。图纸表达一定要周密和清晰，不出现大问题。二是要注意处理好室内与室外的关系。虽然每一个工程情况都不同，都存在着室内外关系协调的问题，在城镇繁华热闹区域和边远偏僻宁静区域，都要依据实际情况和工程用途做好正确处理。室内装饰装修和室外及周边环境的关系达到协调。例如，城镇繁华热闹区域的室内室外装饰装修工程，在设计中，要提出隔音防噪及防尘的安排，选用材料也要明确。三是要注意处理好谋和实的关系。谋，即谋划方案。实，即设计实施图纸。在将谋划方案转变为施工图纸时，应当很具体，很清晰和有创意地把方案形象地反映出来。如果只有"示意图"，没有"施工图"，对施工会带来困难，体现不出谋划意图，更不能顺利地进行现场施工，谋划实施就落不到实际之中。

如果工程项目规模较大和工艺技术要求较高，就需要在谋划方案前提下，先作初步设计，再进行扩初设计。同时，进行造价概算。然后，还须向相关部门送审。扩初设计是依据实际状况，以指导施工为主的设计，能对整个项目施工定稿。像这样的施工图的设计，可以说是针对谋划方案的具体实施。要注意同其他各专业，特别是照明和亮化工程要充分地协调，同机电安装工程中的电、水和其他配套设置相协调。同时，对于装饰装修用材相关的商家和投资业主提供准确的信息。施工图不仅对谋划方案更为具体和详细，其中包括施工说明，平面图、仰视图或平顶图，立平展开图或剖视图、剖面图，节点详图，有的甚至还要有彩色效果图或造型重点图等。同时，又有着造价预算等。

作为谋划设计者，在完成设计并报审后，还不能说完成了谋划的实施。需要在工程开始施工时，能够到施工现场给予指导。一是给予具体施工人员详细地解释自己谋划和设计的意图，让他们完全懂得和清楚。对施工人员提出的疑问要认真耐心地进行解答，消除其疑惑和不清楚的问题。特别是时下参与施工人员基本上是劳务工，其责任和技术水平参差不齐，往往在施工工序及工艺技术上有打折扣行为，值得注意；二是给予现场具体负责的管理人员也要提出要求，既要熟悉图纸，又要理解谋划设计意图，还要懂得施工管理和有责任心。不然，施工效果很难达到谋划设计的目的。

如何能使谋划设计达到预定的要求，作为谋划设计者，要根据实际状况随时修改和补充欠缺或遗漏及更改的部位。做这种工作需要具备一定的条件。若有设计资质的单位人员作补充和修改前，要求其单位出具修改或补充的通知单，方能进行这项工作；若没有设计资质单位人员，还要将自己的补充和修改方案及图纸报送相关部门审核；如果没有设计资格证的人员，是不具有修改和补充资格，不能担当这类工作。

要想将自己的谋划设计落到实处，作为谋划设计人员在工程施工中，有必要帮助投资业主选用材料并把好关。协助其选用灯具和洁具等设施，这样，才更有把握将谋划设计落到实处。

除了在工序及工艺技术上能达到谋划设计要求外，往往在灯饰上更要做好文章，给予谋划设计好的方案，在效果上可能带来意外的惊喜。但是，对于工程的光化和亮化作用，并没有很清晰和十足的把握，需要在发生成效后，才能其正感觉得到。因此，还需要作实质性的比较，或作多次更改修正后，方能达到理想的目的。对于这一点，应当有充分的思想准备和应对的方法，解决谋划设计实施好的问题。

第二节　巧布和凸现

巧布是针对谋划设计空间成效而言。凸现是针对谋划设计有无创意和特色要求提出的。在谋划设计时，对公共建筑装饰装修工程的室内外空间能巧妙布局和体现特色，或有创意，则是很利于工程效果的，并为做出投资业主满意的工程打下良好的基础。巧布，即公共建筑装饰装修工程空间布局合理巧妙；凸现，即是使工程特色能清晰美好地呈现出来。

一、不落俗套显特色

承接一项公共建筑装饰装修工程，在坚持和遵守实用空间和形态原则中，从谋划设计开始，不能总是跟在别人后面，人云亦云和受风格特色的局限，或总是一种做法，不分情况，不分环境，不分用途和不分要求，均是一个式样，一种颜色，一类造型和一种风格。这样的谋划设计是很简单和很轻松的，用不着费多少神，操多少心。长久下去，是没有市场和工程可干的。

不落俗套显特色，则是依据承担的一项公共建筑装饰装修工程，能够按照投资业主的心愿和使用要求，以及不同情况，不同环境，不同风格特色，做出不一样的谋划设计，达到每做一项工程，给人一种新感觉，新启发和新印象，是不落俗套的特征。公共建筑装饰装修工程比较家装工程的谋划设计要困难得多。主要是面对工程种类太多，用途繁杂，档次不同，风格各异，特别是针对高档次和专门用于观光性的工程，评判者太多。况且各人的欣赏水平和角度不同，增添了难度。例如，一座电视塔本是用来专作电视转播的，其外观档次和品位要高，又是高空作业，在谋划设计装饰装修上有一定的难度，还要求夜间观赏效果应新颖和炫丽，按常态做法是实现不了的，只有采用大胆创新的做法，将塔内装饰装修效果同塔外表面效果的谋划设计协调起来，在室内增加亮度的同时，室外的灯饰效果必须与之相互辉映，比室内的效果更好，才能解决夜间观赏效果好的问题。同样，塔内的装饰装修工程特色品位要提升其文化、艺术性，也许才能达到观赏效果。在谋划设计上，完全可以运用现代装饰材料的优势达到目的。如果只是在其装饰装修工程上采用传统做法，是很难达到投资业主心意的。

针对一项公共建筑装饰装修工程，不能应用传统观念，或停留在老经验上，需要有创意。例如，做一座老庙宇的装饰装修工程，应用传统的装饰装修做法，呈古色古香的，显现出庄重肃穆的氛围，本无可厚非。但是，其室外的装饰装修风格特色同室外环境截然不同。室外环境作简欧式修饰，而在选材上又不是这一类。这样看上去，则显得有点不伦不类的感觉，也就降低了其观赏效果。像这一类的公共建筑装饰装修工程的谋划设计，在材料造型和色调上要求基本一致，材质也要求相近，不能差别太大，室内外的色泽能相一致为最佳。如果不是这样，会降低装饰装修效果。

呈现公共建筑装饰装修工程特色，虽说需要不落俗套，却又不能违背其内在的规律，必须得遵循其基本规律；使造型呈现出新颖的特色，或多或少给观赏者和投资业主有着不相同的感觉。在现实中，有不少的公共建筑装饰装修呈现出"趣味性"特色，就是一个很不错的做法。尤其是幼儿园、公园、游乐场和旅游景点等，在装饰装修上能增加点新颖的"趣味性"，就有可能提高观赏者的兴趣。甚至在宾馆、饭庄和特色饮食地，做一些"趣味性"特色装饰装修，还能为进餐的客人增加食欲，会增加回头客的。

从谋划设计到实际施工上，要做出给予投资业主和观赏者有着吸引性特色品位的装饰装修效果来，必须在理念上有着更新、更高和超前的意识，即使是古典

式和简欧式的风格特色，也要有着新思维新理念，不要被俗套所束缚，要有特色。尤其是针对造型和色调及工艺技术上要求新和求变。例如，在结构上，不能像过去那样使用榫眼结合，大多应用钉胶结合的方法，从工艺上要简单得多，在用材和外观上也适合现代人的品位和现代条件的需求，不然，就无法施工，实现不了谋划设计的目的。

呈现特色同不落俗套是相辅相成的。如果呈现出公共建筑装饰装修工程特色，有新颖和亮点，投资业主和观赏者有着新鲜和新奇的感觉，会认为是成功和没有落俗套。假若让人有着曾见识过，则会有着落俗套的嫌疑，有特色在观赏者

图 3-1　不落俗套显特色

眼中，也会视而不见。这样的工程谋划设计不是很成功。尤其在布局上发生问题，没有做到巧布和将有限的空间应用好，也是没有做好工程谋划设计。巧布空间，不是将一个空间简单地分出等份，而是依据用途，特别能将不好利用和不显眼的空间，都做到符合情理地使用，给人有意外的感觉。这样的公共建筑装饰装修工程特色也会呈现出来。如图 3-1 所示。

二、格局巧妙有特色

格局，即给予空间规模作出布局形成格式。格式有整齐、规范和合理及不合理的。如果能在公共建筑装饰装修中体现出格局巧妙，则是根据有限空间，经过谋划设计，适宜使用要求做出的安排和运用，超过一般人的想象，显现出灵巧美妙的式样。

从表面看，公共建筑装饰装修不很重视格局，不像家装那样讲究空间布局的巧妙。其实，不少公装是非常注意格局的，只是没有引起广泛重视而已。在善于运用空间面积和稍微讲究一些公共建筑装饰装修工程的风水者，就比较看重格局。

做公装需要从实用、美观和方便角度上考虑，少不了格局。特别是在城镇中心地带的商店、酒店和宾馆等，更是将格局要排在首位。主要在于适宜实用和适应顾客心理感觉。例如，时下比较让顾客看好的超市，在装饰装修上很注重格局。紧俏常消费的物质区域布局在室内最里面，而不常用的则布局在临街门口。因为，紧俏常消费物质购买的顾客比较多，况且在消费中，人多带来人气足。对于经常消费的室内地面，有的要做特殊处理，不能影响到店面的清洁卫生和秩序。这就是格局巧布带来的方便。也许对不方正的建筑室内空间得到充分应用，无形中扩大了使用面积。

在公用建筑中，不但超市出现了这样的状况，而且在大商场、宾馆和饭庄等，对于公共建筑装饰装修的谋划设计，也应根据其使用的需求，给予有限的空间，发挥其更大的作用，给予格局巧妙地安排。尤其是处于城镇中心人来人往的区域，其公共建筑装饰装修工程的格局上安排及布局，不仅要巧，而且要妙。巧在将临街或临路的窗户空间，在上部布局做宣传橱窗，下部做柜台应用，抢着了经营和广告的先机，便是妙的体现。即使是做餐馆和品茗之用，装饰装修工程布局成"双人雅间"或"四人雅间"安排，门外热闹非凡，人生喧哗，门内却是清静优雅得成为"两人"或"四人世界"。本来是一个大空间，经过谋划设计布局做装饰装修，则出现微妙的变化，成为多用之地。

依据实用巧妙排列或交错，或扇形式的排列，或大或小，或长或短，或宽或窄，都要符合实用和美观需求。分出有静则静；有闹则闹，有大则大，有小则小，布局的空间要适宜和实用。空间高度应尽可能高一些，不能矮于 3 米。如果低于这样一个高度会给公共区域活动的人一种压抑感。如果是临街环境的，则有着视野性的布局，其高度还要高一些，假如条件允许，则从 4 米左右高度为佳。例如，像观赏性长廊、展览性室内，或作为大厅堂的区域，在安排格局时，一定要考虑到这一点。如果出现情况不允许，则要放弃吊顶的谋划设计，将顶部作艺术性布局，或在色泽上作点文章，或在吊顶设计做灵活性布局，或吊局部顶，或吊格栅顶，或做点缀性顶造型，或在灯饰上给予补救等。总而言之，不能给人一种压抑的感觉。因为，公共区域，对于每个人的感觉是不一样的，以作宽松、高阔和有视野性的谋划设计，比较能令人接受，也更符合密集居住的城镇人的心理要求。

有着格局巧和妙的谋划设计，一般情况下，其特色基本上形成了，既不会落俗套，也不会人云亦云出现相似之处，必然有着自己的特征。依据实际使用作特色格局布置，再从美观上依据要求选择风格做装饰装修，就能凸显与众不同的效果来，让人感觉新颖，如图 3-2 所示。

图 3-2　格局巧妙有特色

三、亮点凸现呈特色

要想实现巧布和凸现的目的，每承担一个公共建筑装饰装修工程，无论是在造型、灯饰和色彩选用上，必定要将"亮点"凸现出来，才有可能呈现出特色。否则，显得平淡一般，算不上好工程了。

做公共建筑装饰装修工程，凸现亮点的方法多种多样，以造型、色彩和灯饰为主有着造型和色彩结合，造型和灯饰结合，色彩、灯饰和造型结合等方式，都能达到巧布和凸现呈特色的要求。

巧布和凸现造型作为亮点特色，是每一个公共建筑装饰装修工程的首选。造型，即创造出来的事物形象。做公共建筑装饰装修工程造型，就是要给工程的"亮点"显现出来。这是提升工程兴趣和品位的主要方法。每一个公共建筑装饰装修工程几乎都有用造型方法来凸现亮点和呈现独有特色的。做造型的方法是多方面的，有立体形、平面型和凹凸形等。表现手法有长方形、正方形、梯形、圆形、椭圆形、长条形、单线形和多线形，以及各式各样的物体形、人体形、花草形等。表现出来的造型，既是依据公共建筑装饰装修工程实用要求和虚拟的含义做的，也有依据投资业主的意愿和环境状态做的，还有依据特殊状况和特殊意义，以及特殊要求做的。例如，做纪念和参观性场地或区域的装饰装修，则是围绕其目的进行的。从室内到室外，地面到空间，低层到顶层，甚至从硬装到软装，小到大等，都是一个式样的造型，由此来呈现其"亮点"和特色品位，给人一个深刻难忘的印象。这样的造型做法是不少的。尤其在近一段时期开发和拓展"无烟产业"中，成为一项"热门"的装饰装修工程，且风靡九州大地。

运用造型方法凸现亮点和呈现特色品位是极其简单和普通做法。把造型应用到公共建筑装饰装修工程中并不难，难的是有创新，给人新颖感、兴趣感、形象感和贴切感。要达到这样一个效果，是不好做和不容易做，在实践中经常遇到的事情。做的造型能给工程一个亮点，但没有给人眼前一亮的感觉，也不吸引人。关键是同工程实用和寓意相差很远，甚至毫不相干，就不是呈亮点和有特色品位的造型。

针对这样一种状况，要呈现亮点形成特色品位，还是有补救措施的。在实际中，有的装饰装修企业和操作人员应用"综合"和"巧分"也是创新的窍门，将一些被人们认为似曾相识的造型进行"综合"，取其之长，补其不足，将优点和特征综合后凸现出来，以小改小变，或大改大变的方式，将一个似曾相识的造型变动一下，能以新面貌呈现在公众面前了。其做法是有从造型的重点主体上变化的；有从色彩上做调整或变动的；又有从灯饰上做变化的，等等。例如，有的造型用的是几何图形做法，有圆点形和椭圆形；有线条形和平面形，有将这些组合形态大小做调整变化的，有将平面形改为立体形的；有从小巧形调整变化为大的形状的；有以线黄色改为粉红色；大红色变为玫瑰红；深蓝色改为深黄色等。从造型到色彩，型小到型大，型大到型小，都按照实际状态做相适应的变化，更适宜于公共建筑装饰装修工程的特色要求，其"亮点"必然会呈现在公众眼前。

作为造型也有巧布和善于凸现的问题。公共建筑装饰装修工程不像家庭装饰装修工程固定在客厅内的电视背景墙面，或客厅与餐厅交接的顶部上，却是有着不停变化的，必须善于针对谋划设计的重点区域，善于巧布在醒目的位置上，或墙面，或空间，或顶面等，或活动交流中心地面等，做出来的"造型亮点"，一定是众人很容易看到的，才有可能体现出"亮点"的效果。

值得重视的是做亮点和呈现特色品位，一定要善于将"硬装"和"软装"有机地巧合起来。由于某种原因出现"亮点"不亮，"特色"没有的状况时，要善于应用灯饰的作用强化出来。灯饰是作为"软装"布局的，其功能作用是很广泛和有潜力，要挖掘和发挥其有效作用，对凸现造型特色和亮点是其他"硬装"和"软装"方法替代不了的。不过，灯饰也有巧布的要求。如果将灯饰能从凸现亮点发挥出作用，便可将灯饰光从正面或上方和下方，以及左方或右方，能灵活和变动地照射在造型上，突出某一点，或某一面，或全部的做法，必定

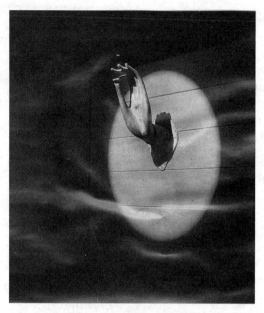

图 3-3　亮点凸现呈特色

能使造型成为"亮点"亮起来，非常醒目地呈现在公众面前，起到吸人眼球的效果。如图 3-3 所示。

第三节　功能和特色

公共建筑装饰装修工程，都是要求有着其功能和特色的。没有功能和特色是不能存在和不允许存在下去的。在做公共建筑装饰装修工程谋划设计和进行施工中，一定要将其功能和特色明确地显现出来，放在重要地位。因为，不呈现功能和特色的工程得不到认可，投资业主也不会认同，更不要说竣工验收能通过。特别是有着特殊性的工程，没有功能和特色，则不成为公共建筑装饰装修工程，对此，是值得广泛重视的。

一、功能多样性

每一个公共建筑装饰装修工程，是有着其不同功能的。功能，通常是指器官、机件等的功率或作用。作为公共建筑装饰装修工程的功能，是随其大小和性质有着大同小异作用的。一般情况下，在谋划设计及施工完成后，应当体现出实用、观赏、传播和传承等功能。实用功能，是体现公装最明显、突出和迫切的。一个工程在谋划设计上，首先要想到的。如果没有这一点，工程的功能便失去了。只是每一个工程的实用性不大相同。例如，宾馆工程的装饰装修实用性是综合性的，有住宿、酒宴、办公、开会、娱乐和招商等；医院工程的装饰装修实用性有门诊、住院、办公、研究、疗养和食堂等。这些实用功能又分各个不同的科目性。针对不同的"硬装"、"软装"，或两者结合形成不一样的实用效果。商场工程的装饰装修实用性，则分有经营、加工、消费等。还有为适应"无烟产业"的需求，其实用性功能，则更多和要求严格。因为，这些装饰装修工程远离城镇区域，其实用功能多是综合性的，不像在城镇里的实用功能分得细致，有多项和复杂要求。例如，新建的湖南省株洲市 4A 级城市景区炎帝神农城，离城市中心不到 10 里路程，其工程的装饰装修及配套设施，有室外的景区标识牌、供游客免费食用的纯净水和亮化及声光工程等。而其实用和观光的商业区、神农塔、神农坛和大剧院等装饰装修工程，远没有配套的工程复杂繁琐。

公共建筑装饰装修工程还有着观光功能，是实用以外的又一主要功能。像游览的景点、公园、古建筑及纪念性质的地方等。这一类的公共建筑装饰装修工程，多以美观功能为主。其美观功能就是实用。像红墙黄瓦的天安门城楼和供游人观赏的颐和园、香山亭及南岳衡山下的关帝庙等，以雄伟美观为主要功能。其主要用途就是观赏，美观是其重要条件，以其特有的美观给观赏者留下美好的印象。

还有投资作为"无烟产业"的旅游景区，在装饰装修上下了功夫，费去人力、物力和财力的，其获得的首要功能则是美观，以吸引游人观赏。在当今的社会中，这样的装饰装修工程会越来越引起重视。在谋划设计及施工上，一定要在漂亮美观上做出成效。

对于公共建筑装饰装修工程功能的多样性，不能忽视其传播和传承功能。一般做这一行业的企业和实际操作者，有这样的误解，认为做家装要细而慢，做公装在粗而快，显然是不正确的。其实，做得好的公共建筑装饰装修工程，比家庭装饰装修工程，在谋划设计和施工上要精致得多，能成为广为传播和永久性传承的工程。像在北京市留存古建筑内外装饰装修工程，湖南长沙市内的岳麓书院和湖南省内南岳衡山上的古建筑的装饰装修工程，有着耐人寻味工艺技术，值得现代人传承的。即使是在北京市颐和园长廊的装饰装修工程，经过后代人的仿修，还是以原有的装饰装修效果，给当代人留下了深刻印象。如果现代人能做出广为传播的建筑，显然是值得后代人传承。假若一个人能呈现出这样的装饰装修技能和体现出这样美观功能来，将是自身一辈子感到自豪和其后人感到无限荣光的事情。

二、特色明确性

做一项公共建筑装饰装修工程，无论大小，还是有何用途，都会有特色。这种特色说的是谋划设计运用的风格。风格运用得贴切和明确，是能显现出其特色的。

在装饰装修行业中，比较流行的有现代风格、自然风格、中式风格、古典风格、简欧风格及和式风格等。各不相同的风格，呈现出不同的特色。如果运用得好，会给公共建筑装饰装修工程呈现出独有的魅力。在中老年人中，最欣赏的是古典式和简欧式风格特色。旅游景点的建筑装饰装修工程大多呈现的是古典式装饰装修风格特色。不过，有的新建旅游区的装饰装修却是配套的风格特色，或是相近似的风格特色。如果不这样谋划设计和施工，则会出现问题。在湖南省株洲市新建的神农城公共装饰装修工程中，就出过这一类现象。在该景区中神农坛的装饰装修风格特色选用的是古典式，同神农坛相邻的神农塔内则选用现代风格特色，与神农坛的风格特色迥然不同，便出现诸多议论，说神农塔的装饰装修风格特色不明确，档次太低。如果在谋划设计上选用简欧式风格特色，虽与其外装选用的风格不同，却能同神农坛的风格特色有着异曲同工的效果，档次上也很接近，显然利于观光效果。

在公共建筑装饰装修工程谋划设计风格特色上，一定要有个全面性，才能充分体现出特色明确。一般情况下，大多的公共建筑装饰装修工程风格特色选用现代式。这种风格特色很明确，容易施工，选材也很直接，像其他风格特色一样有着自身的特征。例如，古典式、简欧式、中式与和式风格特色，从谋划设计到选用材料、色彩和施工方法等诸多方面，都有着各自的特色，需要按其工序及工艺技术要求，才能做得明确。仅以古典式风格特色为例。这种风格具有华丽、宁静和优雅等特征，色彩多以深红、绛紫和深绿色为主，有着深沉、厚重和庄严的效果。一般具有传统风格性质的，都选用这种装饰装修风格。时下在全国各地兴起的"无烟产业"的装饰装修工程，大多选用古典式风格特色。主要是效仿传统的装饰装修方式，以吸引观赏者眼球。这种选择体现出古为今用。以现代材料和现代手法做古典式装饰装修风格，并不是很细腻，缺乏"古典风味"，让游览观赏者感到太做作，有点勉为其难。在公共建筑装饰装修工程选用某种风格特色，应尽可能地选用这种风格的工序及按照工艺技术要求施工。不然，有可能造成适得其反的效果。本是一座宝塔形的建筑，按常人的思维要求应当选用古典式装饰装修风格特色，却偏要选择现代式风格特色，尽管堆砌了不少"金贵"的材料，无论如何感觉有点"不伦不类"，失去了建宝塔的意义。

像古建筑的装饰装修风格特色，在其结构图案上有雕刻，多有雕龙刻凤和民俗风格特色的，在表面的涂饰做法上，与现代涂饰有着极大的区别。例如，在古建筑上，人们见到的字匾、楹联等，这是古建筑装饰装修上明确的特色。其作色涂饰的方法同现在是不一样的。其涂饰的工艺技术要求，是先做字色，在刻出字后，再做出字色，最后做底色。在字迹上先刷上一道较稠的绿色油，随即又将绿色颜料或青颜料，小颗粒佛青，用细筛子均匀地过筛字迹的油面上。假若是使用扫青，完成后立即放在阳光下晒干。如果是使用扫绿，完成后，则应放在阴凉处阴干。所有干后，需用排笔扫去浮色，字迹会呈现出青或绿色绒感。字迹色做完后，接着作底色，方法相同。但是，应注意保护好字迹，以免污染和弄坏字体色调。这样做出的特色同现代做法是有明显区别的。

同样，在公共建筑装饰装修上，还可依据实际状况选用自然风格、现代风格与和式风格。各风格特色虽不相同，各自特色却是明确的。只要条件允许或投资业主提出需求；还可做出综合性风格特色，以相近或相融风格，取其长处，综合运用在一项工程上，能呈现出特色新颖明确的装饰装修效果，给行业发展拓宽新路子。如图 3-4 所示。

图 3-4 特色明确性

三、功能和特色的必要

承接一项公共建筑装饰装修工程，一定要先弄清楚该工程的作用和目的。也就是得先清楚工程的功能和特色。了解其功能有哪些，才有利于谋划设计和施工，也有利于选用装饰装修风格特色和准备材料，有着胸有成竹的把握。

特别是现在装饰装修材料发展很快，选用正确对于工程质量和功能保障是至关重要的。这是针对大多有着长久性时效的工程，必须有着严格的要求。至于只有三五年便要变更装饰装修的租赁性公用工程，则没有太严格的讲究，在材料选用和风格特色选择上也随意些。其功能主要体现在实用上，时间是短期的，没有传承的功能要求。其选择的风格特色对于装饰装修的方法有着区别，大多应用"硬装"和"软装"相结合的方法。"软装"比较"硬装"在时效性也要显得短些。因此，主要是强调"硬装"功能和风格特色的必要。

对于公共建筑装饰装修工程的概念，人们主要是针对"硬装"而言。像那些大型、永久性及标志性工程，大多是针对"硬装"的评价，需要在谋划设计时必须引起重视的。无论在城镇上，还是在乡村里，特别是在边远区域做"无烟产业"的装饰装修工程，有着传播和传承功能的，更要严格地讲究风格特色，不能以简约型的风格进行装饰装修，必须选用有传统性和传承性的风格特色。从历史到现代一直流行的古典式、中式和简欧式等风格特色，给人的印象是深刻的。因为，这些风格特色有的已流传几百年到上千年，被前人和现代人都很看重和青睐的，有着传播和传承的功能，其特色也是很明确和耐人寻味的。

作为从事公共建筑装饰装修的企业和操作者，尤其是有着远见卓识的人员，对自己承担的工程，应尽可能将功能谋划设计和施工到位，不能出现遗漏。不仅有利于投资业主的方便使用和提高满意度，而且更有利于扩大企业和从业者的声誉，提升其市场竞争力。无论是企业，还是从业者，都企盼着在社会的影响力。但是，这种影响力，是需要势力和业绩，才能得到的。对于在激烈的市场竞争中，也是能产生一定的作用。因此，不能小视了做好工程功能和风格特色谋划设计的用途。只有做好每一个公共建筑装饰装修工程的谋划设计，也就为企业和自身及做好工程施工，获得良好成效，打下坚实基础。

要实现每一个公共建筑装饰装修工程的功能作用，并凸现其风格特色，不是一件容易做到的事情。也许达到实用和美观功能并不难，呈现出一般性风格特色也不是很困难。关键是能够做出得到广泛传播和长久传承的功能和风格特色，却是不多见的。也许有的从业者会抱怨没有遇到机会，不是自己做不到。这种抱怨可以理解。问题在于机遇不是等来的，而是需要由自身创造条件形成的。尤其是现代社会，创建"无烟产业"盛行时，却让诸多参与者不能实现预期的目的，失去了众人的期盼。由此可见，实现多项功能和深刻特色的机会不是没有，在于不少人做不到，没有这样的思想认识和真才实学。例如，能够将古典式或简欧式风格特色做得到位和给人借鉴效仿的工程并不多，大多是堆砌了材料，浪费了公共建筑装饰装修工程资源，没有达到理想的目的。

如今，做公共建筑装饰装修工程的人员众多，素质参差不齐，只能达到普通功能和风格特色者众多，却对于值得传播和传承的工程做出的效果不令人看好。不知是缺乏人才，还是受拜金主义影响没有用心做。尤其是面对着"无烟产业"的兴起，在传播和传承装饰装修方面，其潜力是巨大的，需要从事该行业的企业和人员共同努力，齐心协力，做好上承下传工作，履行好现代人的职责，不要让前人留给的精神遗产，在自己手中失传，即将是无比遗憾和不可原谅的。

第四节　采光和照明

采光和照明是公共建筑装饰装修工程不可忽视的。由于建筑结构原因和使用需要，采光很重要，不仅节约能源，而且给人方便，使用舒适。尤其在城镇中，建筑增多升高，密度加大，自然采光日益困难，但又离不开采光。在承担工程的谋划设计和施工中，必须充分发挥自然采光和通风的作用，显然是投资业主和使用者非常看重的。

一、改善采光

采光是指设计的门窗大小和建筑结构，致使建筑物的内部能够得到适宜的光线。采光分有直接采光和间接采光两种。直接采光是指采光的门窗直接向外开放，能使太阳光线直接地照射到室内。间接采光则指采光的门窗朝向封闭式走廊（一般为外廊）。直接的厅、厨房等开设，都要充分地利用起来采光。有条件的还要千方百计地利用小天井，或者开设天窗进行直接或间接地采光，为的是改善室内采光条件。

如今，随着城镇建设的提升，不少建筑不但显得拥挤，而且朝向也不是很好。针对这种不利于建筑内部采光的状态，许多建筑的室外装饰装修便应用透光的玻璃来采光，或者在建筑顶部增加装饰性"天窗"。这样，从外部观看，既增添了建筑的美观性，又改善了室内采光条件，可直接通过"天窗"将太阳光线引进来。在现代建筑装饰装修工程中，还有更好的做法，一改过去运用建筑盖顶的方式，直接应用装饰装修工程做采光顶。建筑的顶面全面铺贴透明的多层夹胶钢化玻璃，再在室内建筑建造多个天井，将顶面采光直射到地面层，致使白天整个室内光亮完全可以利用自然光线进行活动，不需要人为照明，对于这种直接运用自然光的做法，无疑是改善了采光条件。在中国黄河以南广阔地域，盛夏到来，还须将顶部采用有色布给直接采光遮挡一些，以便减少过强的光亮和热量。对于中国黄河以北区域，应用这种全顶面直接采光的做法，恐怕有些不妥，主要在于风沙带来的不适宜，不利于顶面直接采光的使用。

由于中国黄河以南地域，太阳光直接照射的时间，在12个月中是很长很强的，又因建筑物坐向的不一样，像有些坐东朝西不是很拥挤的建筑，针对盛夏太阳光直接照耀的缘故，在做装饰装修谋划设计时，还得给予采光进行妥善的布局，既不要使室内采光受到太多影响，又不要使室外装饰装修受到太多干扰，还能给太强的光线减弱，降低热量，建筑外观提升特色品位。要解决好这一综合性问题，致使直接采光成为适宜采光，将强烈光改善为柔和光，还降低直接阳光带来的高温刺激，必须要选准材料。如图3-5所示。

同时，在一些城镇很拥

图3-5 改善采光

挤的中心地域，由于建筑高耸和密集，带来自然光很难进入到地面层或南、北部位及深层室内，则要给予间接采光的条件，最好是通过装饰装修方法来创造，有利于降低使用成本，因为，阳光是最直接和便利的光源。针对直接采光不便利和条件达不到的状况，便可根据太阳东升西落的规律，采用侧墙采光，运用装配集中式玻璃幕墙，利用玻璃的反射，也可应用贴铝箔板和镜子的反光，还可应用聚光材料来进行间接采光；如果条件允许，可在适当部位开设采光口、墙洞口，或配装联动百叶窗；或在墙面做不规则的带形窗等，千方百计地将阳光间接引入到室内，改善"暗室"的光线，而"暗室"的内部装饰装修尽量应用浅白色，也能提高其采光效果。

还有针对边远地区的一些古建筑，由于光照不理想，又不能破坏其周边形成的森林绿色环境，对室内也可以运用装饰装修方式改善其采光条件。古建筑内部的装饰装修风格一般采用深色调，也不利于采光，增加灯饰照明也很困难，则要依据建筑坐向和阳光射进方向，在上方开设采光口，将自然光引入进室内。采光口开设应当适宜，也可在屋面增添自然采用通风器，以改进采光效果，有利于现代旅游观光条件的改善，显得很有必要。

二、增加通风

作为公共使用室内，情况千变万化，人口稠密，应用率高，除了改善采光条件外，增加通风效果也是非常重要的。有利于安全使用和改进应用效果。

通风，即指采用自然和机械，或智能化等方法，使风没有阻碍，可以穿过，到达房间或封闭的环境内。人们都知道，凡是公共使用场所，由于建筑条件局限和人口多及有堆物口等，容易造成通风条件不是很好。例如，一些大商场和人口密集的场地，商品堆积，人来人往，过道夹窄，从而造成通风不畅，特别是冬天的寒冷季节，不是紧闭大门，就是门口配装挡风帘，更易造成通风流动很慢，人们进入这样的场地有一种压抑感。经过装饰装修的场地，人们还往往质疑其环境条件有无影响到人体健康，从而也降低了场地的使用率和经营效果。因此，增加通风设置和改进通风条件，显然很重要。

增加通风设置和改进通风条件，同样是公共建筑装饰装修工程谋划设计和施工，特别值得注意的项目。其做法是多种多样的。如果在城镇繁华的大型公用场所，除了能有效地设置进风和排风口外，最好是能够充分地应用屋面采光通风器，通过高空间将新鲜空气从空中引入进来，散发开去；有通风系统帮助自然通风。通风系统是以进风口、排风口、送风管道、风机及降温、采暖等组成，利于增强室内空气进出和对流，改善室内空气环境。同样，采用中央空调方式，在相关部位装配篦板式装饰风口，有的装配在楼道，有的装配在出入门口边上，有的装配在走道口，外接通风管理，将新鲜空气输送室内，室内污气帮助排除出去，形成室内外空气能作很好的对流和互换，也就改善室内的空气环境。

对于室内自然通风条件比较好的公共场所，也要做好通风条件。其方法是，有在屋面谋划设计制作通风气楼，应当依据实际情况，可选用顺坡式气楼，顺坡弧形式气楼、单山式气楼、蝶形式气楼和电动弧形式采光排气楼等，也可以根据需要配装防水式百叶风口、旋转式风口和联动双层百叶式风口，以及配装散流器，散流器也可依据实际状况配装方形式散流器，或圆形式散流器；或是装配通风窗和换气窗之类，既可增强通风，也可改善采光，达到实用的效果。

随着科技的进步和人们对于改进公共场所通风条件认识，会有着更多更好的办法，创造出更适宜的使用设施用于增强通风条件。像时下开始使用的智能型通风系统，比机械式、空调式和自然式通风系统又进了一步。智能式通风系统，由通风设备和管道等组成，现有窗式、壁挂式和座式形状，其通风效果直接和即时有用。从使用中总结出来的好处有这样几个方面：一是能起着空气质量监控的作用，可以全天候地自动监控，通风换气自然完成；二是可以根据空气质量不同，能做慢、快度地自动实现通风换气，这种状态在自动中设定；三是通风换气运转过程，能在其配装的液晶显示屏上一目了然，清清楚楚；四是从室外进入的新鲜空气是以缓冲方式进入室内，可以避免风寒流等直接侵袭；五是不受气候条件的影响，雨雪天或风沙天照样能通风换气，不会影响到室内；六是室外的空气是经过滤补充进入，没有混浊气体入侵；七是可预防"装饰病"、"空调病"的发生，就是能对室内不好空气自动排除出去，形成很好的对流；八是还能显示室内温度和湿度状态，让人做到心中有数；九是能有效地保持室内良好的空气质量；提升空间的健康程度。如果条件允许或有必要的公共建筑装饰装修工程，完全可以配装智能型通风系统。特别是对于处在空气条件不是很好，又处在人多繁华区域，很是需要有良好的通风条件的公共环境，最好能增添使用这样的通风系统，会对经营活动和居住带来更好的效果。如图3-6所示。

三、做好照明

任何一个公共建筑装饰装修工程，除了尽可能地利用自然光和自然风外，做好照明以备不适之

图3-6 增加通风

用，或是利于晚间使用。从谋划设计到施工上都要重视，并作为装饰装修行业中一项专业性很强的工程及工艺技术要做好，不能出现一丝差错，更不能发生遗漏问题。否则，对于整个公共建筑装饰装修工程的使用效果，均有着无可弥补的损害。

做好照明和改善采光是完善公共建筑装饰装修工程两个不可缺的工序项目。采光在谋划设计和施工上做得好，能够充分地利用太阳自然光源，既可方便使用，又可节约能源，还可提升环保健康程度，符合公共建筑装饰装修工程"低碳"发展要求。照明在这里主要针对电灯照明，不是太阳光照射的状况。电灯照明在公共建筑装饰装修工程中，是在太阳光不能直接或间接照射到的地方，即使是太阳光能照射到的区域，也要在谋划设计时，要考虑到晚间活动和白天太阳光太弱的状态下，能够不发生"黑暗"和"恐慌"情况。

对于公共建筑装饰装修工程的谋划设计，电灯照明应当做到全面细致，不像一间内室有"六个面"很直接的工程，却有着自身独立特征，既有隐蔽性工程，又有表面的工程。隐蔽工程要在土木工序动工前就要完成的。如果在工程谋划设计之前，电灯照明没有设计布局好，会造成后续工程的麻烦，甚至还有返工问题的出现。电灯照明隐蔽工程，还同其他用电有着密切的联系。像大型的公共建筑装饰装修工程涉及升降电梯和扶梯用电、电器用电、清洁用电和临时用电等，都是由隐蔽工程一道完成的；照明用电的线路，既涉及太阳光能照射到的明处，又涉及太阳光不能照射到的区域，甚至间接性照射都达不到的地方。例如，在大型的公共建筑装饰装修工程的深层处、楼梯间、地下室及"暗室"内，都是不可缺少的。即使是在白天的时间里，阳光很强烈需要遮掩的情况下，也是需要照明的。在正常情况下，除了先做隐蔽性工程外，其表面工程，即照明要求也是很严格和周到的。其表面照明工程既要实用，又要美观，不能像过去只有简易的灯泡，便能达到要求，有着很深刻的工艺技术要求。特别是针对讲究的场所，还将美观放在实用上，不是可随意实现目标的。

时下的公共建筑装饰装修工程中的照明，很讲究其外表的美观性。美观，既有灯具上的选择，又有布局上的要求。灯具选用有着很多要求。灯具的式样，要依据不同场所，选用不同的灯具。例如，在宾馆的会议室和大厅内，选用的灯具有相同，又有不相同，有大有小，在布局上也要依据实际要求选用不一样的灯具。像在大厅内选用大型吊顶，会议室也有选用吊灯，也有选用筒等、射灯和壁灯等。在光亮选择色调上也有许多不同，有选用白色灯光的，有选用黄色灯光的等，大多要求灯光柔和，给人很舒适的感觉。在选用适宜灯具的同时，灯饰照明的布局显得很重要。尤其是针对大型的场所，一般都选择"立体形"布局，呈"立体式"照明，显现出不一样的状态，给予装饰装修工程增光不少。

地下室、深层处、楼梯间和"暗室"的照明，完全是为了实用的需求。即使在白天里，这些区域采不到光，通风条件也不好，如果没有照明或照明做得不好，会给这些区域留下不能使用的情况，连走路都很困难。没有好的照明，有可能成为"荒废"之地。因此，必须要千方百计地给予这些区域做好照明和通风，以提高公共场所的使用效果。

公共建筑装饰装修工程做照明，还包括有室外的照明。不过，室外照明不是用于白天的，而是用于晚间。对于这样的照明在灯具选择和环境布局上更要讲究实用和美观，能给公共建筑装饰装修工程增光添彩，给城镇建设增强美观的效果，才算得上是成功的。如图 3-7 所示。

图 3-7　做好照明

第五节　施工把握

如今的公共建筑装饰装修工程的施工把握，同谋划设计一样必须引起重视。像一般小工程由一个企业组织劳务人员进行施工是有把握的，也容易把握好。如果是承担一项几十万平方米的大型综合性装饰装修工程，把握好施工就不是一件容易的事，甚至有把工程做"砸"的可能。因此，要想把谋划设计真正落到实处，抓好施工把握则是一项艰巨的工作。

一、用好施工员

施工员是基层技术组织管理人员。其职责主要是协助项目经理及技术负责人，对装饰装修工程现场进行直接管理，对施工中主要问题负责解决。其应当具备熟悉公共建筑装饰装修工程基本工序及工艺技术；熟悉工程结构特征的关键部位；熟悉现场和周围环境；熟悉图纸和相关资料；能基本掌握公共建筑装饰装修工程中的各规定、规范和标准；能按施工图纸组织施工，或能要求施工人员规范作业，能编制现场进度计划和相关材料；能做材料选用，机械设备使用和劳动力等方面的计划安排，在上报项目经理核准后组织实施；能对作业班组或人员进行技术、质量和安全指导，并能经常性地进行检查督促；能做好施工日志和搜集及整理本工程的技术和竣工验收资料；能对现场存在的质量、安全及文明施工等方面的问题进行检查整顿；能善于理财，不使自己管理的资金脱节，周转流畅；有较强的协调能力；能合理调配生存关系，严密组织施工，确保公共建筑装饰装修工程施工进度和质量，以及安全等，能达到预期的效果。

每一项公共建筑装饰装修工程的施工，都有一个或若干个施工员在现场。施工员能否发挥其应有的作用，对于工程顺利进行和获得好的效果是至关重要的。可以说，施工员的责任心、能力和吃苦耐劳的体现程度，是公共建筑装饰装修工程做得好坏的关键。如果施工员能认真负责地履行好自身的职责，发挥其应有的作用，对于工程施工是有很好效果的，工程质量和安全以及用材诸多方面会防止问题发生。假若施工员不负责任，任由劳务人员自行施工，必然会存在偷工减料不负责任，给工程质量和安全留下许多隐患和问题，是公共建筑装饰装修工程施工最大的忌讳，是不允许这种现象发生的。

作为施工员，既然做这一项工作，没有理由不负责任和怕苦怕累，或不到施工现场履行职责。作为现场技术指导的施工员，必须到施工现场，盯在施工现场，才会了解到施工中的实际情况，掌握第一手资料，懂得怎么处理问题。如今，做现场施工员的人员，大多是大学毕业，有一定的理论基础，缺乏的是实践，在实践中学习到书本上学不到的东西。如果能够扎扎实实在现场摸爬滚打，一定会很快成为一个合格或优秀的施工员。按理说，要做好公共建筑装饰装修工程，必须有很多优秀的施工员在一线现场把关。如果作为一名施工员不到现场，怕到现场，不但会使工程出现问题，而且自己掌握不了情况，作为新入行施工员也是学不到新知识的。不能提高工作能力，失去掌握真才实学的机会，虚度光阴浪费时间，不能让自己尽快成长起来，会让人感觉很惋惜。

要做一名优秀的施工员，不仅要会搜集和整理资料，不怕吃苦，而且还要善于总结经验。在实践中学习，在实践中提高，在实践中成熟，是历来被证明的一条很重要的道理。并把这一条作为鼓舞和激励做好施工员的信条。.

同时，作为一名优秀的项目经理，要善于培养和用好施工员，一方面要经常地检查督促和不厌其烦地指导施工员的工作，要求他们到实际工作中去锻炼，鼓励他们成为一名优秀施工员，另一方面要大胆放心和信任地让他们去干，对他们提出的疑难问题要耐心地帮助解答，增加他们的工作信心和责任心。至于他们初始中出现的问题甚至发生的差错，不要过多指责。假若是屡教屡犯，不思进取，怕苦怕累，从主观思想上不愿做施工员的，则不要勉强。因为，主观上的不愿干，有着抵触情绪，不但不能做施工员，还要防止公共建筑装饰装修工程给做"砸"或存在隐患。不仅其个人

图 3-8　用好施工员

的损害，还是对一个企业的声誉的影响，会影响到企业市场竞争力和竞争地位的问题。这就是用好一个公共建筑装饰装修施工员的重要体现。如图 3-8 所示。

二、选准劳务队

现在不同以往，从事公共建筑装饰装修工程施工，操作实际工艺技术，不再是本企业的正式职工，却是临时招聘的劳务队。劳务队人员素质参差不齐，有长期从事公共建筑装饰装修工程施工的，也有只是从事过建筑工程，还有是临时拼凑起来在农村做过泥、木、油漆人员的。针对这样的劳务队，要做出好的公共建筑装饰装修工程，可不是一件容易的事。因而，一定要选准劳务队，最好是长期同承担工程的企业合作并做得好的专业装饰装修队伍。这样，才会有把握做好工程，少出和不出问题。

从表面上看，做过泥、木、油漆的劳务人员，对做公共建筑装饰装修工程不是太难的问题。其实并非如此。做过土建泥工的，没做过装饰装修工程施工，是做不好质量，经不起检验的；能做土建木工的，不一定懂得和做好装饰装修工程的木工活，必须经过这方面的专业培训和实践施工。同样，都是做油漆活儿的，做土建工程的油漆和做公共建筑装饰装修工程的涂饰也是存在很大区别的。因为，按照行业要求，做土建工程是做的"大料"活，做公共建筑装饰装修工程是做的"细料"活。在行业里流传着这样一句俗语："干'大料'活儿差一寸，老板不晓得信"，干'细料'活儿差一分，由此可见，不同的行业，即使是干同一个工种，其工程施工质量也是不相同的。所以，承担公共建筑装饰装修工程施工，除了要用好施工员外，还要选准劳务队，对于做好工程是至关重要的。

要选准能做好公共建筑装饰装修工程的劳务队，并不是一件很简单的事情。因为，从"劳务"名称中，就可以看出，是以活劳动力形式，为他人提供某种特殊使用价值的劳动。这种劳动，不是以实物形式，而是以活劳动形式提供某种服

务；这种服务可以满足人们精神上的需要，也可以满足人们物质生产的需求。对于做公共建筑装饰装修工程施工的劳务工，简言之，是提供专业性公共建筑装饰装修工程施工的服务。由此可知，对于这样一类的专业劳务，是必须懂干这方面专业性工作的。而是否有责任心和主人翁精神，就不确定了。换言之，做这方面的专业性工作，能否达到工程上的工艺技术要求，或能按工序和工艺技术要求做好，不是劳务工能自觉做到的。特别是在管理上按件计酬时，劳务工就只讲计件和进度，而不会考虑质量是否达标。以手工劳动为主的公共建筑装饰装修工程，如果全部按规范来做，不少的劳务工是挣不到其想要的报酬的。因为，他们还要向劳务承包商交费用，或者是由劳务承包商依据其计件得到的酬劳，从中抽走一部分后，再转发给劳务施工者。于是，劳务施工者为得到自己想要的待遇，便不会按规范作业，总想走"捷径"，或偷工减料。这样的状况，在实际中经常可以遇到。如果是管理者即施工员不能及时发现，则会让其蒙混过去，给工程留下质量和安全隐患。一旦发生事故，劳务工是不承担责任的，即找不到人。却是由管理者施工员和项目经理及监理先来承担，劳务工管理者，即劳务商，也会将责任推得一干二净。所以说，从现今状况，要做好公共建筑装饰装修工程。必须从管理上加强和选准劳务队。最好是选准经常与企业合作的队伍或施工人员，也许有可能在施工中，少出差错，或少造成质量隐患。

选准劳务队，只是为做好工程施工走出的第一步。接着还有许多的工作要做的。主要是要给予劳务人员进行专业和职业道德的培训。劳务人员大多是来自农村，进入城镇从事劳务工作。虽然，他们中有许多曾跟师学艺，却没有系统的参加过培训。劳务"老板"一般对他们是招之即来，挥之便去，很少给予培训。同承担工程的企业进行合作时，才匆匆忙忙组织起来，承接公共建筑装饰装修工程的施工。为便于有效地配合工作，劳务"老板"，将人员全部交给承担工程的企业，或派一、二个现场负责协调工作的人。因而，给予专业和职业道德培训是很有必要的。俗话说："磨刀不误砍柴工。"况且，从农民工到城镇从事公共建筑装饰装修工程施工，让其了解和懂得企业规范和要求也显得重要，如果让选上的劳务人员能同企业人员一样，具有主人翁精神和良好的专业素质，对做好工程施工方便多了。同样，作为被选上的劳务人员也企盼能有好的合作，把自己担负的工作能保质保量和保安全的达到标准，挣上应得的薪水。

如果承担工程的企业，能同被招进的劳务队人员，做到心聚一起，齐心协力，是有利于公共建筑装饰装修工程顺利开展工作和圆满竣工打下良好基础。

凡是经过比较长时间合作得好的劳务队伍及其人员，显然是承担公共建筑装饰装修工程的企业，最希望得到的结果。由此可见，选准劳务施工队伍是不能马虎和必须重视的。正如万丈高楼，从打好基础开始。做好每一个公共装饰装修工程，

图 3-9　选准劳务队

不能忘记选准劳务队伍，做好这一基础性工作。如图 3-9 所示。

三、把住质量关

施工把握的目的，就是能把住质量关。质量是公共建筑装饰装修企业的生命，是安全生产的前提。把住质量关，最好是从有序工作开始，不可以做脏乱、盲目和无底工程，应当做文明、清晰和有数工程。这样，才能抓好质量和安全，把握住质量关。

有序工作从进入工程现场做起。有经验和做得好的施工员，必先组织人员做基础准备工作，又是在前道机电工序完成经过验收通过后，特别是消防验收合格，才能有序地进行公共建筑装饰装修工程的施工。做基础的工作一般是做到"六通一平"，即水通、电通、路通、排污管道通、燃气管道通和热力管道通，及场地整平。如果是大型的公共建筑装饰装修工程，需要应用机械施工的，则能接上电源、水源和安全装置，进行试运行(转)。其次是做材料和工具等准备。材料最好是进场，堆放齐整，要防止材料丢失和损坏，以免由此引起停料停工，影响到施工的质量和进度。

要把握住质量关，最重要的是把握住谋划设计质量关。设计和施工质量是相辅相成的。设计质量是第一位的。设计指导施工。施工必须按设计图纸作业。设计要求有好的质量，必须整体协调统一，材料选用得当，才有可能提高公共建筑装饰装修工程的质量。设计还要力求做到精细，意图表达清楚，对于节点部位更要表达清晰。特别是做高档次的公共建筑装饰装修工程的节点或造型部位，要有图纸大样,将细部做法和细节的工艺技术要求,表示得清清楚楚,不能存有疑点和不清晰的状况,有利于施工能准确无误。不然会出现工程施工质量问题。

面对公共建筑装饰装修工程中,需要解决的承重问题,设计图纸要给予精确计算,不能发生误差,最好是有安全系数,避免出现安全隐患。如果是配装和配套的设计,也必须准确到位,不能出现质量隐患和安全问题。在注意公共建筑装饰装修工程效果的同时,不要忽略使用功能。

注重公共建筑装饰装修工程质量,还应先从隐蔽工程抓起和把握好。隐蔽工程用材和其他主要用材,都要做抽样检验,不可以选用"三无"产品。对有品牌的材料,有抽样检验报告和相关合格资料证明。有的大型工程,还要选用重点材料做出样板间先检验,再使用。不能出现乱用材,用次材的现象,必须保障用材质量,才能对工程质量有着保证基础。

一个好的工程谋划设计,最终是由施工来落实的。有好的施工员和选准好的施工队伍,则是组织施工和把握住质量的前提。施工员在交代好技术和施工底后,施工人员要接受好技术和施工交底,熟悉施工图纸,领会设计意图,抱着认真负责的态度,显示出责任主体形象。在施工中发现设计图纸有差错和不到位时,应当及时地提出建议和意见,或停工来如实地报告情况,不能按疑问或差错做下去,以免给施工造成损失,浪费人力、物力和财力,以及减慢施工进度的情况发生。从管理上,一定要建立健全质量保证体系,定期地检查工程质量。特别是对于每个工序和每段工程的实施过程中做好质量检查和把关。隐蔽工程必须在检查合格后,再进行面部工程施工,以防偷工减料情况发生。对于检查发现的问题,一定在整改到位合格后,再进行下一步工序。面对重点部位和把握不准的情况,有必要预放样,在完全有把握的情况下,再进行正式施工,保证工程不出差错。针对造型和拼接材,以及解决伸缩缝等方面,一定要在十分有把握的状况下进行处理,不能发生任何问题;不能随意地改变承重墙和梁等构造,以免发生质量隐患。

质量好不好,关键在督导。针对公共建筑装饰装修工程施工质量,一定要做到横平竖直,线条顺直,方正圆满,表面平整光洁,美观耐看,粘贴牢固,色泽一致,接缝平顺等。焊缝焊疤,必须处理到位。上下工序和各工种之间,必要处理好协作关系,不能出现混乱,更不能发生矛盾。各个工序都必须严格按规范标准执行,精心施工。从基层到表面,隐蔽到明处,不能马虎施工,要求细致有序地进行,工作扎实可靠。例如,做表面工序时,发现基体有问题,就不能勉强施工,必须先将基体问题处理好后,达到标准,才能做表面施工。像涂饰时,发现基体上有油污,就不能做涂饰,一定要将油污处理干净再涂饰。不然,会引起表面起泡、起皮、斑点和脱落,导致质量问题发生,没有把握住工程质量关。

第四章
公装格局和环境

　　公装的格局和环境在工程开展和使用上，占有很重要的地位。不仅影响到公共建筑装饰装修工程顺利进行和竣工验收，还影响公共建筑装饰装修企业的声誉，而且对公共建筑装饰装修工程竣工验收完成使用，也有着密切关联。如果格局选择适当，环境改善见效，会给公共建筑装饰装修的工程创造财富，促进行业发展。

第一节　正确格局

格局，即一定的模样、格式、布局。对于公共建筑装饰装修工程的格局，一定要做出正确的设计和选择，不然，会出现因格局原因，而使工程出现问题，让投资业主心里不痛快和发生不必要的误会，显然是得不偿失的。一般人认为格局由建筑确定，不需要装饰装修作工程变更。其实，在实际中是有变数的。应当根据不同情况，在不损坏建筑结构的情况下，以需要定格局，选择好实用的格局，无疑是有利于使用。

一、格局的作用

人表面看，格局无关大局，不必作为公共建筑装饰装修工程的要求提出，但是，作为投资业主和使用者却不这样认为，从他们的角度认为，格局的重要非常明显，一定要在做公共建筑装饰装修时确定，还需得到满意的结果。不然，会心存疑虑和感到不舒服的。本来是一间很方正宽松的空间，只要将其"六个面"进行装饰装修，便可达到使用功能要求。有人却感觉心里空荡荡的，要求做一个隔断，或者应用高柜隔开，以充实心里的疑虑。特别是作为现在私人办的公司（企业），个人使用的办公室，很讲究装饰装修的格局，要环保健康，又不能显得过于空荡，更不可以从外向内观望能一览无余，原则上要有遮挡和隔间，还要有着层次的体现，如果能从装饰装修的格局上明晰出来，是再好不过。这是从一间房间的格局来看。

假若从整座楼房的装饰装修格局上来看，更有讲究。从室内到室外的格局上，一定得体现协调和实用。不然，则认为是不成功并且得不到满意的装饰装修工程。与楼房的坐向有着密切关系，因为，中国陆地处于地球的北半球，亚欧大陆的东南部，大部分的陆地位于北回归线（北纬 23°～ 26°）。这样，坐北朝南的楼房，不仅便于采光，还可以避开北面方向刮来的风。一年四季阳光从南面方向射入。在季节变换很明显区域的装饰装修工程，则要涉及到格局带来的方便，能够巧妙格局。例如，正对着"Y"或"丁"字路口的商店或饭庄，本是开店经营的好地方，特别是在城镇里，必然是繁华地带，然而，由于四通八达，也形成风大灰尘多。如果能在做装饰装修工程时，有针对性在格局上或在装饰装修大门上做点文章，改交点格局，能够冲着"Y"或"丁"的路口状态，采用避重就轻的做法，既可避寒流，又可避扬尘，其是很好的做法，为何不运用？其主要做法是，改变入门格局，或采用补救措施，将正面入门改成从侧面进的做法，使用透明玻璃做遮挡，或是在正门前面做个摆花台，既可装饰门面，又能增加店门外的生气和活力。

同样，在不是很繁华的地段，公共建筑装饰装修工程，要做到室内外格局协调，室内格局要做到实用合理，室外格局要实现美观和视野开阔的状况，尽可能将遮挡物拆除，或是将店牌高挂于门头之上，让人很远能见到店牌，公共建筑装饰装修应该从格局上做好文章，尽量应用不打眼和不好用的空间，尤其是针对多层的商务楼建筑出现的格局不尽合理的，要经过装饰装修方法进行布局合理改造，达到实用和美观的要求。

二、格局和风水

格局和风水有着相当密切的关系。现代人越来越关注装饰装修的风水问题。不仅在家庭装饰装修工程上，而且在公共建筑装饰装修工程上，都将格局和风水摆到了重要位置。有的人还不惜一切代价去做风水。倘若听说工程上存在风水有问题时，会毫不犹豫地将已竣工的工程拆掉重新再做，自认为符合风水上的要求，才放心工程是适宜的。由此可见，风水问题在一些人的心目中的地位。在做公共建筑装饰装修时，一定要慎重地对待格局和风水问题，千万不要出现太大的差错。

风水，又称堪舆。旧时指住宅地基与坟地等的地理形势。风水学主要是研究人类赖以生存发展的微观物质（空气、水和土）和宏观环境（天地）的学说。曾有人觉得风水学是中国一门综合科学，主要是结合环境、地理和健康等历史悠久的观察，把人类生命中息息相关的问题紧密地联系起来，看成是非常重要和不可缺少的。特别是在现代房屋的装饰装修工程上，将其同格局布置妥否紧紧地联系在一起，把经常遇到的生活中的忌讳，作为一门科学进行研究探讨，并给予特有的神秘感，不能不令人关注和讲究了。

的确，在人类社会活动和生活中，尤其针对房屋的装饰装修上，在格局的布置及安排，或多或少地存在一些不合适的方面，本是很正常的事情，却硬说有着风水不当的后患。风水，在很多方面有着不可知的问题，远没有被科学研究去揭穿和证实，简单地说其有或无，都是很欠缺和不妥当的。不妨将格局和风水作为一深入性的一个问题进行探讨，是有利于公共建筑装饰装修行业进步和发展的。

在不同的公共建筑装饰装修工程中，对于格局和风水的要求是不尽相同的。如果是做商店的装饰装修，一定要注意入门的状态，不能存在横梁压门和做拱形门，不但有着心里压抑的感觉，有似坟墓牌的心理暗示，而且会影响经营人气，存在着望梁和拱形止步的心理；对于办公室的装饰装修适宜简单明快，不能做过多的包装，最好不要做假山、假花木一类累赘性格局，会给办公室造成死气沉沉的氛围，显得场地太假，影响到人气兴旺和人体健康；至于饭店的格局布置，正对着大门的近处大树，从生活习惯上会感觉到阻挠阳光射入，还会随时招来雷电冲击的危险，秋天又有很长时间飘下树叶，给予室内的洁净带来影响。针对这样的状况，必须将门的方向格局做变更，才有可能避开和防止不利事情发生。

三、格局的运用

明白公共建筑装饰装修格局的作用和明确人们生活中的忌讳，以及与风水的关系后，对于格局的运用应当心中有数了。在承担一个公共建筑装饰装修工程的谋划设计中，则要很好地进行格局的运用，充分地发挥其优势。方法是多种多样，做法也显灵活，可以"实"为主，"虚"为辅，虚实结合，将格局效果有利地体现出来。

对于格局的运用，一定要依据实际情况来确定采用方法，不能凭空想象，更不能不据实情地乱做布局，给投资业主或使用者造成不必要的麻烦。例如，给办公的地方做装饰装修，原土建格局有着杂物间配套设计，但是，实际使用情况却发生变化，投资业主认为不必给办公室作配套，要求扩大办公空间。于是，公共建筑装饰装修工程的谋划设计，不要再照葫芦画瓢，应当作出新的使用格局的设计，以便达到投资业主的使用要求。本来土建是作为卫生间使用，由于情况发生变化，况且，其卫生间土建标高也不适宜于公共使用要求，在做公共建筑装饰装修工程设计时，便将这些不宜空间改作他用，就不必要再浪费更多的人力、物力和财力，显然是一种明智的决策和灵活运用。

依据使用需要，一般是在空间允许的状况下，多采用实做的方法。像装饰装修商店或饭店大门，为避开马路上直冲的风流和灰尘，将该店大门前增做一个实物造型，或是增做一个门斗，或是增做一道屏障，或是改变大门入口方向，才能达到"避"的目的。如果采用"虚"的做法，或在色彩上做深浅变化，或以色彩标明区域，或以灯饰光体现出明暗的做法，却实现不了防风挡尘的实用要求。而有些格局完全可以采用虚拟方法达到目的。例如，在一间会议室内，要凸显一个会客座谈的区域，则应用灯光限定的方式，致使其区域一目了然地反映出来。假若是在一个很大的空间，表明一个小的区域，也完全应用灯饰光标出格局来。如果在一间不大的空间，做出两个不同的使用区域的格局，既可使用"实"的方法，也可采用"虚"方式，"实"的做法，有应用家具隔间的；有应用屏障隔开的；有装配格栅隔开的；还有砌墙进行间隔的等。"虚"的方式，有在墙面、顶面或地面采用不同色彩表现间隔的；有应用灯饰光体现间隔的；或是拉一道灵活的透明帘和布帘，便可以实现小空间格局的使用目的。

格局的运用，在公共建筑装饰装修施工中，必须注意到人们工作和生活中，或习惯中的忌讳，尤其要注意投资业主或使用者的喜好和忌讳。至于是否与风水发生矛盾，则是次要的。例如有的投资业主喜好应用"虚"的方式来实现格局要求，千万别勉强采用"实"的做法；有的使用者租赁某个商务楼经营时，愿意在外人看来不适合的卫生间布局的区域做法，也就不要强调风水的不宜，这样，容易引起误会或发生口角之争，增添不必要的矛盾。因为，每个人看事物和认识问题的角度或立场不一样，理解问题也会出现很大的差异。作为长期从事公共建筑装饰装修专业人士，只能从自身专业上有更多的建议外，在其他方面是存在着仁者见仁，智者见智，强中自有强中手，尊重投资业主和使用者，才是最重要的。

运用好格局布置的灵活性，对做公共建筑装饰装修者，做好和提升自身专业水平，占有竞争市场一席之地不可缺少的要求。如果做得不好和做不到，都会引起非议。灵活地运用格局做公共建筑装饰装修工程，主要是善于针对实用和投资业主及使用者的意愿做好，却不是依据从事装饰装修者个人主观愿望来做的。当实用美观和投资业主意愿发生矛盾时，装饰装修者才能从自身专业角度，提出解决矛盾的意见和建议。具有这样风度和能力的工作者，也许才会受到广泛青睐。假若在运用格局上只是一知半解，人云亦云，知其然，不知所以然，还可能在实践出现问题，对自身的专业操守显然是不利的。所以，作为一名在公共建筑装饰装修行业中长时间拼搏者，一定要把持好对格局布置的深刻了解和理解，特别是要善于理解人们生活习惯中的忌讳，多积累解决"忌讳"方法，就有更多好方法布局格局。

第二节　协调环境

公共建筑装饰装修工程环境同格局一样重要，不可忽视，一定要做好。环境，即周围地方的情况和条件。实际上，环境有自然环境和社会环境。在做装饰装修工程中，应当根据不同情况进行有效协调，能对室内外环境进行针对性的选材和装饰装修，才更适应于使用和美观的效果，提高工程的品位。

一、改善室内环境

每做一个公共建筑装饰装修工程的目的，都是为着改善室内环境进行的。然而，每一项改善室内环境的状况是不一样的。主要是针对不同情况和要求区别对待。要善于抓住视觉效果，令人感觉良好，而不是很差，才能真正体现出改善了室内环境。

由于每一个公共建筑装饰装修工程针对的实用性不同，又先天性的条件各异。例如，坐北朝南的板楼和坐西朝东的塔楼室内环境就有很大的差别。坐北朝南的板楼有光线，从早晨到太阳西落，太阳光线可以直接或间接地照射进来，室内的亮光度很好，除非是群楼地面上的几层，受高楼大厦阻挡的影响，亮光度稍差一些外，其他楼层室内的亮光度都是很好的，给室内环境带来了一定的基础，通风、湿度和温度等，在不同程度上也是比较好的。假若是坐西朝东的塔楼室内亮光度则远不如坐北朝南的板楼，通风条件也要差许多。这样，应用装饰装修方法给予改善室内环境，两者之间出现了差别，要求也不一样。不但，室内要加强人造光的难度，而且在室外也要为改善室内环境创造条件。例如，针对应用塔楼作为办公场所的装饰装修工程，要做出一个给人明亮感觉的效果，既要在装饰装修风格上选用色调明亮，或浅色调，又要在灯饰布置上有针对性地进行，有充分的人造照明，才能达到其实用功能的要求，符合改善室内环境的基本目的。否则，不能算得上是好的装饰装修工程。

随着人们对室内环境要求提高，同样，用于宾馆、写字楼、办公室、医院、科技楼、图书馆、商场、饭庄等室内环境要求，也会越来越高。

图4-1 改善室内环境

于是,对其的装饰装修要求也日益严格。环境是创造和谐和持久艺术及科学的前因。主要在于创造符合生态环境良性循环的过程中。因而，有人把其称之为"环境艺术是一种场所艺术,关系艺术和生态艺术。"场所艺术,不仅指空间内可见的。如氛围、声、光、电、热、风、雨和云等。它作用于人们的视觉、听觉、触觉和生理、心理等，形成了"场所感"，而室内环境改善正是体现"场所感"最直接的。关系艺术则要求在涉及环境时，必须能恰当地处理好各方面的关系。特别是要处理好人与环境的关系。因此，人们越来越无法容忍压抑性环境。追求舒适、宽松和美观环境的享受。这样，对于装饰装修本来目的，要求对自身做的工程必须朝着人们的需求发展，不能总停留在"水泥、瓷砖、木材和石膏板等"，必须把人们的需求作为自身奋斗的目标努力，设计和做出更优质的室内环境的装饰装修工程来。在视野和工艺技术上向着人们理想的标准发展。例如，改善室内环境，不但要从"硬装"上有新招，有创意，而且在"软装"上也要拓宽新路子。像室内绿化这类"软装"本是一个好的传统做法，却很少在公共建筑装饰装修工程中体现出来。这类"软装饰"早就从宫廷和高层公用场所走向民间，普及到公共建筑装饰装修工程里。因为，这类装饰装修很符合人们的生理和心理需求,尤其适合环保健康的装饰装修发展理念和要求，如果能在这方面继承和发展得好，一定会得到广泛青睐和欢迎的。谁都知道，绿色植物对于人体的作用和对于室内环境改善是多方面,给人们带来的感觉也是多方面,使人们有着回归自然，松弛精神，轻松愉快的心情。还能美化环境，提高生气，增进室内使用效果。如图 4-1 所示。

二、优化室外环境

做公共建筑装饰装修工程同做家庭装饰装修工程最不同的一点，除了改善室内环境以外，还要优化室外环境。室外环境一是指建筑的外墙体的装饰装修，简称外装饰；二是指公共场所周围的地方，或所处的情况和条件。优化，即良好、美好、改善的意思。优化室外环境，是公共场所装饰装修很重要的一环，必须做好，方能体现出装饰装修的作用。

现代社会传颂着一句话："环境就是竞争力。"在公共建筑装饰装修工程中，有相当多的是用于经营、招租和开设宾馆、饭店等。要获得好的经济效益，必须要优化外部环境，提升竞争力。特别是在城镇繁华区域，一定要优化好室外环境，以吸引客户，不然，会无人问津和光顾的。如果是小门面，在装饰装修室内的同时，必须将门面招牌做醒目和美观一些，道路清理和整修一新，便算得上优化了室外环境。假若是一个独立的商业楼，就不同了。不但要将室内环境改善得实用和美观，能吸引客户达到流连忘返的程度，而且要把室外环境优化好。当然，更重要的还是优化好工作作风，服务态度和商品结构，给每一个顾客留下美好和满意的印象。优化经营环境，尤其是优化好室外环境，让顾客从远处就有着兴趣和好奇心，并能留下舒适和良好的感觉，为提高市场竞争力奠定坚实的基础。

优化室外环境，一方面是做好外墙体的装饰装修工程，为提升城镇化建设品位的需求。如今，几乎每一栋新建的商务楼、办公楼、学校、宾馆和住宅楼等，都要进行外墙体的装饰装修。其做法由铺贴小瓷片到干挂人造石板材，做玻璃幕墙和涂饰外墙涂料等，致使被装饰装修过的外墙面的视觉效果的确不同于原墙面，显现出美观、舒适、大气、整洁和高品位来，给人的心里感觉，环境状况发生极大变化，让人倾慕之心油然而生。

另外一方面是要做好周围环境的绿化。绿化工程是优化室外环境的一项十分有益的事情。显然同装饰装修工程没有直接关系，却是优化室内外环境不可缺的，是间接的室外装饰装修。众所周知，绿化优化环境，起着调节温度和湿度，净化空气和减少噪声等效果，有利于人体健康和人类生存。尤其是绿色植物能进行光合作用时，还会蒸发或吸收一部分阳光热量，吸收一部分紫外线，对环境气温调节起着不可估量作用。因此，对于大型的和独立性的公共建筑装饰装修工程，一定要将室内外工程联系在一起，不光是要改善室内环境，还要优化室外环境，两者有着千丝万缕的联系。所以，在承担大型的公共建筑装饰装修工程时，一定要把室外的绿化工程联系在一起，不仅是改善了室内环境，而且千万不可以忽视绿化给该工程所起的帮助作用，一定要统筹规划安排好，促使工程改善环境上台阶。

一个大型的公共建筑装饰装修工程，一般不会像小型工程在很短时间内完成，如果同室外装饰装修工程一起承担的，其施工的时间是较长的，与其相关联的绿化和道路工程，一定要规划好。如果等待绿化成规模化，会需要更长的时间，也才够得上优化室外环境的条件。

室外环境优化，并不是将地面修筑成水泥、沥青面和石材板铺成的面，而是形成外墙面装饰装修，路面建立标识和广告，道路两边种植树木、花草，屋顶面有着 EDW 影视等成立体形的环境场面。特别是装饰装修的外墙面形成整洁、规范和气势，绿树成荫，花草铺地整体成型，相互映衬，呈现出和谐画面的状态。如果有条件的地域，能有清水潺潺，从上而下地流淌着，树上鸟儿飞着叫着，形成一个鸟语花香的环境，必定会给室外增添几分生气，让来往的行人多了几分雅兴。像这样的室外环境，不仅能引起更多顾客的光顾和行人的驻足，而且能给室内环境增添几分清凉和秀色。能在这样环境下经营是何等的幸福！如图 4-2 所示。

图 4-2　优化室外环境

三、协调内外环境

一个有着室内外美好的和吸引人气来往的环境，必然会让人驻足观赏，流连忘返的。在承担一项大型的综合性公共建筑装饰装修工程时，从格局到环境必须要有一个统筹规划，做到室内外环境协调和谐，才有可能让人感到美满。因而，从室内到室外的装饰装修及绿化工程，得事先做好安排，不能等工程竣工后，再来作协调。

正如做家庭装饰装修一样，能够将选用的风格特色同所处的室外环境相协调，会给使用者心理和生理上带来更多的益处，也会使光顾者对装饰装修工程有着更多的欣赏和赞美。同样，对于公共建筑装饰装修工程，特别是独立使用和没有受到繁华闹市区条件限制的公共场所，能将室内外环境作更好的协调，其呈现出竞争力上的效果必然是良好的。

虽然说公共建筑装饰装修工程在选用风格特色上，不能像做家庭装饰装修工程那样强烈和明显。但是，有的公共建筑装饰装修工程却由不得承担者能选择的。例如，具有传统性的古代建筑、庙宇和仿古建筑，其装饰装修工程风格特征一般都是古典式的风格特色。假若是在古老城市中，也有选用简欧式风格特色的。除此以外，大多都是现代式风格特色。这样，给予室内外环境特征作协调，应当心中有数了。如果自然条件很好，室外环境自然特色很浓的，针对室内的公共建筑装饰装修工程的风格特色，应当最好选用自然式风格特色，对于室内外环境协调则容易多了。假若是地处城镇繁华闹市区的公共建筑装饰装修工程，室外道路上车水马龙，人来人往，熙熙攘攘，商店门面拥挤的地域环境下，则应当选用现代式风格特色，使得繁华的现代气息，从内到外显现出来，比较协调。若在这样的室外环境下，将装饰装修风格特选用古典式，其协调效果则不如现代风格特色。

例如，在湖南省株洲市神农城的神农坛室内装饰装修风格特色选择古典式，能同室外的环境相协调。主要是其地处半山腰，室外树木茂盛，绿树成荫，使人到了神农坛室外，就感觉到了一个林区一般，有着庄严、沉重、肃穆的氛围，再迈步踏入神农坛祭拜，不显示古色古香的气氛，也就没有神农坛拜祭的意义了。

对于每一项公共建筑装饰装修工程的美好环境，大多是从室内外环境中协调体现出来的。如果只有室内的装饰装修工程改善环境，室外却是杂物间式的境况，破烂不堪，肮脏污臭。这样，室内外环境很不协调，差异性很大，给室内的装饰装修环境改善是有很大影响的。要重视内外环境的协调性的作用。

任何需要改善室内环境的经营场所，即使是仅供观光者走马观花似的匆匆而过景点的室内外环境，也是要求协调的。不然，则会给观赏者留下很不好的印象，不会再次光顾。因而，协调好室内外环境，一方面是提升经营场所的竞争力，另一方面是提高装饰装修工程的品位。本来，做公共建筑装饰装修工程同做家庭装饰装修工程一样，要有特色品位和欣赏性，才能使工程做得让人赞佩，提高公司的声誉，增添企业的竞争力和诚信度，才有可能在激烈的市场竞争中占有一席之地。

如果是室外环境优化得相当好，非常地吸引人，能引人入胜，然而，步入室内，装饰装修工程却显得十分地简陋，和室外环境大相径庭，显然会让人失望。所以，针对室内外环境的改善和优化，一定要做到协调，不能出现太大的差别。一般情况下，先改善室内环境，再来优化室外环境，而很少先优化室外环境，再做室内装饰装修

图4-3　协调室内外环境

工程的。那么，对于任何公共场所的环境，要进行改善和优化，都需要做到室内外协调，既不要偏重于室内环境改善，忽视室外环境优化，也不要只重视室外环境的优化，不注意室内环境的改善，都是不符合要求，既达不到使用标准，也达不到美观效果，给工程竣工使用提高竞争力是相当不利的。因而，必须从整体上做好规划，达到协调的要求。对于从事公共建筑装饰装修工程的专业人员，一定得时刻地提升自身做公装的新感觉，不能只停留在行业工作小圈子里，必须开阔视野，增加知识面，跟着时代走，这样才能在行业的激烈竞争中稳操胜券。否则，难胜重任，适应不了市场和行业需要。如图4-3所示。

第三节　理顺各项关系

做公共建筑装饰装修工程不像做家庭装饰装修工程那样简单，家装只要做好水电隐蔽工程，便可以做泥、木和涂饰的专业性装饰装修工程。然而，公共建筑装饰装修工程，却因为是"公共性"有着"公共"关系，无论是先期工程，还是同期工程，或是后续工程，彼此之间必须理顺好关系。否则，对装饰装修工程格局和环境都会有影响，还会妨碍到公共建筑装饰装修工程质量和外观效果，值得重视的。

一、理顺与管道关系

管道，在公共建筑装饰装修工程中经常遇到。虽说是前期工程，却同公共建筑装饰装修工程有着千丝万缕的联系。在公共建筑装饰装修工程中，遇到的管道有消防、给水、排水、调节空气、空调循环和燃气等管道，有的内部还涉及太阳能管道等多方面的功能要求。这些前期工程没有做到位，也就是管道安装没能按装饰装修工程格局要求做好，则会吊不了顶，完成不了装饰装修工程。

在公共建筑装饰装修工程中，管道的安装是缺少不了的。特别是消防管道和喷淋，涉及公共场所的使用安全和人们的生命财产安全。消防管道分有主管道和支管道，支管道上分出上喷嘴和下喷嘴（也叫喷淋），主管道还连接着地面层的消火栓，消火栓又配装有消防箱。如果这些管道和相关的配件处理不当，则会影响到公共建筑装饰装修工程的顺利施工，或不能施工，甚至影响到装饰装修的外观效果和室内环境。而消防管道和消防设施及其他机电设置，必须达到要求，验收过关，经消防部门批准合格，才能进行装饰装修工程。装饰装修工程的格局和用材及施工，也必须得到消防部门的验收合格。否则，不能达到工程竣工验收合格要求的。

做公共建筑装饰装修工程，必须要重视消防安全和有着防火意识。对于与消防安全有联系的工序和工艺技术，必须按照相关要求执行。例如，在装饰装修工程中，应用大芯板做基准面时，必须给板面做防火涂料涂饰，即达到了3毫米厚度的防火涂层。在顶面吊顶有喷淋头的部位，则一定让其露出吊顶面。如果吊顶面装配玻璃的，则事先在加工时留出孔洞，能使喷淋头伸出玻璃面。给消防栓装配消防栓箱时，一定装配在既不影响装饰装修整体外观格局，又要在容易看到和易于操作的位置，恰到好处地解决两者之间的关系。

理顺好与消防管道之间的关系。其次则是与空调循环管道的关系。安装中央空调或专门空调管道，是每一个公共建筑装饰装修工程中，必须有的前期工程，无论是中国黄河以北，还是黄河以南，凡做大型的公共建筑装饰装修工程，必然有空调循环管道的安装。其安装多是从顶面空间装配的，因管道是用防透风酚醛板材料制作，占用空间较大，还要通过墙面和吊顶面上部空间，同装饰装修工程有着密切联系。在进行装饰装修施工时，一定要解决与其的装配关系，既做到装饰装修吊顶顺畅，不影响空调的装配，又要给予装饰装修格局不发生冲突，做到合情合理，能给室内带来良好的冬暖夏凉的条件，为装饰装修工程竣工使用增添效果。

再次是理顺好与送空气管、给水和排水管道等的关系。这些管道都是要前期工程完成好。一般情况下，其工程是按照设计要求进行装配。尤其是进、出水管道装配到室内许多部位，最易妨碍到装饰装修工程工序的施工。对于装饰装修工程施工，除了配合装饰好相关设施，让进、出水管道合理使用不发生故障和影响到视觉效果外，必须给相联系的地面做好防水处理。在做相联系地面铺贴地砖前，一定要给基础地面涂饰3遍防水涂料，墙面涂饰高度为300毫米。如果是洗澡间和用水多的部位，洗澡间做防水涂饰高度为1800毫米，用水多的高度做到1200毫米，以防墙面渗水而影响到下层或家具的使用寿命。至于燃气管道的安装一般

图 4-4 理顺与管道的关系

是在装饰装修工程基本完成后，按照需求有针对性配装的，要求其不能影响到装饰装修的室内环境和格局。

凡是在公共建筑装饰装修工程吊顶面上，安装有多种管道的工程，还需要按照实际状况，或有序地在吊顶面上开设检修孔。孔洞口最好为 400 毫米 × 400 毫米为宜。如果是有特殊要求的，可将孔洞口开设到 600 毫米 × 600 毫米。但必须有孔盖，不得影响到吊顶面的整齐和美观，也有利于吊顶上面检修作业。值得提醒的是，在上检修孔作业时，必须有行走板搭在主龙骨上行走，不能直接踩在吊顶板和轻质龙骨上，容易损坏吊顶面和发生安全事故，得不偿失。如图 4-4 所示。

二、理顺与线路关系

时下的公共建筑装饰装修工程，有强电和弱电线路等，与装饰装修工程多个面有着关系。一般情况下，强电和弱电线路从吊顶上面装配桥架过渡的。由于使用要求，强电和弱电线路不仅从源头沿顶面穿过去，而且要进入顶面、墙面、地面和门头上面等部位。因此，要注意理顺好与线路的关系。

强电线路，主要指灯饰和安全指示牌等用电。弱电线路则涉及电话、电视、网络、广播、刷卡（POS）和监控等应用，是现代公共建筑装饰装修工程中不可缺少的工程。有的还有智能化监控工程。其线路装配涉及与装饰装修工程的方方面面。即从吊顶上部走主线路，从墙面、顶面、地面和墙角等部位走支线路，还有对消防部门和出入门及走道门系统实行控制，其线路遍布建筑的室内外，有的还布局到室外的草丛和花圃中，给公共建筑装饰装修工程增添生气和神秘。像湖南省株洲市建设的炎帝神农城工程中，还将弱电音乐和声光线路布局到山腰坡，及水湖中央。其线路都是从地下和水下进行预埋贯通的。这样，与装饰装修工程铺贴地面和室外墙面等有着密切的关联，必须处理好两者之间关系。

随着人们对城镇化建设的标准要求越来越高。亮化工程也日益普及，每做一个大型的公共建筑装饰装修工程，室内外的亮化是其重要组成部分。亮化用线路多是埋管走线，同室内外装饰装修工程发生联系。如果是应用明线路，则穿管走线从室内吊顶上部穿过，从室外地面挖沟预埋线路穿过，按照设计要求布点。有的塔楼有几十层，层层得布线安装，穿过墙面到窗台上，既要保证窗台亮化，又不能令外墙装饰装修的面上显现太乱，强电线路也是预埋贯通的，两者之间关系必须处理好，布局合理，统一协调。不然，会影响到整个装饰装修工程的格局和观赏效果。

同样，在室内的强电和弱电线路的布局穿越，也要与装饰装修工程关系处理好。否则，容易发生矛盾。例如，从墙面踢脚线稍上一点的安全指示灯和从地面显示的指示标灯，及地插线、墙面开关、插头线等，都是需要埋管穿线布点的，大多是预埋的。假若没有设计布置好，会令装饰装修工程装饰墙面和铺贴地面发生矛盾。这样的矛盾必须处理得当。不然，造成损害和浪费是无法避免的。

强电埋管穿线布点同装饰装修工程有着密切关联，弱电埋管穿线同装饰装修工程也有着密不可分的关系。若是同一个企业施工，比较好作统一安排。要是由多个企业协同施工，则容易出现矛盾和发生纠纷。例如，在某个大型的装饰装修工程中，装饰装修工程和弱电工程施工是两个企业组织施工的，就出现为自己施工方便，不顾彼此间协同而发生矛盾。后经过多方调解才平息。这就是没有理顺好施工关系，给工程施工造成不好影响，还妨碍到工程质量和安全。

按理说，作为强电和弱电线路工程，实施明铺或暗埋铺设，都要设计规划好，尤其是暗埋铺设线路，一定要在面层施工前完成。如果等待面层施工完成后，临时想起要预埋线路的铺设，显然是不符合施工要求的，容易造成矛盾，还浪费人力、物力和财力，影响到工程施工进度和竣工时间。作为公共建筑装饰装修工程的施工人员，在对待预埋穿管线路的铺设，应当小心翼翼，不要因自己施工不小心，将预埋线管线材搞坏或砸坏，或将横平竖直预埋线管线材弄歪弄坏，都是不文明施工的表现，是不允许的。必须从理顺好的关系上，保证公共建筑装饰装修工程顺利进行。不然，会容易造成没有灯饰和智能化等配套工程实现。其实，是给予自身工程人为地造成缺憾，是不利于现代公共建筑装饰装修工程圆满完成，也不利于工程特色品位的呈现。

三、理顺与其他关系

针对大型的公共建筑装饰装修工程施工，情况是多方面的。有前期施工未完成，或质量上出现问题，损坏装饰装修的；有在同期施工中相互干扰的；有在后期施工中给予装饰装修工程补充完善的；彼此施工均是为投资业主或使用者服务，利于整体工程使用和开发等。为着同一个目的，应当理顺好彼此间的关系。

做大型的公共建筑装饰装修工程，除了同管道和电线路施工相关外，还有着同电梯、扶梯、坡道梯、防火卷帘、防火门和防盗卷帘、防盗门及配套的声光、水秀、广告宣传等相关联。假如没有理顺好彼此间的施工关系，对公共建筑装饰装修工程的完善，同样有着意想不到的影响。例如，电梯安装专业工程，主要是便于公共建筑装饰装修工程竣工后使用，是对上下楼层的补充和健全功能。同样，扶梯和坡道梯也是给公共建筑装饰装修工程的应用带来提升品质的效果。也是现代社会生活和现代人的需求。其工程施工大多是公共建筑装饰装修的前期性的，也可以说是同期性。电梯、扶梯和坡道梯也需要做装饰装修。这类装饰装修工程，既有安装电梯者自身施工，也有由公共建筑装饰装修者组织施工。因而，理顺好彼此间的关系，完全是情理中的事情。

安装电梯、扶梯和坡道梯，既有其本身的装饰装修同室内外建筑装饰装修工程协调问题，不能影响到整体装饰装修工程的风格特色，也有着相互关照，收口收边顺利和符合情理的问题。例如，电梯升降进出门口接口收边，扶梯和坡道梯上下两头与装饰装修地面相连不发生障碍。如果安装电梯、扶梯和坡道梯配合不好，有意或无意地抬高接触边，装饰装修工程铺贴地面就有一些麻烦存在，在延伸的地面铺地砖时要做坡道，才能适宜于公共场所实现无障碍使用的要求。假若安装电梯、扶梯和坡道梯能很准确地计算出接地的高度，装饰装修铺贴地面砖，就不存在另做坡道，解决无障碍使用。

做公共建筑装饰装修工程，最值得重视的是消防合格。依据需求在做公共建筑装饰装修工程时，室内空间必须建立若干个防火区域。建立防火区域由配装防火卷帘和防火门组成。防火门的安装同装饰装修墙面和地面相关联，防火卷帘装配同吊顶和装饰装修工程的间隔柱包装相联系。假若彼此间的施工关系没有理顺好，是会造成相互影响的。损失大的是装饰装修工程。因为，一个装饰装修工程最终是看其效果的，而不是防火门和防火卷帘的美观。防火卷帘和防火门的合格是为公共建筑装饰装修工程验收合格打基础的。这个基础做得好并验收合格，是公共建筑装饰装修工程顺利施工的前提条件。防火卷帘和防火门工程的施工，不是前期工程，可同装饰装修工程同期进行。这样，给装饰装修工程施工带来了一定的影响。如果防火卷帘和防火门工程做得不顺利，必然给装饰装修工程施工造成损害，或者会使施工无法再进行下去。

要使公共建筑装饰装修工程得到圆满完成和做出特色品位，必须要理顺好各方面关系。尤其是现代人的欣赏能力提高，不仅会欣赏，而且会品味，与公共建筑装饰装修工程配套的声光和水秀及宣传广告，致使其如虎添翼一般，提升了其使用效果。还有智能化工程也是给公共建筑装饰装修工程使用充实和完善的，必须理顺好彼此间的施工关系，会给"硬装"增添吸引力和竞争力，比较"软装"更有利于装饰装修工程完善和具有人性，适合时代发展和社会进步的要求。

如今，社会上盛传做公共建筑装饰装修工程是做"人情"。这个"人情"应当理解为更要适合以人为本，更要适宜人性化，符合人们的需求，更有利于人们生活和进步的需求。

第四节　提升特色品位

正确布局和协调好环境是公共装饰装修工程中的重要手段，其目的在于提升承担工程的实用效果和特色品位，让投资业主和使用者满意。品位，原指矿石中有用元素，或它的化合物含量的百分率。含量的百分率愈大品位愈高。现借用于装饰装修行业，则是指其品质和水平。由于人们对公共建筑装饰装修工程的期望值很高，故而要求承担每一项公共装饰装修工程，必须是高品质、高水平和高品位的。不然难以达到投资业主和公众的满意目的。

一、提升实用价值

提升特色品位，必先提升实用价值。因为，每一项公共建筑装饰装修工程，实用是摆在第一位的。如果一项公共建筑装饰装修工程竣工后，不能使用。或达不到实用的目的，不能说其有特色品位。即使是专用于"无烟产业"旅游观光景点的装饰装修工程，也是要求先达到"实用"的目的。不然，是很难有特色品位的。这样的装饰装修工程，既达不到投资业主的"实用"愿望，品质不高，水平很低，也就让人失去欣赏的兴趣，何谈"实用"价值。

一个好的和有特色品位的公共建筑装饰装修工程，必须有实用价值。其实用性比其他一般的装饰装修工程要更明显。例如，对于那些不起眼和不规范的空间，能够应用巧妙的方法装饰装修好并利用起来，让其起到应有的作用，给投资业主带来惊喜的效果。还有是能"扩大"使用空间。本来在一个繁华区的门面，空间比较高，面积很有限，在做装饰装修工程时，将靠内墙的空间上方增做一个阁楼或活动吊架，外形被装饰得很美观，看上去似一个装饰物，与门面经营很融洽，不影响使用，既可做守护和休息使用，又可做存货仓库使用，使用者感觉很实用和方便，解决了其门面拥挤的困惑，提升了实用价值。

如今，在城镇中心繁华区域，人们有着寸土寸金的评价。对公共建筑装饰装修工程的要求，既不失美观，又要显实用，并把实用摆在第一位。作为装饰装修工程的效果好不好，实用不实用是最大的检验。于是，在组织做"硬装"时，将实用作为重点、难点和关键点做好并做出特色。至于美观性，则以"软装饰"来弥补。如果一项装饰装修工程放弃实用价值，专注着美观效果，不是没有，是投资业主的特殊要求，以美观性为主。例如，历史上遗留下来的古迹和专供观赏用的景点。像中国北京市颐和园的长廊、天安门城楼等，还有全国各地有着特殊性的庙宇等，远离着居民居住区的偏远地域，其主要用途是专供旅游参观者观赏。旅游观赏者也只是走马观花式观赏一下，便匆匆离去。针对这一类公共建筑装饰装修工程，必然是古典式或是仿古工程。其实用价值与美观效果融为一体。其装饰装修风格特色同一般的有着较大的区别。再做施工工序和工艺技术要求是大不相同的。

做的公共建筑装饰装修工程，能呈现出特色品位性，有不少便体现在实用上，出乎投资业主的意料之外。一方面显现出使用方便，在做设计时，能依据投资业主的意愿，将工程的使用功能设计周密，做得精细，很少有缺陷，另一方面是扩大了功能，给使用带来更多的便利性。例如，在给医院做装饰装修时，在原格局不很齐全的状况下，将格局做了调整，既显得出入方便，也显得清静适宜；既不影响病人就医，也不妨碍医务人员巧无声息进出。对药房储藏药物的柜子，装配进墙体内，将西药和中草药储藏明细分开，将房屋使用空间扩大。这样，使得原摆放不很稳固的药藏柜，能稳固地嵌在墙体内，使用起来不再担忧安全和倒塌问题，显然是提升了实用价值。同样，作为商场使用的柜台，也是通过做装饰装修提升了其实用性，既稳固安全，又方便耐看，让投资业主感到投资做装饰装修值得。

二、提升观赏效果

公共建筑装饰装修提升特色品位，除了显示其实用价值外，还有就是提升观赏效果。不仅仅指表面形状及色彩好看，关键是工程整体经看和耐看，让人有着百看不厌，粗看好看，细看也好看，看了还想看的感觉，才是真正体现出观赏效果。

观赏效果，主要指带着喜爱的心情，领略已达到的效果。能达到这一要求的公共建筑装饰装修工程是不容易的。但是，对于从事这一行业的人，却必须朝着这个方向努力。

虽然说做出公共建筑装饰装修工程的"观赏效果"不容易，却是需要成为每个从事这一工作的企业和个人的奋斗目标，要求有着每做一个工程得提升"观赏效果"心愿，就有可能促使自做的公共建筑装饰装修工程越来越好。因为，做工程不怕做不好，最怕无心做，做着无长进，才是最可怕的。到中国北京人民大会堂参观过的人，其心里一定会滋生出一种好心情。大会堂的装饰装修工程，能让人感觉到无限的"观赏效果"。从谋划设计到做工细腻精致，到选材用色，是做公共建筑装饰装修工程的典范。特别是选用的色彩并不显得富丽堂皇，却能呈现出高雅、高贵和高档次的气质来。还有湖南省内的岳麓书院和南岳衡山下的关帝庙，虽然都是历史上遗留下来的古迹，其装饰装修是古典式风格特色，却能让观赏者观赏到古色古香，典雅高贵的装饰装修效果来。给人一种过目难忘特别的感觉。

做公共建筑装饰装修工程比做家庭装饰装修工程，更能提升观赏效果。其观赏效果是得到公众评赏的，不局限于某个家庭中。这样的观赏效果能真正体现出来。即使是一些人不喜欢的风格特色，也能从不喜欢中明显观赏到某种特色，则是装饰装修工程做出的不寻常。例如，古典式风格特色是传统的，年轻人一般不太欣赏，只有中老年人才欣赏，但做得好的话能让任何人深刻体会到其特色品位和观赏效果。

提升观赏效果，主要在于公共建筑装饰装修工程谋划设计做得合情合理并有创意，施工工艺技术精细，色彩配用恰到好处，呈现出的工程效果有着高雅、高贵和高档性。其实，作为长久性的公共建筑装饰装修工程并不多，短期性比较多。况且，在装饰装修风格特色上也多是现代式的，在选材和工艺技术上多是现代式的。只有一些继承性的古建筑为古典式装饰装修风格特色，在选材和工艺技术上有着局限和特殊性。如果做得好则容易出成效，给人有着极高的观赏效果。假如做得不好，没有严格按其工艺技术做，在选材上有着差异，则会造成很大的误差，反倒损坏了原有的传统特色不但达不到观赏效果，反而让人觉得有些不伦不类。对于现代式风格特色的公共建筑装饰装修工程，要想得到观赏好的效果，则在造型和色彩上多下一些功夫，花点精力，多一些创意和新花样，给人一些新鲜感，是能体现出观赏效果的。现代材料发展很快，仿型材层出不穷，能在这些型材和色彩上有创意，做出观赏效果的装饰装修工程是不难做到的。如今显得不尽如人意的方面，是普遍存在着做公共建筑装饰装修工程要快，不需要在精细上做出效果。认为做公共建筑装饰装修不必要讲究细节，显然是不正确和站不住脚的。如果这种观念不能得到改变，公共建筑装饰装修则很难得到正常发展，会徘徊在一般性装饰装修效果上，不能前进，是不适合时代进步要求的。应当有着长远发展眼光，努力提升自身做公共建筑装饰装修工程的观赏效果，是时代需求和人们企盼的。如图 4-5 所示。

图 4-5　提升观赏效果

三、提升品位特色

品位，就是仔细地体会和玩味。做公共建筑装饰装修工程能达到体会和玩味的境界，则是社会发展和城镇建设的需求，也是当今社会人们的福分。提升公共建筑装饰装修工程的特色品位。能给人们有着深刻体会，经得起普遍性的玩味。这种体会和玩味能使人各得其所，引起广泛的兴趣和关注，值得倍加赞赏的。

从以往的公共建筑装饰装修实践中得知，大多数工程不像家庭装饰装修工程那样，讲究风格特色。尤其是用于商业经营性质的，由于使用周期不长，则更不讲究风格特色，其装饰装修工程选用现代式和简装式风格特色，一般不谈品味特色。不过，作为现时代的发展趋向和人们对公共场所的感觉，必须需要有品位特色，才是正确的思维，符合时代进步和城镇建设要求的。

对于品味特色的感觉，每个人是不尽相同的。好比人们对生活的感受一样，有着"萝卜白菜，各有喜爱"的习惯。于是，在针对公共建筑装饰装修工程的特色感觉上，一定得尊重人们的习惯，尤其是得尊重投资业主的习惯和愿望。现如今，存在着的公共建筑装饰装修工程风格特色是多样性的。普遍喜爱的有古典式、自然式、现代式、简欧式、后现代式及和式风格特色。其风格特色还带着地方特征。例如，古典式风格特色就有着浓厚的区域性，像在中国黄河以北地域，广泛存在着北方特征，中国黄河以南地域存在着地方特征则更多了。如在江苏省的苏州地域，福建省的福州地域，广西壮族自治区的南宁地域和湖南省的长沙地域，几乎每个省份，其古典式风格特色的地方特征都很浓。比较著名的苏州园林风格特色，让人们能够体会和玩味的。

时下，在中国大地上普遍兴起的"无烟产业"即旅游业，很明显地涉及传统的古典式装饰装修风格特色，给人们带来的品味特色效果得到广泛的认同。在江苏省的苏州河的支流上的观光长廊，那"小桥流水"的诗一般的景致和古典式地方特征，值得游客们品味。即使是仿古典的公共建筑装饰装修风格特色，也给人们很多的品位性。像湖南省株洲市新建的4A级城市旅游新景区炎帝神农城中的神农坛，便是一个很典型的仿古典式的装饰装修工程风格特色，每天有几百或上千观光者，有时甚至上万人的到这里观赏和品味。大多数人不是祭拜炎帝，却是围着神农坛室内外观赏和品头论足的。至于坐落在旁边的神农塔（即电视塔），虽然雄伟壮观，由于其现代式装饰装修风格特色，则没有多少人对其进行品味和欣赏。

自然式公共建筑装饰装修风格特色，也引起城里人的浓厚兴趣品味。这种装饰装修风格特色具有愉悦、舒适、轻松和富有朝气的意味。以自然素材和柔和的色彩为基础。色彩有以象牙白和自然色为主，用棉、麻、木等天然材料组成，使得装饰装修的室内状态，显得青春朝气、简洁明快和轻松愉悦，获得都市人的广泛青睐。例如，现如今出现的"农家乐"、"乡间春游"、"乡间一日游"等悄然兴起，在于城镇不远处的"田园山庄"和"农家乐"的装饰装修风格特色，大多选用自然式，与室外自然景色融为一体，给城镇人紧张的热闹生活带来了轻松的感觉。如果在条件允许的情况下，在城镇里的适宜建筑内，给公共建筑装饰装修工程风格选用自然式特色，一定会让城镇人很轻松地体会和玩味，必然有着不一样的感觉。

提升品位特色，需要的是有创造性地做公共建筑装饰装修工程的精神和行为，选用具有新颖性和引人兴趣的风格特色。例如，将传统性和现代功能性相结合的风格特色，必然会适合于当代人使用要求。像卫生间里的装饰装修工程，既应用传统的做法，有冲洗要求，或依据实际状况，配装蹲便器或坐便器，使用功能更人性化，分出男女各不同的使用设施，还特地分别出残疾人专用的卫生间，冲洗设施提升更改为"感应性"的现代功能，洗手设施不仅是"感应性"的，还增加配装烘干设施，显然提升了人们使用卫生间的品位特色。

同时，提升品位特色，是随着人造仿型材的增加和型材"真实性"的提高，在现代公共建筑装饰装修工程中，以针对需求和适宜地选用相结合，提升工程质量和品位特色为目的做法，必然会收到很好的效果。像许多竹形、花形、草型、木材形和动物形的人造材料等，如果运用于公共建筑装饰装修工程中恰到好处，显然对提升品位特色带来更多的方便和更好的效果。

这种应用仿型材的机会，必然会在今后的公共建筑装饰装修工程中常见到。因为自然材料资源会处于越来越紧张的情况。况且，自然材料的应用工艺技术也处于青黄不接状况下。于是，使用人造仿型材成为必然。假若在运用中，能增加更多些创意来，也就给公共建筑装饰装修工程增添更多的提升品位特色的机会，何乐不为？

第五章

公装工序和工艺

　　做公共建筑装饰装修工程，不同于做家庭装饰装修工程，有着很固定的工序，却是依据实际要求，实施着不一样的工序和工艺技术。如果是做相类似的工程，其工序差不多。而工序一样的工艺技术和质量要求一样，只是分出材料档次的高低。由此可知，做公共建筑装饰装修工程的工序，必须依据其实际情况确定，不可以简单地一概而论，作统一固定性的规定，会有着多种模式体现。关键是，必须坚持各工序的工艺技术原则，确保工程质量和安全的把握。因此，做公共建筑装饰装修工程，必须按各实际要求有序进行施工。

第一节　公装工序

公共建筑装饰装修按照正常情况要求，施工人员首先是审理图纸，搞清楚设计的平面布置或布局，做到心中有数。接着到施工现场，了解并检查前期的土建和机电工程的质量状况，仔细查验其情况有无问题。在查清楚土建工程无问题，机电工程竣工后使用正常。特别是有消防工程验收的，在合格后，才可组织装饰装修工程施工人员进入现场作业。进场作业人员如何有序进行，必须按照各工程设计施工的不同情况进行有效的组织。其工序也是依据不同的工程施工情况变化的。

一、依据实际定工序

如今做公共建筑装饰装修工程施工，存在着各种各样的情况，同普通情况不一样。其具体存在着，有不做吊顶和铺贴地面材料的；有不做墙面批刮仿瓷的；有只做铺贴地面材料不吊顶的；也有做墙面基础张贴墙纸（布）的等实际情况。还有只作木柱、木梁油漆及修复梁柱雕龙刻花图案色彩的；有做室内外装饰装修的。针对这样的装饰装修工程，其施工工序要求显然是不一样的。按照室内外全做装饰装修工程，其施工工序完全可以按正常情况进行。然而，公共建筑装饰装修工程，却有着各种情况出现。像不做吊顶，只铺贴地面材料和给墙面批刮仿瓷涂饰的。针对做这样的工程，在搞清楚设计图纸要求后，先从做墙面批刮仿瓷开始，再做地面铺贴工程。其工序得从上往下做，而不是从下往上做，那样，给地面施工的破坏性是比较大的。像商业超市和医院住院部等装饰装修工程，先做上面顶面和墙面工程，将窗户和门包封后，给顶面不吊顶的做出统一色彩，再给墙面和窗台做施工，这种施工是从木工到涂饰工，再到地面铺贴的泥工，其进场做装饰装饰的工序，显然有些不一样。需要按照实际要求定工序。

像修复古建筑的装饰装修，大部分是由木工先进场做修复木柱、木梁和木门等工序，接着是油漆工直奔场地施工，补腻子、打磨和油漆涂饰工序。大多数是无泥工工序做修复的。泥工在这样的装饰装修工程中施工，主要是做屋顶面的修理和室外的工程，室内的装饰装修工程是不多的。不过，也有特殊，在现如今做仿古建工程中，需要铺贴地面，也是最后一道工序完成。

假若是墙面铺贴墙纸的装饰装修工程，其施工工序又会出现不一样。在木工吊顶完成后，墙面批刮仿瓷便进场作业。如果墙面陈旧，需要修补的，则是泥工先进场修补好后，批刮仿瓷才能进行施工。泥工进场不是马上能铺贴地面材料的，而是先按照地面标高线找平地面，地面找平面整修好后，才能进行铺贴作业的。随后，再由强电和弱电操作人员完成其工序，最后由墙纸（布）铺贴工进场收尾完成装饰装修工程。

依据实际状况来确定施工作业秩序，主要是为了做公共建筑装饰装修工程，不出现窝工和损害现象。如果不是依据实际，一味地照着普通工序组织施工，就有可能出现影响施工质量和损坏作业面的事情发生。例如，在木工做完工序后，墙面批刮仿瓷的进来作业，将墙面批刮平打磨涂饰表面，先期木工表面的油漆工作业，如果在仿瓷工竣工后续施工，虽说其再小心作业，未损坏墙面的仿瓷面。然而，由于油漆是化工成分的物资，比仿瓷涂料的化学成分更重一些，会对仿瓷涂饰面或多或少有些污染，致使白色的涂饰面呈现出不干净整洁的状态，降低涂饰面的装饰效果。

如果不按照先上后下的程序要求施工，顶面吊顶的施工不先进场作业，先将地面材铺贴完成，再来做顶面工程和批刮墙面仿瓷及涂饰，一般要搭架子或使用楼梯，若又给铺贴地面材料作保护，因搬运楼梯或拖拉铁架子，必然会造成地面材料表面的损伤，如果给地面材料作保护，即使是廉价的石膏板，也要提高施工成本。况且，又因不文明施工，损害更大。所以，不能照本宣科，必须依据实际定工序，要严格按工序的工艺技术施工，是值得重视和关注的，是做公共建筑装饰装修工程，保证质量和安全要求遵守的。

二、依据用材定工序

由于公共建筑装饰装修工程用材不同，也就出现了施工工序的不一样，是实际中常遇到的事情。即使是同样商店经营百货，或开宾馆做装饰装修工程时，选用材料不一样，出现施工工序相差很大，组织进场施工人员也有区别。因而，依据用材定工序显得正常。

人们经常遇到外墙面有这样的装饰装修施工，在给外墙面铺贴瓷砖，必须组织泥工和副工，采用和水泥浆，浸泡瓷砖晾干，先将外墙面冲洗去灰尘，湿润好，再在搭稳固的架子上，将瓷砖一块一块地往墙面铺贴上去。然后，在稍粘固的瓷砖缝里，有做填缝剂或补水泥浆的，再由泥工或副工把瓷砖面上的污染物擦拭干净，便完成了铺贴外墙面的装饰装修工程。如今，这种施工工序应用得不多。（据说是被淘汰的工艺技术，不适宜于城镇高楼大厦的使用要求。）主要是粘贴的水泥浆和瓷砖，经过日晒雨淋和风吹雨打，容易发生自行脱落砸伤行人。应当淘汰，是时代进步，人们认识的提高。

如今，在城镇中的高楼大厦外墙面的装饰装修工程工序，大多应用的工艺技术是干挂人造石材板。这种工艺技术兴起的时间并不长。应用干挂人造石材板，不同于铺贴瓷砖，在施工工序和工艺技术很不一样。其工序是由架子工搭好施工架后，再由电焊工焊接龙骨。龙骨材多用 30 毫米 × 30 毫米 × 5 毫米的角钢材组成，有应用膨胀螺栓固定在外墙面上的；也有在建筑水泥框架上预埋钢件，再将角钢龙骨架焊接固定在墙面上的，或者是既用膨胀螺栓，又用预埋钢件焊接并用的方法，将角钢龙骨稳牢固，然后，将人造石材板扣挂在龙骨架上，扣挂板材时，同时应用了石材胶固定。每块石材板的接缝，也是应用石材专用胶。这种干挂石材板的施工，是由专业人员操作的。其施工工序和工艺技术同泥工铺贴瓷砖作业，因用材不同，显然是有严格区别的。

在有些省份，外墙面的装饰装修工程，又悄然兴起了一种新材料、新工序和新工艺方法。便是应用木塑板材铺钉在木塑枋子龙骨上将木塑龙骨拼装在墙面上的。木塑板材，比较人造石板材轻便多了。价格也相对便宜，还不易掉落和发生安全事故。其工艺技术也比较简便。其工序是使用木塑枋子做龙骨，可直接铺钉外墙上，同地面铺贴木地板面的工艺技术一样。其优势还有可随意加工出需要的色泽，比较人造石材板美观和环保，符合人们追求的"低碳"环境要求。其施工工序可由一个工种的人员完成，不需要多个工种配合作业，简便易行。

从室外墙面做装饰装修工程用材上看出，依据用材定工序，有繁有简，有难有易。繁琐工序会随着人们认识提高，逐渐地淘汰的。同样，在室内装饰装修工程施工用材上，也是可以依据用材定工序的。例如，地面铺贴石材板和瓷砖材料，其铺贴工序一样。然而，在铺贴完成后，石材板还需要在铺贴面上进行研磨。其工艺技术要求在研磨前，要给缺失的角与面进行补胶工序，再进行研磨和清理，比铺贴瓷砖增加了多道工序，相对加工成本也增高。

还有使用石膏板和铝塑板做装饰装修工程施工，其工序和工艺技术要求也不一样的。同是应用大芯板做基准材料铺底。如果面上应用石膏板，则大芯板要求涂刷防火涂料，再用螺钉钉上石膏板，然后，批刮仿瓷和涂饰面涂料。其工序有四道以上，才能完成一个作业面。如果在大芯板上胶贴铝塑板，由于胶贴的原因，大芯板面上却不能涂防火涂料，只能涂胶粘剂，再将铝塑板铺粘在表面，便可完成一个作业面，其工序少多了。所以，依据用材定工序，在公共建筑装饰装修工程施工中，是经常遇到的状况，像选用铝塑板和铝板或不锈钢板包封一个面，使用铝塑板的工序便多一些。铝塑板包封一个面作饰面板，其基础必须增加大芯板或其他人造板。在包封铝塑板时，既可用胶粘，又可用螺钉。如果是使用频率高的部位，最好采用胶粘贴和螺钉紧固双工艺技术施工方法，方能保证工程质量。如果是应用铝板或不锈钢板包封，则可实施直接钉固包封的工序，便简单多了。

在室内做装饰装修工程，依据实际情况应用玻璃做隔断，其工序也显得简单，又有着透明透亮的优势，给商业经营带来了不少便利。因此，只要条件允许，越来越多的隔断都选用玻璃板材。一般情况下，公共建筑装饰装修工程，都是从简便工序和工艺技术上选用材料。为的是降低成本，简化工序，提高工程实用美观为佳。

三、依据施工定工序

依据施工定工序，是确定公共建筑装饰装修工程施工工序不可缺的方法。施工是针对实际情况和用材定工序，必须进行的一个重要环节。工序的制定是从施工实践中总结出来。实践是认识的基础和检验真理的唯一标准。毛泽东先生曾在《实践论》中说："实践的观点是辩证唯物论的认识论之第一的和基本的观点。"公共建筑装饰装修施工便是实践。能将施工实践很好地总结出来确定的工序，必然是靠得住，并很少发生错误，对整个公共建筑装饰装修工程施工，具有指导性作用。

在公共建筑装饰装修工程中，施工的实际情况是千变万化的。在用材上，也有着同样的情况。但是，确定工序不是做这样的区别，却是总结提炼出其中带有规律性的东西，才能体现出其基本的东西，符合事物本来的要求。确定公共建筑装饰装修工程施工的每一个工序，便要实行这样的方法，方能达到目的。

应用材料定工序，也有着同样的要求。公共建筑装饰装修工程施工用材，除了固有的基本用材外，随着社会发展和时代进步，各种各样的装饰装修新材料，会不断地涌现出来，用于工程中的施工工序和工艺技术要求也会不同程度，有着或多或少的差别，这类情况是经常遇到的。例如，过去地面铺贴的瓷砖是半瓷的，尺寸多是 300 毫米 ×300 毫米。在铺贴时，有着选砖、排砖、泡砖（水浸泡）和擦砖（凉砖）等系列工艺技术要求。没过几年时间，便发生了很大变化。瓷砖，便有着半瓷、波化和全瓷等种类，尺寸上也发展到 800 毫米 ×800 毫米、12000 毫米 ×600 毫米等各种各样的。在工艺技术应用上也简化一些。由于应用 325# 水泥铺贴瓷砖，经常出现脱砖和空鼓现象，如今便有"砖粘剂"等，专门用于铺贴瓷砖，则很少发生空鼓等问题。用于木工吊顶用材料，以往用木枋做龙骨，发展到应用角钢做主龙骨，次龙骨改为用轻质金属材料，替代木枋子材料，其加工工序和工艺技术发生很大变化。尤其是应用隔栅吊顶，其施工工序和工艺技术便简单多了，不再应用螺钉紧固，只要将隔栅挂扣在轻质龙骨上便万事大吉，显得轻松快捷。

公共建筑装饰装修，虽然近没有被普遍认为是一个独立行业。但是，迟早要被人们认同的。因为，公共建筑装饰装修工程，不仅是给建筑室内外的细化施工，而且给装饰装修的方面太多了。如今,涉及火车、轮船、飞机和汽车及广场、街面等,其施工范围越来越广泛。特别是其专业材料的开发和生产，完全是独立性的，不再依附于建筑业。所以，对于其施工工序和工艺技术要求,显然不能局限于建筑业,有着其广泛的前景和巨大的潜力。关键在于从事这一行业的人们要善于从施工中总结提高，充实和丰富公共建筑装饰装修专业性理论和规范。依据施工定工序便是一项很复杂和重要的工作，需要千千万万从事这一行业者共同努力，善于从施工实践中，将许许多多具有规律和操作性的东西，归纳和总结提高，便能成为有作用效果的工序要求和工艺技术指导。

这项工作不是固有和停止不前的。会随着公共建筑装饰装修行业的发展,不断地提升和进步。一个行业不但只有实践,而且要有理论。由理论指导实践,又由实践经验不断地充实理论,循环往复,良性发展,便有可能将行业做强做大,不再局限于建筑业,会涉及多个领域。将公共建筑装饰装修施工中的实践经验确定的工序,只是基本的要求。如果没有这个基础,对于公共建筑装饰装修行业发展是很不利的。在现实中的很多施工工序都发生了变化,却仍套用过去过时的,对现场操作没有指导和规范作用。例如,施工员的操作工序和要求;质量员的操作程序和验收标准;安全员的操作规范和检查要求;还有材料员的衡量和检验标准等,都没有实际操作的规范要求,均以仿照或比照建筑业的要求执行,实际上都相差很大。这种状况不能长期地存在下去。盼望从事公共建筑装饰装修的人们,必须自己摆脱困境,努力解决问题。

从施工实践中总结和提炼有用的操作工序的工作很重要,迫在眉睫,不能再让从事实际操作者盲目行动,让其规范有序地做好每一项工作,不仅有利于公共建筑装饰装修从业人员,而且更利于投资业主和使用者,促进城镇化建设,一定要做出成效来。

第二节　公装工艺

公共建筑装饰装修工艺技术,主要是指对公共场所的建筑内外部的装饰装修工程进行设计、造价、选材、施工及管理、检测等职业技术和技能。做好每一个工程,必须要有好的工艺技术作保证。工艺技术的高低,决定着工程质量的好坏。因此,不但要遵守施工工序,而且更重要的是把握好工艺技术关,才能确保公共建筑装饰装修工程的圆满完成。

一、工艺技术的形成

公共建筑装饰装修起始的时间,应当早于家庭装饰装修的时间,其工艺技术的形成也是比较早的。由于社会发展和时代进步,人们对公共建筑装饰装修的愿望日益提高,材料材质的变化,以及工程质量要求不同,使得公共装饰装修的工艺技术"水涨船高"地逐步发生着变化,从而引起其不断地变革,以适应工程和操作的需求。

其工艺技术形成的过程,是从"点"到"面",再到"线",然后成系统性的。所谓"点",主要是针对装修工程中的造型作为装饰体现的,然而,这个造型又不能显现出整体性装饰效果。于是,随着人们和工程的需求,"点"的装饰又发展到

"面"的装饰。其工艺技术也由"点"发展到"面"的要求。这样的要求在人们生活水平和经济实力提高后，日益迫切地需要给整个工程进行装饰，由此，才能逐步地体现出公共建筑装饰装修工程的工艺技术。其构成的步骤也是由"装"和"修"开始的。"装"为安装水管、通风管、下水管和电线等；"修"为修缮，是给予房屋室内格局或结构进行局部性的调整，有需要进行防水的屋面和地下层的浸水。尽可能消除这些方面的隐患。其工艺技术却不是整体性的，只是做一些方面性的"装"和"修"。这样，才开始形成一些方面的工艺技术。

到了给予房屋内外做公共装饰装修时，从事这方面工作的人，才引起重视，建立起整体性的工艺技术。这种规范性的工序及工艺技术的建立，先是针对室内公共建筑装饰装修工程进行的。于是，有了装修做基础，装饰工作才能顺利进行，其基本的工艺技术才能形成。人们曾这样评价过："没有装修则没有装饰"。没有装修的装饰，是没有基础和显得浮华的装饰。装饰就是装修加粉饰，在装修基础上的升华。其着重点是重视美感和触觉的舒适感。由此感觉，公共建筑装饰装修工艺技术的形成，是围绕着这些进行的。

不管是做室内的装饰装修工程，还是做室外的装饰装修工程，每做一个施工工序，都是需要将其施工工序进行的过程，总结提炼出最起作用的，建立起工艺技术，便于在今后的施工中，按照建立的工艺技术要求来做，却不能随心所欲地操作。公共建筑装饰装修的工艺技术，主要在于针对装饰装修工程中的操作方法，包括对原材料的应用于实际施工全过程中的要求、步骤、技艺、工艺和操作，以及达到标准给予的控制等。例如，木工进行室内顶部吊顶，从做基层主龙骨开始，其吊顶高度尺寸、吊杆大小和安装焊接膨胀螺栓及紧固稳妥要求等，到安装轻质龙骨的稳固和间隔距离不能超过300毫米距离，表面铺贴面板为一层或二层，铺贴应用碳化螺钉紧固，其间隔不能超过300毫米×300毫米的距离。在给面板批刮仿瓷前，要给螺钉涂饰防锈漆。批刮仿瓷三遍，做到均匀厚薄一致。每批刮一遍仿瓷，必须待前批刮仿瓷干透。不干透，不能接着批刮。每次批刮前要给底面进行打磨，打磨必须平整、光滑和清洁。待底面达到要求后，才能做面层涂料。喷、滚面层涂料也要三遍，才能符合工艺技术操作基本要求。值得注意的是，在摄氏温度10度以下，不适宜急于批刮仿瓷，以防底层未干透，接着批刮，容易造成外先干，内后干，引起整层脱落的状况。

同样，铺贴地面材料，其工艺技术要求，从标高明确，找平地面，进行地面基层处理干净，不能留有砂浆、白灰和油渍等，并用水湿润地面层。铺贴瓷砖或石材板时，必先安放标准块，标准块应放在关键部位，牵扯上标准平衡线。铺贴材料一般要浸水湿润，阴干后擦净背面备用。干铺灰要按比例和均匀砂浆灰，不能太干或太湿，以区域要求施工。铺贴完成后，针对气温状态，做72小时的养护。

在这个时间内，不得任意踩踏。铺贴材要进行选排和试拼。尤其是对亚光板必须要这样做。省略这道工序，对铺贴会造成很多麻烦，甚至干不了铺贴工序。对呈花样或其他图案及编号的铺贴材，要先试拼好后，再依次铺贴，方能成功。假若是铺贴彩色釉面砖，其工艺技术是从处理好基层开始，弹线，砖材浸水湿润到晾干备用，再到摊铺水泥砂浆，铺贴标准块，按标准块铺贴地面砖材、勾缝、清理干净，然后作保养，确保铺贴质量，其工艺技术都是按严格要求进行施工。还有油漆涂饰作业，也有其工艺技术要求。可以说，各工种的施工工序，都已经基本上形成了各自的工艺技术标准。然而，由于各种新材料、新标准和新要求，其工艺技术在不断地变化和充实着。从而形成更加完善的工艺技术标准，致使公共建筑装饰装修工程做得更完美。

二、工艺技术的执行

建立和健全公共建筑装饰装修工艺技术规范，目的是为在施工中认真执行落实。实践证明，每一道工序施工，只要能不折不扣地扎扎实实执行，就不会出现做不好和发生质量问题。反之，则会或多或少地发生不尽如人意的情况，或者形成整个工序施工都有问题，需要推倒返工或重来，造成人力、物力和财力的浪费，又影响到企业的声誉，推迟工程竣工的时间。让投资业主见其背影，或闻其名称就反感，施工者本人也觉得无颜面，或许有被单位炒"鱿鱼"的可能。

在公共建筑装饰装修工程施工中，凡是规规矩矩做施工，不愿意毁坏自身从业声誉并愿意长时间在行业里做下去的，大多数的从业者，都会按照工艺技术标准，做好每一个工序。在正常情况下，对于施工是否依据工艺技术标准作业，是很容易看出来的。凡是不按照标准要求施工的，往往是不能胜任本道工序或工种的人，只是在充当"南郭先生"或"混世魔王"。如果在发生一、二次错误，被人批评后，还不愿意纠正者，显然在这个行业或在公共建筑装饰装修企业中做不下去，只会被企业炒"鱿鱼"。

真正做公共建筑装饰装修的人员，绝不是有着工艺技术不照着执行。过去曾有一句行话："不依规矩，不成方圆"。要真正做好工艺技术，必须从遵守工序和和工艺技术要求做起。每次都得按规范要求执行。久而久之，便会形成习惯。习惯成自然，只会将施工越做越好，而且做得快，比那些不按工艺技术要求执行倒要顺当和快速得多。因为，不按工艺技术规范做施工，每次会被人发现问题，要进行整改和返工，而每次返工或许是同一类问题不但给投资业主和承担工程的企业带来很不好的印象，而且在众目睽睽之下返工，是很不光彩的行为。

在公共建筑装饰装修行业中，认真按工序的工艺技术规范执行的，显然是主流，从而才使得行业越做越兴旺，越受到广泛重视和青睐。随着公共建筑装饰装修新型材料的不断涌现，一些施工工序会得到改变，其工艺技术会发生变化。于是，对于从事公共建筑装饰装修从业者，必然需要不停地充实和提高自己。既要认真总结提炼新工艺和新技术，建立健全新工艺技术规范，又要在施工中扎实执行，养成良好的和高超的技能，才能适应新的需求。这是一个"动态性"的，绝不是一成不变。特别是新材料和新工艺的应用发展很快，但又是不在经过培训和学习后，却需要在施工中经常应用。像这样的情况经常发生。而没有经过培训和学习的执行，很容易出现错误。这一类情况也经常遇到。本不是做公共建筑装饰装修的人，或许干过建筑业的施工，就不适宜做新工艺技术的工程。例如，没有学过木工徒，对木工工艺技术一窍不通，就来做公共建筑装饰装修的木制工作，要是能跟着师傅学习了一个时期，本无可厚非。硬是要独自干这个工序，做出的工程质量当然不行。如果对出现的新材料和新工艺技术，也是一样态度对待，是绝对不能允许。一种对工程不负责任的行为，必须制止。

无论针对公共建筑装饰装修已形成的工艺技术，还是面对新建立健全的工艺技术标准，必须要求先经过培训和学习，或者是跟师学徒，具有单独操作的能力，才允许独自行动。不然，不但会损坏工件或装饰装修的部位，也会对项目和个人造成损害，而且会给承担项目的企业造成影响，显然不好的。必须改变不利于企业和行业发展的行为，要想在社会和市场上立稳脚跟，获得广泛认同，就得从一开始建立起严格的规范，把握好工程中施工工序和工艺技术的基本要求做起，犹如建起高楼大厦一般打好扎实基础。只要有好的基础，建成大厦就不是太大的问题。

三、工艺技术的发展

公共建筑装饰装修每个工序的工艺技术标准同其他行业一样，必然要发展和进步。不发展和不进步是不可能的。发展才有生命力。虽然行业兴起的时间不长，却是很有生命力和好前景的。

时下的发展条件和环境是很利于公共建筑装饰装修这个行业的。关键是从事这个行业的人怎么把握好。从现在的经济发展和人们的需求，公共建筑装饰装修期待着向更高更好的方向发展，也给予了其发展的机遇。于是，在这个要求下，其工艺技术得创新和发展。特别是其专业性要更强才会发展更快。因为，随着中国社会发展和人们的需求更多更好，自然资源相对紧缺，其他资源得到开发和人造材料的涌现，必须得采取相对应的方法和新的工艺技术。

工艺技术的发展，在很大部分上，主要是材料的发展和变化。不过，其他辅助材料及配件的变化和发展，也涉及施工工艺技术的变化和发展。这些变化，其实就是发展。并且其专业性的程度更大一些。自从中国实行改革开放政策以来，公共建筑装饰装修工艺技术在一步步地发生着变化，其变化是向着专业性更强的方向发展。最明显的是公共建筑装饰装修工程配套的办公桌椅和商业用柜等。从传统上呈现出是框架式，应用木枋子加工成公母榫，将人工用竹钉镶起的木板嵌入框内，组合成一张张办公桌椅和商业用家具等，一张文件柜或一个商品架，需要用五六个工日才能完成，发展到用人造板直接组合成一张张文件柜和办公桌椅，不到一两个工日便能完成组装，其工艺技术从原来的加工木枋、凿眼锯榫、用竹钉镶板和白乳胶等多重工序，转变到用人造大芯板使用气钉组合先前锯成相应尺寸的板材，既不要人工锯，也不要木工刨，更不要铁锉等加工具。过去木工加工一张办公桌或文件柜，仅加工用的工具有十几件之多，全部都由人工使用，并且是按工艺技术要求进行施工。如今加工一件文件柜的工艺技术则简单多了，使用的是电锯、风动机、气钉及一只手工羊角锤等工具。甚至有更简单的是应用加工好的板式套件，在现场采用连接件组装成一张张柜子和桌椅。由此可见，施工工序和速度也加快了许多。一个组装或加工者，过去要学三年徒，如今只要三个月就能胜任。达到这样一个状况，都是材料和施工工序及工艺技术的发展，成就了现代公共建筑装饰装修施工的成功。

同样，在泥工和涂饰工的施工工序和工艺技术方面，比过去也要简单和专业得多。以往，地面铺贴的瓷砖大多是300毫米×300毫米的半瓷性，铺贴前，要求瓷砖浸水8个小时以上，还有选砖、排砖和清砖的程序。如果不在铺贴前做这些程序，铺贴会出现贴不平，也容易空鼓。仅几年前，笔者曾遇上一个干了几十年铺贴地砖的老师傅铺贴亚光地面砖，两天时间铺贴600毫米×600毫米尺寸的地砖，还没有铺到3平方米，投资业主也不满意，泥工老师傅感到无法再施工，将经营的商家找来，也无法解决问题，瓷砖质量是合格的。笔者到现场后，很快查找到问题的症结，是泥工老师傅没有按施工工艺技术要求做，便提出由商家派人配合选砖和排砖，当时，泥工师傅还不理解，认为600毫米×600毫米尺寸的瓷砖没有必要选、排砖再铺贴。事实证明，亚光地砖的铺贴少不了这一道程序。不然，会出现铺贴不平和铺贴进行不下去的情况。以往，还经常发生大面积空鼓的现象。如今却很少出现，主要在于使用了325#水泥变成铺贴选用新材"砖粘剂"。铺贴应用的工艺技术一样，只是铺贴材胶性和搅拌方法稍变了一点儿，令铺贴施工质量提高了一大步。

针对涂饰工序（油漆工序）也是在不断地发展。以往单纯称油漆工艺技术，如今称涂饰工艺技术。在于涂饰材料的发展。既有油性的，也有水性的，还有胶性的。由于油性涂料（即油漆）对人体的影响，不环保健康，很少再应用，尤其是过去使用的"大漆"，因为资源缺乏的缘故，一般的公共建筑装饰装修工程几乎不用，只有特殊的工程施工才会使用，其涂饰的工艺技术也很少有人懂得。时下使用水性涂料，在工艺技术操作上，比用油性涂料的工艺技术要简单得多。连批刮底面的腻子，都是由专门企业批量生产，不存在由涂饰工自身火熬桐油调制腻子。其批刮底面（基础面）的时间也可以由操作工控制，应用原腻子搅拌固性膏的多少便可以。在中国黄河以南广大地域，几乎全年时间里，都可以批刮腻子底，不再受到气候条件的局限，都能施工。

还有在其他工序上，也是因为材料的发展和变化，致使其施工工序和工艺技术，发生了很大的变化和发展。这样的变化和发展，还将不断地进行着，给公共建筑装饰装修工程施工带来了极大的方便，也促进了该行业的进步和发展。从事公共建筑装饰装修这一项工作的同仁，一定要巧抓机遇，时刻关注，紧紧围绕着各个工序的工艺技术上的变化，把握好作业动向，为创建城镇化建设好质量，提高人们居住品质并提升品位保驾护航。

第三节　公装管材

公共建筑装饰装修材料选用和把关，是比较健全和严格的。主要在于用量大、质量严和安全高。特别是针对大型和特殊工程，更要把好用材关，出不得纰漏和质量问题。不然，给工程造成的损害和安全隐患，以及企业经济损失和声誉影响是无法估量的。

一、严格制度

公共建筑装饰装修工程选用材料，必须实行严格的管理制度，不能以人管理，必须实行制度管理的方式。无论任何人都要坚持遵守制度，按照制度管理程序和要求执行，决不能由人来自行管理，是不能达到管理好的目的的。假如不建立健全严格的管理制度，以制度管理人和材料，显然行不通。

建立健全严格的管材用材制度，公共建筑装饰装修工程施工，才能选准材，用好材，保证工程质量和安全。这是任何从事公共建筑装饰装修工程的企业必须做到的。值得重视的是，建立健全严格的管材用材制度并不难，难的是如何遵守和坚持严格的制度落实到位。一般企业，可能在成立之初，为了树立起企业的良好形象和名声，对制度的遵守和执行是可以的。每当企业形象树立起来和具有基本的声誉之后，制度遵守便开始放松，坚持不下去，甚至成为摆设。每当出现问题，被人指出来，仍然我行我素，致使工程施工用材以次充好，以劣充优，造成工程质量下降，安全隐患积多，只有当发生大的质量事故之后，方才醒悟和后悔。

虽然做公共建筑装饰装修工程，不像做家庭装饰装修工程，被投资业主斤斤计较，看得很重。不过，对于承担工程施工的企业，应当严格按照工程合同选材用材，不能失信于人。尤其是对于大型工程用材量多的主材，在管理上不仅是看品牌，而且要看实质，是否货真价实，质量过得硬。针对材料质量，既要看生产厂家的合格检验单，还要通过专业检验部门的抽样查验质量，以检验报告单证实材料质量效果。在实际中，就遇到一些有声誉的企业，其建立健全的管理制度是很严格的。但在操作中，却听从于一些人的管理，任人随意报品牌，不实地查验材料质量，出现了品牌和材料不相符的问题，还强行应用于工程施工中，结果是做出的工程质量不过关，让投资业主不满意，施工企业有苦难言。对于这样的状况，损失的是施工企业自己。

如今社会流行着一句话："做公共建筑装饰装修工程，就是做你我关系的工程。"这句话有一定的道理，说有道理，主要是指投资业主对承担工程的企业比较了解，有认识和熟悉的基础，才大胆放心地将装饰装修工程交给其承担。尤其是在国家相关规定下，使用招标和中标的方式，得到一个工程承担的业务，当然要相互了解。至于有人说"关系工程"不作讨论，另当别论。重要的是对于做工程的质量和安全要放在首要地位，才是正确的道理。

严格公共建筑装饰装修工程选材、管材和用材制度，其目的是要保证工程的质量和安全。选材，是依据工程设计要求施工用材，必须挑选好并确定好，并以合同形式明确清楚。对于承担施工的企业，必须坚持履行好自己的义务和责任。按照企业建立健全的制度，以良好的信誉落实下去，才会获得投资业主的信任，确保工程用材的规范性。管材，则是要有严格管理材料的规定，进货（采购），工地现场验货，查验品牌质量，或对材料质量有疑虑的，并送专业检验部门查证是否货真质好，既让施工现场用得舒心，也让投资业主真正放心。用材，便是对于质量合格和有安全保障，能用于工程施工中的材料，必须按工艺技术标准操作好，不能出现不负责的状态，乱推乱扔，损坏材料，或造成人为的损害。致使好的材料，成为"受伤"材料。这样的情况虽然承担工程施工的企业要负担主要责任，真正受伤害的是投资业主。因为，材料在使用时受到伤害，质量降低，一般在当时不容易察觉到，只是给工程安全造成更多隐患，降低工程使用寿命。特别是长久性的装饰装修工程，由于用材的损害，使用不了几年，便发生严重的质量缺陷，不能再使用下去，又过了质量保证期，其损失得由投资业主承担，因此，应当避免这种状况发生。如图5-1所示。

图 5-1　严格制度

二、多层把关

针对公共建筑装饰装修的用材，主要是质量把关，还有价格把关。这种把关不是一道能把好的，必须要多道把关，既有承担工程施工人员的把关，又有投资业主和相关人员的把关，还有专业监理部门和人员的把关。通过多方面和各类专业人员的把关，才能把好材质关，使材料用于工程上，才能体现其合情合理并保证质量安全。

针对公共建筑装饰装修工程用材，需要多层把关，有着深刻道理的。据一项大型工程监察审计部门提供的一份材料显示，在其进行的市场询价中，得知承担工程施工的企业上报的三家厂家询价结果，在同等品牌和质量的材料报价上，最高和最低价格相差30%。可见建材市场对于材料价格的不规范性。因而，在这方面的管理，除了投资业主方的监察审计部门把关外，作为承担工程施工的企业也要讲究诚信把好关。

在现有的建材市场上，出现选材、管材和用材的不规范性，不显得奇怪。只有到了中国市场经济走上正轨时，才不会出现类似情况。由此，在把好公共建筑装饰装修选材、管材和用材质量安全关上，先由投资业主的现场施工把关，委托人和受聘的现场施工监理方的专业监理，以及承担工程施工等把好关，同时，作为施工设计和专业管理人，即施工员，都得按照施工图纸和工序的工艺技术要求，自觉地扎扎实实把好关，充分地履行自己的责任和义务，不允许不合格材料进入现场，不得使少于批量材料不经验收进入现场，不得让"三无"材料进入现场，即使是品牌主材也应该这样。还应当对批量主材进行抽样，送给专业部门组织查验材质是否合格，认真实施多层把关，确保工程施工用材合格。

在现实中，由于建材市场还没有达到规范程度，难免存在一些唯利是图的商家伙同承担工程施工中的贪图之人，不顾企业和投资业主的感觉，在选材、管材和用材上，不严格执行制度和规范，唯己私利，或者是以权谋私，以次充好，不顾给工程造成不可估量的损害，也要以身试法。针对这一类现象，采用多层把关的方式，既是维护施工用材质量的要求，又是保障工程质量不受损害，确保每一个公共建筑装饰装修工程施工正常进行的正义之举。

做好多层把关的工作，与把关相联系的人员一定要严格按管理制度做到"铁面无情"，不能存在着侥幸心理，更不能存有着"事不关己，高高挂起"自由主义的错误想法。既然要求自身把好关，就做到"一人把关，错材莫来"的效果。如果出现差材、劣材和次材进入施工现场，显然是害人害己又害企业的错误行为，是绝对不能容忍和存在下去的。

能够做到把好关，不仅是责任心的问题，而且是检验把关之人是否专业的试

图5-2　多层把关

金石。由于公共建筑装饰装修市场的蓬勃发展和竞争激烈，也促使新装饰装修材不断涌现。作为每一个把关人，必须钻研这方面的专业，懂得新材料进入市场的各方面情况，做到主动不被动，才有可能把好关。

其实，要真正把好关，绝不是一两个人的事情，需要多层把关。只有相关人员真心实意地同心协力，团结一致，就能把好关。

实际上，只要投资业主和承担公共建筑装饰装修工程的甲乙双方，能够按照合同的约定，在工程的选材、管材和用材上，做到互相配合，共同努力，齐心协力，担当责任，便能把好关，对圆满完成工程也是可靠的保障。如图5-2所示。

三、专人负责

建立健全严格的管理制度和实行多层把关同专人负责并不矛盾。专人负责主要是将选材、管材和用材落到实处，却不是由一个人说了算。在有着健全的严格制度和多层把关后，再由一个人去执行。这个人便是材料员，有着其岗位职责，具体地将整个装饰装修工程选用的主材，经过其验收点数入库出库，按照施工工序需求分配到现场，再由现场负责组织施工的施工员，安排应用于工程实际施工中。

实行材料专人负责管理职责，比多人管理要好得多，有人会提出质疑：专人负责会独来独往，一个人说了算，多人把关成摆设。显然是对装饰装修选材、管材和用材情况不懂的疑虑。如果弄清其中过程便会迎刃而解。选材是经过投资业主同工程承担施工责任的企业，双方选定确认，以合同形式体现出来，任何一方都不得随意更改。至于施工现场的主材，不但材料商按购销合同执行，由投资业主的现场专业代表和聘请的专业监理同材料员一起查验材质与数量才入库的。如果"三方"中，任何一方在查验时提出疑虑，材料便入不了库。工地施工用主材，是由施工人员从库房中领取，要经过施工员验证材料质量和数量。可以说，任何一个施工员不会将不合格品领取带入现场，或多领取和少领取的。材料进入施工现场，再由施工的劳务人员使用。施工的工程质量，必须经得起检验。不然，会确定为不合格工序施工。针对合格的施工检验，不但是检验施工质量，还要检验使用的材料。一旦检验出质量问题，便要返工。假若是劳务人员使用不合格或劣质材料施工，不仅要返工重来，还要批评其为何使用不合格或劣质材料；一般情况下，现场施工的劳务人员是不敢随意使用不合格或劣质材料的。如果违规使用，则由其自行负责，工程返工，还得赔偿材料费。

采用专人负责的方式，容易追查责任。人们常说法不责众。其实，制度、规则和法律同样是针对群体的，只是群体责任追究比追求个人要困难一些。专人负责，针对现实中的材料管理情况是符合要求的。材料管理得好坏，一目了然。这样，给予管理材料负责人的压力加大。压力可转变为动力。由专人负责管理材料，能容易调动个人主观积极性和能动性，发挥好的作用，也容易发现问题。问题出现会很清楚地摆在众人和事实面前。这样，还利于管理上台阶，管理有序，细致周到，井井有条，加强责任心和个人的聪明才智，把材料管理做得更好。

专人负责和个人负责制一脉相承。主要在于公共建筑装饰装修工程材料管理要促进专业化。其材料涉及数多面广和品种多，容易出现混乱。在行业里，每个企业管理实行"五大员"和项目经理责任制。其中，材料员是"五大员"之一。可见材料管理和使用很重要，很有必要实行专业化。特别是行业发展促进材料更新换代很快，每年有新型材料进入公共建筑装饰装修的市场。材料管理人员得随时随地了解各种材料的使用性能和作用，还可依据工程需要更换新材料，以利提高应用新型材的比例，促进工程质量，为提升特色品位创造条件。

从企业管理规范化和科学化的角度上，对于公共建筑装饰装修工程选材、管材和用材实行专人负责，便于内外联系和加速工程施工速度，都是很有利的。如今的公共建筑装饰装修用材市场很活跃，竞争也很激烈，管理却没有走上正规化，也需要应用的企业配合管理。具体到市场与企业，接轨管理是采购员和材料员。假如材料管理人员对市场行情不了解和不熟悉，容易给企业和工程造成不必要的损失和麻烦。这样，不但不利于市场经济的规范化管理和发展，而且还会造成城镇化建设的伤害，最终又波及企业。还不如早做防范，早做准备，是同企业的材料采购和管理人员及其他相关人员密切联系的。

至于有人疑虑到公共建筑装饰装修工程选材、管材和用材由专人负责容易出纰漏，则涉及企业自身内部管理是否规范，坚持制度执行是否落实。如果企业管理松弛，出现问题，则是建立健全专人负责制不能解决的。也不在此要求中。

第四节　公装施工

公共建筑装饰装修工程施工，主要是指按照设计图纸和相关文件，在现场将设计意图，依据每个工序的工艺技术要求，付诸实践的作业和检验。形成公共建筑装饰装修工程实体，建成最终效果的活动。这种活动效果是实现公共建筑装饰装修工程谋划设计落到实处最关键的。必须达到具有时效性，稳妥安全，整洁美观，保障质量的目的，才是实现工程成功的体现。

一、时效性

针对公共建筑装饰装修工程施工，存在着两个方面的趋向：一个是使用时间很短的工程，3～5年便要重新做工程；另一个是使用时间为长久性的工程。一般为10年以上时间，甚至时间更长。所谓很短时间的公共建筑装饰装修工程，主要是指商业经营性工程，像商店、超市、门面、宾馆和饭店等公共场所。其使用时间短，目的为实用性，招徕客户，引人注目和更换频率高，损坏也太快。而使用时间长的公共建筑场所的装饰装修工程，则是非经营性，更换频率相对较低，损坏很慢，且每次装饰装修工程的工艺技术和用材要求也不一样。像博物馆、图书馆、学校、医院和展览馆等，特别是历史上遗传下来的古建筑和游览景区景点的装饰装修工程，由于其地处偏僻，环境条件好，又不受人为损害，但是做一次装饰装修也比较困难，费时费工，用材和实施的工艺技术都是传统式的，大多应用天然名贵材料，不易损坏，多用于观赏，没有损坏，同短时间需要更换的现代材料和使用频率高的场所，人为损坏多，色彩退化快等缘故，其形成的装饰装修设计和施工要求是不一样的。不过，不管做哪方面的工程，首先要求能做到时效性，保障质量。

所谓时效，简单解释是指在一定的时间内能发生效用。从广义上有两层意思，一是指事情经过一段时间后产生一种预期效果。即时间效应。二是事件发生后产生的效果持续一段，或简称时间期限。在这里说的是装饰装修的时间期限。例如，商业经营性的装饰装修工程，其时间期限是很短的。一般性的工程是几十天就得完成的。像有的门面工程竣工不到一个月。讲究的是时效性。至于传统建筑供游览观赏用的景点，其装饰装修工程的时效性比较长，要求也是很严格的。不过，也有需要在短时间施工完成的工程。

所谓周到，顾名思义是面面俱到，没有疏忽的地方。对于大型的装饰装修工程，由于使用功能涉及方方面面，在谋划设计上难免出现疏漏的地方，需要在施工中发现，通过补充设计再完善施工或弥补不足。在实际施工中经常遇到有疏漏的问题。这些疏漏，有的是建筑施工造成的缺陷，如建筑施工没有到位，或在建筑设计中只注意美观，没有注意到实际使用带来的不便，必须由装饰装修工程施工补充，达到实用的目的。还有依据现今社会倡导以人为本的理念要求，促使装饰装修工程做得越来越周到齐全。例如，公共场所要求实施无障碍通道和无障碍使用，便是实行人性化的具体体现。还有在商场内增设残疾人专用卫生间等，比以往的公共建筑装饰装修工程施工上要周全得多了。

以时效性要求进行公共建筑装饰装修工程的设计与施工，很明显地体现出"时间就是生命"、"时间就是金钱",要做好不是一件很容易的事情。做到时效周到,即要求工程施工必讲究效果。有很完善的谋划设计的施工,要在实际中体现出来,并能做到进一步完善完美。如果出现施工既不讲究时效,也不讲究周到,面对着谋划设计再好的图纸,也会造成很多的遗憾的。假如面对谋划设计有缺陷的图纸,需要在施工中给予补充和完善的。这样,对于现场施工员的素质要求是很高的,既能组织好现场施工,又能针对图纸或施工中发现的问题和解决问题。同样,对于具体的施工的劳务人员,也要求有好的素质和技能,不能充当简单的劳动力,应在技能上能发现工序上存在的缺陷,或作报告,或给予补救,才能给工程施工达到时效性。因而,针对做大型综合性的公共建筑装饰装修工程,一定得注意挑选并招用好的施工队伍和人员,才能做好工程。

作为一个合格或优秀的公共建筑装饰装修企业,必定在承担工程和施工上,能做到时效周到的。同时是检验一个企业具不具有一批高素质、责任心强和技术好的合作团队。如果一个企业有着这样一个团队,便能在做工程施工上体现出时效性,算得上一个合格的公共建筑装饰装修企业。

二、稳妥安全

虽然公共建筑装饰装修工程施工,需要讲究时效周到,却不能忽视稳妥安全。稳妥,即稳定妥帖。不做不适用和有危险的工程,尤其在施工中,不能发生人身和工程事故,必须做到安全,不出现任何损害和危险。做的工程的每一个工序和环节都是牢固稳妥的,能让投资业主和使用者放心和安心,是信任度及安全性很高的工程。

稳妥安全,一般人想到是室内装饰装修工程,认为没有安全担忧。显然是不妥当和不正确的。依据做公共建筑装饰装修工程安全要求,室内工程施工也存在不安全和不稳妥的因素。由建筑空间高度的原因,有 7 或 8 米高空间,有 4 米以下空间的,至少也有 3 米高空间。从安全生产角度来看,在 2 米以上空间施工,便是高空作业,存在着危险性。例如,室内吊顶安装钢质主龙骨和轻质次龙骨,便存在不稳妥的因素,特别是轻质次龙骨的装配,只是应用几个螺钉紧固在主龙骨上。如果偷工减料,螺钉装配少和未拧紧,或者是钢质主龙骨的吊杆上焊接马虎,或顶部的膨胀螺栓未拧紧,或吊杆有伤害等,都会造成不安全的隐患,既是施工期间容易发生事故,又是在竣工后使用期间也会出现安全问题,便是不稳妥和不安全的原因。

在室内做公共建筑装饰装修工程施工,经常出现临边作业,也有着不稳妥和不安全的因素。所谓临边作业,即在施工现场,当高处作业中工作面的边沿没有围护设施,或虽有围护设施,但其高度低于 800 毫米时,这一类作业为临边作业。例如,沟坑、深基础周边、楼层周边、梯段侧边、平台或阳台边、屋顶面边等。

由于是临边作业，可能存在施工件的不稳妥和不安全因素，也存在施工人员的不安全因素。所以，在进行临边施工时，必须设置牢固的、可行的安全防护设施。尚且，还要做到不同的临边施工场所，需要设置不同的防护设施。这些设施主要有防护栏杆和安全网。其目的是保护施工者的安全，让其能安心施工，保证施工件的稳妥和不存在安全隐患。

针对室内公共建筑装饰装修工程施工，做到稳妥和安全应当有多方面的防护措施，像在室内施工运送装饰装修材的提升机上的协作运输、电梯内外的包封边作业、顶层楼梯口边和各分段施工楼梯口等，而主要是室外的墙体面的施工。例如，墙面、柱子、高层楼的窗台边的施工等，都存在着施工不稳妥和不安全的因素。如墙外的玻璃幕墙的施工，室外墙面干挂石板材的施工，几十米的高的高空作业，或者在吊篮或吊绳上的作业，因存在不稳妥现象，都有着不安全因素的。

发生各种不稳妥和不安全因素的原因，主要在于选材和需要按工艺技术要领施工，身挂安全带作业。例如，干挂石材板，由于材料大多是人造石板材，如果是正规厂家生产和经过检验，其板材质量是可靠的。只要能按其施工工艺技术施工，其施工能保证稳妥安全，一般不会发生安全隐患，是稳妥安全的。假若石板材属"三无产品"，又不顾监理或投资业主的反对，私自不按干挂工艺技术要求施工，偷工减工序，或使用劣质粘贴胶等，难免不发生安全隐患。同样，在外墙面涂饰施工，也有着稳妥和安全的问题，是值得千万注意的。

要实现稳妥和安全效果，一方面在施工中，人身和工程不能发生任何事故，装饰装修工程施工要符合每个工序的工艺技术要求，另一方面是作业面上经得起检查，没有发生安全问题的隐患。在正常情况下，无论是室内的吊顶、墙面和地面施工质量，还是外墙和屋顶面及窗台上的施工质量，都是过硬的，经得起检查验收，其作业符合施工工序的工艺技术要求，没有偷工减料的现象，应用的材料均是合格或优良产品，不会发生无故破裂、破损和破落的问题，在正常使用期间能保证安全无误。

三、整洁美观

对于公共建筑装饰装修工程施工，必须做到整洁美观。何谓整洁美观，有两个方面的含义：一是施工期间要求文明施工，经常性地保持施工场地的整洁卫生，施工组织科学和施工程序合理的一种施工活动，达到文明施工的要求，必须有整套施工组织方案，有严格的成品保护措施和制度，大小临时使用设施和各种材料、构件、半成品按平面布置堆放整齐，施工场地平整，道路畅通，排水设施得当，水电管线路排列有序，机具设备使用状况良好，应用合理，施工作业符合消防和安全要求；二是施工后的工程给人一种美观感觉，不仅室内工程做得整洁，很有特色，其造型和吊顶面及地面铺贴平整显得舒适，风格特色效果明确，而且室外工程也做得整齐，内外协调效果好。从近处细看，外装干挂石板材整齐清晰，纹理明显，材面清洁，色泽基本一致；远处观赏整体效果良好，边线垂直，平线水平，横平竖直干净利落，给人一种整齐、干净和美观的感觉。

做出整洁美观的工程，虽然不是一件容易的事情，从文明施工的要求不难得知，要达到整洁美观的目的，轻轻松松，简简单单，显得容易。如果没有好的施工队伍和严格的管理，以及养成良好的施工习惯，培养出干练的作风，显然是做不到的。而形成这样的状况，不是几天或做一项工程便能体现出来的。必须从创建企业开始，便要按照企业规范和现场施工工序，以及工艺技术规定做起，不能有丝毫松懈和马虎心理，不能有着侥幸心理，更不能有随心所欲的观念存在，做施工，干工序，要一丝不苟，扎实肯干，精益求精。

在时下的市场竞争中，是有不少优秀企业涌现出来，活跃在行业中。例如沿海地区训练有素的施工队伍，比内地和北方的施工队伍要规范得多。如果在一个大型的装饰装修工程工地上施工，若是分段或分楼层施工，做出的工程质量能很明显地体现出来。即使是地面铺贴相同规格的瓷砖，在对缝、平整、光洁和布局诸方面，都有着明显地区别，有的施工队做出的工程效果整洁美观；有的则相差很远。既在接缝处和平整上有差别，更在平面布局上也有着差距，其做出的装饰装修工程整体较差。做施工差的劳务队伍，显然不受欢迎。

特别是做外墙涂饰的装饰装修，如果只是简单地组织劳务人员，将有色泽适应外墙使用的涂料涂刷上去，既不做墙面分段，也不做墙面平整，墙角边和线同样不做整理，破损的墙面不修缮，在粗糙的墙面和弯曲的墙角上，又不按涂饰的工艺技术要求，薄薄地涂刷一遍。像这样的室外墙面的装饰装修工程，不要内行看，外行看了也觉得不整洁美观，心里不舒服，不是合格的室外装饰装修了。

随着城镇化建设的加速和发展，对于公共建筑装饰装修工程的要求和标准，会越来越规范，绝不是"乱涂鸦"能做得好的。无论是针对室内的装饰装修工程，不管其规模大小和用材档次高低，还是针对室外的装饰装修工程，尤其是宾馆、商场、写字楼和办公楼等，必须要求达到整洁美观的标准。还有商品住宅楼室外的式样，一定在经过外装后，具有吸引和诱惑人的功能。如果室外的装饰装修工程做得不整洁美观且没有特色品位，恐怕达不到其目的。有人室外的装饰装修工程似乎是没有造型的，用不着美观，也达不到美观标准。显然是对装饰装修行业和人们心理的不了解。其次，人们对于房屋外部的装饰装修工程是很看重的。如果房屋外部装饰装修有着别样的造型和色泽，会给人们带来一种"神秘感"和"好奇心"。必然能给商场、宾馆和展览馆等场所带来人气上升。若是商品住宅楼、写字楼和租赁楼，也会吸引更多的人光顾的。

图 5-3　达到整洁美观标准

整洁美观的装饰装修工程是基础性的。如果连这样的基本标准都达不到。可见承担装饰装修工程的企业和施工队伍素质是难以在激烈竞争的行业中，顺顺当当生存和发展下去，会是"短命"和早遭淘汰的。因而，凡是能够长时间活跃在公共建筑装饰装修行业市场上，占得一席之地的企业，必然会很重视公共建筑装饰装修市场的需求和人们的企盼，把做好工程整洁美观放在重要位置，会尽心尽力实现目标的。如图 5-3 所示。

四、保障质量

质量是项目工程的生命，同是公共建筑装饰装修企业的生命。公共建筑装饰装修企业每承担一项工程，不管是大型的，还是小型的，都是要保障质量。而质量的保障，便在于做好施工。每一道工序施工，必须按其工艺技术要求认认真真和扎扎实实地做好，不出现任何纰漏和偷工减料及应用不合格材料的事情。否则，何谈质量保障。

做公共建筑装饰装修工程，大多是把实用摆在第一位的。要做到实用，就得用质量做保障，不出现任何质量问题。虽然说，公共建筑装饰装修工程，没有大的结构承重问题，却有着自身结构的组建质量。例如，室外干挂人造石材板的结构组建，或室内的自然和人造石材板的装配结构组建。如果在施工中的钢质主龙骨焊接不牢固，出现假焊和少焊，因没有清理焊渣，未发现问题，又不做焊接处的防锈保护，让焊接点在外部环境和气候条件的影响下，发生锈蚀。然后造成焊架脱落，又在室外承受着大自然的风沙雨雪的冲击，便会出现结构性垮塌的质量问题。尤其是地处台风和风沙暴地域，做几十米高的房屋建筑，室外墙面干挂石材板的工程，其龙骨架质量出现问题，便是大的安全隐患。室内墙面或柱子上干挂石材板的主龙骨钢架，虽然不受自然灾害的侵扰，却经常受到人为的震动和外力的影响，如果其主龙骨或石材板的施工有问题，便不是有质量保障。

同样，室内装饰装修工程的吊顶和造型之类的施工，也是有着结构组织的，其质量保障也是出不得丝毫差错的。既有主龙骨的安装质量保障，也有着轻质次龙骨的装配质量保障。如果任何一道工序和环节施工马虎了一点，不依其工艺技术要求把好关，做好每一个环节，保证其牢固性，其质量状况便令人担忧，得不到十分的保障是不行的。针对室内吊顶安装主龙骨的角钢，其角钢本身重量并不轻。接着在主龙骨上配装轻质次龙骨，再在轻质龙骨上装配石膏板或其他板材，有的还装配着几层材料，还有做造型的，其重量可想而知。假若吊顶上是允许人在上面做检修的，其每一个点和每平方米经受的重量载荷，均集中在承载的吊杆上，其吊杆的膨胀螺栓安装不到位，或螺栓与吊杆焊接有假焊或瑕疵，便会有可能发生吊顶断开，吊顶面下塌，便不是好质量的吊顶，没有质量保障。

室内吊顶工序施工，不按工艺技术要求操作，难免不发生质量事故，达不到质量保障。其地面铺贴材料，如果也不依工艺技术要领来作业，也避免不了质量难以保障的现象。如今常见到的铺贴瓷砖材料发生空鼓和裂角崩边以及铺材不平整，接缝有高低之差等，给投资业主和使用者造成心里不安，以及发生摔跤伤人的安全事故。尤其是地面配装的门，喜好应用现代玻璃材料。这种材料有着易碎易裂状况，如果在安装时，施工上稍有差错，便会出现质量和安全事故，不能给人心安理得使用效果。

最让投资业主和使用者不放心和没有工程质量保障的是在选材上是否得当和有质量保证。例如，室内吊顶的面饰板，不选用防裂防塌的"双防"性质的石膏板，却选用普通石膏板，虽然在工艺技术操作上一样，由于选材不一样，对于公共场所顶面使用，便有许多不适宜。一般情况下，工程竣工后，要经常有人作检修的。检修人员上顶面行走，稍不注意，踩着石膏板就是踩着"双防"板，便没有任何人生安全担忧，若是踩着普通石膏板，就会使顶面塌落发生安全事故。因而，选用适宜材料，也是保障质量重要方面。

还有是室内外地面铺贴选材也是有着质量保障的区别。假若室内铺贴地面选用天然石材板，便不是明智的选择。一方面天然石材板辐射性大，对人体有影响，不符合环保健康选材，另一方面天然石材板本身有着成材的缝隙。整块石材难察觉到，加工成板材后，便很清晰地察觉到，铺在地面，任人随意踩踏和铺贴后水泥水气往外冒，钻入石材板缝隙内，形成不整洁美观的效果，让人感觉到石材板质量不好，对工程质量没保障。如果将石材板作为室外地面铺贴材选用，其质量保障是很确定的，其给人体带来的辐射和伤害也会小很多。

如果选材不适宜，再使用不合格材料，更不能保障工程的质量。即使选对材料，施工使用不合格材料，也不能保障工程质量，是值得注意的。

第六章
公装灯饰和亮化

　　灯饰是公共装饰装修工程的重要组成部分，没有灯饰的工程显然不存在。做好灯饰和亮化是现代公共建筑装饰装修工程不可缺少的。把灯饰和亮化工程，不仅要做好，而且出新意，使每一个工程的灯饰做得令人满意，为提升公共建筑装饰装修工程特色品位创下良好基础，也为城镇建设出力。灯饰的种类主要体现在色调、氛围、用途和潜能等多方面。

第一节　灯饰的种类

由于装饰装修行业的飞速发展，与之配套的灯具生产也发展很快，不再像以往只有灯泡和日光灯管，日光灯启亮还要启辉器的帮助。如今的灯具种类增长得很快，不但从室内可以体现出来，而且从室外也充分地反映着。室内灯具种类有吊灯、吸顶灯、壁灯、射灯、筒灯、地灯、镜前灯、落地灯和台灯等。室外灯具种类有景观灯、道路灯、高杆灯、草坪灯、护栏灯、广场灯、窗前灯和探照灯等。真是种类繁多，有着千姿百态的感觉，给公共建筑装饰装修工程提升特色品位带来了诸多方便。

一、灯具式样

灯具的式样是依据人们的需求和装饰装修工程不同情况进行配套的。由于工程作用不同，人们的喜爱也不一样，形成灯具式样千姿百态，迎合市场和人们的需求及喜爱。在每一个公共建筑装饰装修工程中，需求的灯具式样是大不一样的。就是在一个工程里，也需要各种式样的灯具，组建成一个立体形的灯饰系统，才能体现出现代公共建筑装饰装修工程所具有的基本要求。

从室内使用的灯具式样，有吊灯、吸顶灯、壁灯、射灯、地灯、落地灯、镜前灯、筒灯和台灯等。这些不同名称式样的灯具，分别出式样又是很多很多的，无法用数量表达出来。例如，吊灯和吸顶灯的式样比较多。仅吊灯式样有长短之分，大小之别，圆方都有。而这些类别里又有式样的不同。像圆形式样,则有着正圆、椭圆、梅花圆、大圆、中圆和小圆形式样。方形也一样，有正方、长方、立方和大套小方形等，形成了各式各样的特色。吸顶灯同样有许许多多的不同式样。这些灯具式样，除了形体不同之外，还有着色调的区别，材质的不同。例如，玫瑰红和棕色式样，大红式样和白色式样，给人的感觉和造成的气氛是大不一样的。因而，式样是为需求呈现的。

由于吊灯是灯具中装饰性最强的一种，其使用范围很广泛，似乎每一个公共建筑装饰装修工程都有选用。主要在于其式样美观、典雅和风格多样，特色独有。安装也很直接，垂吊在明显凸现部位的顶部。吸顶灯和筒灯也是使用比较多的，是其式样很适合公共建筑装饰装修工程装配和使用。虽然筒灯式样由其名而产生，其式样也是有着大小、长短和不同材质区别的。壁灯，显而易见是装配在墙壁和柱子上的。因为其装配部位的原因，其式样是比较多的。还不像吊灯和吸顶灯及筒灯受着条件的局限，在式样上真可谓是千姿百态。不但有圆方、长短、大小等不同式样，其仿形式样是最多的。如花鸟形、动物形、实物形和字画形等，给公共建筑装饰装修工程选用配装增添了无限的趣味和欣赏效果。

公共建筑装饰装修工程室内使用的灯具式样很多很多，室外配套用的灯具式样也显诸多。由于使用部位和作用不同，出现了式样的不相同。室外灯具种类仅景观灯式样就很多，且很好看。如果其式样很一般，不能给观赏者有吸引力，就会失去其观赏的作用。这种灯具的式样，同室内的壁灯一样，主要供人们观赏的。为提高观赏者的兴趣，从形状到造型，从大到小，从色彩到材质上，都是经过特别选择和加工的。其造型上便经常出现新式样，有着新颖、新意和新鲜性，才充分体现出其式样具有观赏效果。像高杆灯、道路灯、护栏灯和广场灯式样，是依据不同状态产生不一样的式样。例如，高杆灯、道路灯及护栏灯，虽然受着条件的局限，但是，用在公众道路上，其式样也是依据不同使用环境而有着各式各样的。假如是应用于景区景点和一般商场室外道路的灯，及过桥的护栏灯的式样，选择是不相同。如果是同式样，则是选择上的错误。像人们经常说的"小桥流水"这样一个诗情画意景点上的护栏灯具式样，是给人们观赏的，其灯具式样肯定有着特别的观赏性，如果选用很一般的式样，其趣味性和观赏效果将降至"冷窖"里，选择灯具式样和色彩也就太差了。

对于室内外灯具式样，将随着公共建筑装饰装修工程和城镇化建设的发展，将会越来越多，越来越吸引人，引起人们无限的兴趣。像现在用于城镇上夜晚亮化工程的霓虹灯系列，不再是以往很简单的式样，却是式样花样百出，色彩五彩缤纷，美丽无比，给城镇夜晚成"不夜天"发挥着日益有效的作用。如图6-1所示。

图6-1 灯具式样

二、灯具材质

灯具材质具有很强的装饰性。对于灯具材质的选用是很讲究的。随着时代进步和科技发展，适宜于灯具制造的材料会越来越多。重点在于依据公共建筑装饰装修工程特征，选择好灯具材质，给工程效果提升特色品位增光添彩。

如今，灯具用材选择越来越广，在原有材质上有不锈钢、全钢、钢皮、塑料和木质基础上，增加了水晶、树脂、亚克力和玻璃等，尽可能依据公共建筑装饰装修风格特色和使用要求，选用相适应的材质，应用灯具和灯饰给工程增添更多魅力。

材质给予人们喜好和视觉上增添适宜性，满足人们的猎奇心理。像树脂类材质用于灯具制造，可增加物理强度，耐腐蚀性和绝缘度都是极好的，用于室外的装饰装修工程很适应，符合人们的心理企盼。随着人们越来越追求环保、健康的心理要求，像水晶灯具，使用这种材质，不但显得时尚美观，实应性强，而且很环保健康，不给人体造成任何的伤害。水晶材质灯具，还有着使用寿命持久，大气和精美绝伦的优势。外观晶莹透亮，能给灯具增强光亮度，体现出一种优雅、优质和优美的效果。

不同的材质表达出不同的艺术气息。像不透钢这种现代风格的材质灯具，则显现出轻巧、轻松和轻质的特征。其优势是在不同的公共建筑装饰装修工程中都能使用，呈现出一种大方、大气和大众性的效果。无论是在高档的工程上，还是一般性的工程上都有使用，表达出其材质的普遍性和成效性。

随着科技进步，灯具材质，不但有着以往持久性的全铜、镀金、镀银和塑料等，而且又有着现代防腐。抗老化的新贵气的材质，如水晶、树脂、亚克力及玻璃等。对于公共建筑装饰装修工程呈现特色品位创立更多更好的基础。其实，灯具材质的普遍性和现代性，给工程向着高档次和高标准方面提升起着很大的作用，对延长灯具使用寿命创下好的基础。

不同场合使用不同材质的灯具，是现代用灯具最大的特征。像不少小型的饭庄和宾馆，或农家乐等娱乐场所，同是将吃、喝、玩、乐归于一起，有的经常性使用露天场所，对于灯具材质使用率高低很担忧，时常出现灯具使用率不高的状况，给经营场所带来不少的影响。如今在做装饰装修工程时，能够选用像树脂、水晶和不锈钢等极具普遍性材质的灯具，便能保障使用率较高的效果。

特别是公共建筑装饰装修工程室外选用的灯具，材质好坏很关键。在实际中选用到能防锈、防腐、防水及防爆材质的灯具，便是承担工程施工和投资业主及使用者之福。因为，不少从事经营的投资业主和使用者，需要创造一种亮化和美化的外部环境来吸引更多的客户。如果装配在室外的灯具材质过不了关，经常性地引起黑灯，必然会给其经营造成无法持续下去的损害。

所以，对于每一个公共建筑装饰装修工程，既要针对主体工程从材质上做好谋划设计，又要对灯具布局和灯具材质做出统一的谋划设计，以利发挥好灯具灯饰对主体工程的作用。因而，不要认为地选错灯具和灯具材质。要达到理想用灯饰的效果，需要注意坚持好两个方面：一方面注意灯具材质的实用性，保障灯具使用长久性；另一方面注意选用灯具材质和主体装饰装修工程风格特色的一致性。选用的灯具和给灯具的布局，能给竣工后使用的装饰装修工程增光添彩，获得良好使用和观赏效果。

同时，应当依据公共建筑装饰装修工程的实际情况和使用的不同部位，有针对性选用不同材质和灯饰效果的灯具。特别是应根据不同材质灯具，不同式样灯具和不同灯饰效果的灯具，巧妙地做出布局，是做好公共建筑装饰装修工程，提升其品位特色，值得注意的重要一环。如图6-2所示。

三、灯饰色调

灯具色调是丰富灯饰内容和提升亮化特色品位不可缺的，也是充实灯具种类的重要组成部分。灯具灯饰的不同色调，给公共建筑装饰装修工程提升特色品位带来诸多方便，给投资业主和使用者，以及大众，增添无穷的兴趣和乐趣，给城镇建设亮化和美化提供好的条件。如今，常用的灯具灯饰色调有白色、黄色、红色、粉红色、橙色、淡蓝色、紫色和淡绿色等，是灯具灯饰极具特色的种类。

图6-2 灯具材质

有了灯具灯饰色调，对于公共建筑装饰装修工程提升特色品位，确实是很有作用和很有效果的。不仅简化了许多程序，而且节约了时间和费用，让更多的人享受到乐趣并带给现代人生活的希望。况且，能巧妙地利用灯具灯饰的色调，为公共建筑装饰装修工程服务，是任何施工方式都替代不了的。只要能充分地认识到发挥灯具灯饰色调的作用，也就提高了公共建筑装饰装修的技能。对此，应当有着确切的理解。

例如，白色的灯具灯饰特征，有着增加温度，不吸收阳光和反光强的优势，给人以洁净和膨胀的感觉，能使室内空间显得明亮、宽敞和清洁。是现实中普遍应用的灯具灯饰色调。最适宜小面积空间和"暗室"中的应用，也是城镇亮化工程中常选用的灯具灯饰色调。又如灯具灯饰呈现出的黄色色调。这种色调被人们认为象征健康。既能使人有着平和心态的好心情，又能改变心理，使压抑的情绪得到释放，是室内公共建筑装饰装修工程使用，常选用的灯具灯饰色调。

除此之外，灯具灯饰色调还有红色和粉红色。这两种灯具灯饰色调，主要是在特殊情况下使用的。像红色，一般针对喜庆状况采用的一种具有刺激而热烈效果的灯饰色调。虽然不是公共建筑装饰装修工程或工程使用常态下，应用的灯具灯饰色调，却是公共建筑装饰装修工程竣工后，在庆祝节日和组织喜庆活动时，既为室内营造氛围，又为室外显现出特有的状态，而经常应用到的灯饰色调。应用这种灯具灯饰色调，比应用装饰装修方式营造同样的氛围，要简单方便和经济实惠得多。同样，粉红色的灯具灯饰色调，给人一种温馨和浪漫的感觉。作为营造一个明朗、亮丽又温馨浪漫的氛围，得到广泛的应用。在现代城镇亮化工程中，经常应用到这类灯饰色调，给予亮化效果是非常受欢迎的。

同粉红色和红色灯具灯饰色调，广泛和普遍应用于城镇亮化和美化的，还有淡蓝色和淡绿色灯饰色调。这些不同的灯具灯饰色调的呈现，既丰富了灯具种类，又给公共建筑装饰装修工程配饰增添了不少的内容。像"八仙过海，各显神通"一般，致使其特色品位，能让更多的人有着无限品味和回味。

淡蓝色灯具灯饰色调，在亮化和美化城镇时，经常得到广泛应用。这种灯饰色调能给人以清爽、开阔的遐想。具有镇静神经，降低眼压，解除眼疲劳，改善肌肉运动等效果。如果在城镇亮化和美化容貌方面，能够随着季节的变化，选用不同灯具灯饰色调，会给人们更多的实惠。假如在冬季，亮化和美化城镇容貌中选用橙色或黄色灯饰色调，会暖化城镇的；到了夏季，选用淡蓝色和淡绿色灯饰色调，不再选用白色或黄色灯饰色调，会令火辣辣的夏天安静和温馨了许多。是值得一试应用灯饰色调的一个好方法。

灯具灯饰色调的变化，能为公共建筑装饰装修效果变化，创造了诸多便利条件。关键在于公共建筑装饰装修从业者，能充分认识到各种类灯具作用，取其之长，为己所用，为人们造福，为自身增长技能，在善于"硬装"的同时，还要善于应用灯饰色调这个"软装"，一定能给予自己的职业生涯拓展生路，如虎添翼一般了。如图6-3所示。

图6-3　灯具灯饰色调

四、灯具照度

灯具照度的强弱、明暗和高低，又为其种类增多增添条件。所谓照度，即光照度，是表现光线强弱、明暗的亮度单位。主要是指光（自然光源或人工光源）射到的一个平面的光通量密度，即每平方米的平面上通过的光量。光照度用勒克斯做单位，符号为 lx（1m/m²）指光量／平方米，1 勒克斯光照度的光量相当 1 流明／平方米。在同一个空间，由于光照位置不同，距离光源的远近不同，不同的地点的光照度是不一样的。

由此显现出灯具光照度的强与弱，或明与暗，或高与低的种类是有区别的。在公共建筑装饰装修工程中，应当依据不同的实际情况，选用不同光照度的灯具。就是要求选用不同种类的灯具。其实，从光照度上选用灯具，从室里要求不是很严格的。主要从两个方面进行选用，一方面是从公共建筑装饰装修整体美观角度来配备灯具，形成立体形的，与光照度要求不很严格；另一方面是针对公共建筑装饰装修工程造型，凸现造型，给予人们视觉上特殊的感觉，也不是从光照度强度需求进行的。不过，却与正确选用不同种类的灯具相关。如果从公共建筑装饰装修工程整体美观上，形成立体形灯具，便要选用吊灯、吸顶灯、壁灯和筒灯等多种类灯具，才能达到要求。假如是为凸显造型或某个特殊位置，在选用灯具上，则应以聚光好的射灯为佳。聚光，就是光线集中，可以突出重点或重点强调某物件或空间，能突出呈现公共建筑装饰装修工程的效果。

从一般公共建筑装饰装修工程要求，其光照度只要能满足室内使用便可以。过大过小会出现不适宜和造成不必要的浪费，必须依据不同情况做具体的布局和要求。像大厅、走道和房屋空间等地方，不是强调光照度很强的区域，便可选用吊灯、吸顶灯、日光灯和节能灯等聚光不是很强的灯具，便能达到照度的目的。如果是图书馆、博物馆和展览馆内，为强调某个部位和展品的，则选用聚光好的射灯和筒灯等灯具。这样选用灯具，主要是从光照度这一角度进行，而不是随意性的，比其他方法选择灯具的准确性更有把握。

针对室外从光照度角度选择不同种类的灯具，同室内是有区别的。室外选用灯具的要求是，既要达到光照度的目的，又要达到亮化和美化的目标。室外亮化和美化主要是针对建筑墙体和街面，应用灯具大多是聚光很强的探照灯，或是窗前灯，即每个窗台配装一个或两个窗前灯，或配装地射灯；外墙面也有着配装霓虹灯等。这些灯具的特征是聚光和照度强，有着防水和防爆功能，安全性和耐用性是很好的，从而对城镇夜间亮化和美化起着很大作用，为"不夜城"打下了良好的基础。

随着人们对公共建筑装饰装修工程规格和特色品位的提升，灯具种类也会随着需求不断地增加，除了从式样上创新，材质上扩大，色调上增多和光照度上细化外，还会在功能上加以扩展。如今在防水、防风、防砂和防爆诸方面增加品种外，还会从应用要求上，使得灯具的种类越来越多，越来越精。特别是满足公共建筑装饰装修工程和人们的期盼，出现综合型灯具。节能型灯具到如今的普及，就是一个很好的例证。其光照度从弱到强，从暗到明，用电不多，很受人们的青睐。

由于城镇亮化和美化的需求，灯饰光照度的作用日益明显。但是，也存在一些不足，像应用在树木、桥梁和墙体上的灯饰色调还是有限的。如果能创新出一种多色调的灯具，能按气候变化自动地调整色调，会给人们的视觉及心里感觉带来更加美好。像在寒冷的天气里，树枝上挂满白色调灯饰，还以为是下雪结冰呢！若能调节变化成橙色或黄色调的该多好，会给寒冷的室外夜晚增添暖融融的氛围的。假如在骄阳似火的盛夏，在其夜间，室外亮化和美化的灯色调能调节成淡蓝色，会令人们心理和视觉上凉爽了许多，实在是一种享受。如图6-4所示。

图6-4　灯具灯饰照度

第二节　灯具的用途

灯具的用途，恐怕谁都清楚是用于照明的。人们曾将其比喻成室内的眼睛。室内如果没有灯具照明，就像人没有眼睛似瞎子一般。由此可见，灯具照明的作用是很重要的。其实，灯具的用途远不止照明。现代人将照明灯具称为灯饰。于是，不难明白，灯具不仅仅是用来照明，还有着亮化和美化、调节温度、丰富造型和实现引导等用途，是公共建筑装饰装修工程不可缺少的重要组成部分。

一、灯具照明

灯具的用途首先是照明。在室内照明似人的眼睛，方便人的活动。有了照明，不但给视觉环境带来了活跃的因素，而且给公共建筑装饰装修带来了美观感觉。不过，在室内室外的装饰装修工程上，要求照明的标准是不一样的，主要体现在适宜。如果达不到要求，会给公共建筑装饰装修工程竣工后使用造成影响；假如光照度过大，造成照度偏亮，不但刺激人的眼睛，夏季也显过热不适应，还有浪费用电的嫌疑。

针对公共建筑装饰装修工程，其灯饰照明，需要同"硬装"一样谋划设计好，不能给"硬装"带来影响，造成不美观的状态。同时，在灯具布局和配装上造成不适宜的状况。应当根据公共场所使用需求，合理地作出安排。特别是选用灯具和光照度要适宜。

为适宜照明和从装饰装修工程美观角度上要求，一般在主要过道和通道里，多是配装筒灯，且是内嵌式的。既不影响照明，也不妨碍使用。如果通道很长，从入口处向通道里望去，有着一线亮的景观。假若通道空间过高，除了配装嵌式筒灯外，还要配装吸顶灯的，其造成的视觉效果是有区别的。为加强照明和装饰装修视觉效果，有的还会在过高通道 2 米多高的墙壁上增加壁灯。壁灯是种类造型很多的灯具，可依据投资业主或使用者的喜爱，以及装饰装修工程实际状况，选用相宜造型的灯具。

安装吊顶照明，一般适合空间较高的大型活动中心区域。灯具大小和长短要依据实际用途确定。例如，宾馆的大厅和大会议室中心顶部是可以安装的。主要应按照公共建筑装饰装修工程实用和美观角度做好谋划设计和施工，不能存有随意性。在安装吊灯的居室里的墙面上，最好配装若干盏壁灯。如果装饰装修工程有造型的，还须针对造型配装相应的射灯，主要在于提高装饰性。既加强造型的凸现效果，也增加了该空间的光照度。值得注意的是，其室内配装灯具的光照度不宜太强，也不宜太弱，更不能喧宾夺主，光照度不超过吊灯，才是正确地选用。

如果是大型的公共建筑装饰装修工程，空间面积较大，为加强照明，有依据实用增加中式射灯，其光照线一般会射向远处的墙面，不会射向地面。这种射灯的聚光不是很强的，带有柔和性，能给大的空间增加光照度，从而加强了美观效果。

公共建筑装饰装修工程的室外照明，主要是针对出入门口，有门洞和有台阶的地方，给人出入方便实用。如果室外造有假山、小桥和休闲亭的，应当依据实际状况，配装护路和护桥的灯饰照明。在休闲亭内顶部安装吸顶灯，在亭柱上配装壁灯等照明，方便室内外活动。如果有广场的会在其周边配装高杆灯，或在相关的造型

图6-5　灯具灯饰照明

下安装地射灯和射灯。一方面是为了照明，另一方面是为凸显造型和亮化而安装的灯具。如果只是为照明，其光照度不能太强，若是为凸显造型，其光照度稍强一点，会有着好的效果。如果是为亮化和美化而配装的灯具灯饰，则光照度相对照明要强，必须视具体情况作出具体设计规划，以达到最理想的效果。如图6-5所示。

二、灯具亮化

灯具灯饰亮化在城镇建设中越来越重要。从灯具用途角度来看是仅次于照明的。灯具灯饰亮化是多方面的，既有室内的亮化，也有室外的亮化。室外亮化又分有建筑外墙面、城镇街面、店门面、道路、路牌、树木和桥梁等。其亮化分有平面形、一线形、主体形及造型式等。致使城镇街面亮化，有"不夜天"的称呼。

灯具灯饰亮化，主要选用的是探照灯、射灯、窗前灯、日光灯和霓虹灯等。其灯具灯饰有防水、防爆、防风和防砂等特征。灯具灯饰色调多选用白色和黄色。至于霓虹灯类的灯饰色调以红、蓝、绿和黄色为主，还有其他的色调，为的是增加更多色彩的氛围。灯具灯饰亮化形式是多种多样，各不相同。由于应用灯具灯饰种类的差别，呈现的亮化效果是不一样的。例如，如今过江跨桥日益增多，有利于城镇化发展和人们生活方便，改善了民生条件。在运用灯具灯饰亮化上，每座桥梁因建造手段的不相同，出现了桥梁亮化用灯具灯饰的各异。有运用高杆灯具和护栏灯具相结合的，从远处望去，似"天虹"般地落在江面上；有霓虹灯似"活龙"跳跃在桥面上；有浮桥似的灯具灯饰，似星星点点浮现在江面上，等等。各不相同的布局灯具灯饰，便形成各种特色亮化的效果。像建筑外的亮化，有安装大型探照灯于地面上的，夜间的十几米高的墙面上灿烂一片；有装配在窗前灯和地射灯相结合，整个墙面如星星照亮在窗户前，几十米高的楼房通亮通亮的；有在楼墙面从上到下连排安装着日光灯具的，使整个墙面似一条银色带飘然而下，非常壮观。

由于城镇化建设的发展，令市场经营的商业越来越繁荣，街面和店面亮化，也成为灯具灯饰运用最多的。街面亮化应用的有高杆灯和路牌透明灯。高杆灯具大多应用是内装节能灯管，外套各式各样保护罩，以白色和黄色灯饰光为主。路牌亮化灯多以暗藏节能灯管和外罩透明玻璃，内贴各式各样宣传画和广告词。还有在道路树上挂满线灯或灯带，起着亮化的辅助作用。由路灯、牌灯和树上灯，组成的道路亮化的主体形效果。

其实，在城镇亮化上，最具特色和效果的是店面和门头及商场内的亮化。五颜六色，光芒四射，形成多道亮化的景观。尤其是城镇街面的商业广告的亮化，更是色彩缤纷，亮丽夺目，把灯具灯饰的用途进一步地呈现在人们的面前。特别是到了节假日期间，不少城镇为显现出节日的氛围，专门将装饰装修一新、典型的建筑物和造型物应用灯具灯饰做出特别的亮化，更使得亮化的城镇呈现出喜庆和热闹的景象，凸显出现代都市的繁华景观。

作为灯具灯饰，如果现代人能善于应用其长处，不断地发掘其潜力，其用途会日益扩大。凡是从事公共建筑装饰装修者，一定要做有心人。在承担工程的实践中，多留意和多实践新的亮化做法，时时刻刻变化着灯具给工程特色品位带来的效果，取得每做一个工程能有所收获，有所发现，有所进步，将灯具灯饰亮化越做越好。

在应用灯具亮化的同时，也给公共建筑装饰装修工程以美化。亮化和美化是相辅相成的。美化必须是从亮化中体现出来的。亮化中采用了多种多样的灯具灯饰色调后，亮化效果展现在面前，有着眼前一亮的感觉。美化促进亮化，亮化衬托美化。亮化和美化在公共建筑装饰装修工程上，以及城镇化建设上的作用，日益凸显出来。如果能在公共建筑装饰装修工程中，有效地把握着这样的辩证关系，在应用灯具灯饰亮化上，把美化环境，美化工程和美化城镇工作，发挥出更大的作用，灯具灯饰亮化的潜力也会得到发掘，对于做好公共建筑装饰装修工程是有巨大益处的。如图6-6所示。

图6-6　灯具灯饰亮化

三、灯具美饰

灯具应用于公共建筑装饰装修工程中的用途是多方面，在有着照明和亮化用途之外，还有美饰、调节和引导等用途，只是人们没有太多注意。

灯具的美饰作用，主要体现在灯饰光凸显装饰和造型重点。如果在装饰装修工程的空间里做一个造型，本不是十分地起眼，将灯饰光直照到造型上，立即会使得这个造型成为空间里注目的重点。假若能在灯饰光的色彩上做些变化，或在明暗上作些调整，必定会使这个造型美化起来，或呈现出立体效果来，更凸显出造型特色了。

色彩是公共建筑装饰装修工程施工应用的重要手段，能使工程出现更绚丽多彩的效果。假如仅是应用涂饰和彩绘的做法，只能呈一时一处一个空间的变化效果。如果运用灯具灯饰色彩会大不一样，既简单易行，又方便实用，还显得经济实惠，只要多具备一些多方面色彩的灯泡，便会给人带来色彩多变的目的。还能够应用光色的变化，令一个装饰装修工程的一个空间，或一层楼的空间，或整个工程空间色彩发生变化，不仅给人带来更多的兴趣和品味感，而且给人一种环保健康和快乐的享受。例如，一个大型的装饰装修工程，有着多层楼面空间，能在不长的时间，将各楼层的灯饰色彩做一些不同的变化，必然会给人焕然一新的感觉。比长期使用一个色彩要好得多，达到装饰装修吸引人，令人更满意的目的。

同样，可以灯具灯饰光"调节"室内空间形成落差的效果。如果一个装饰装修空间高度过高，给人有着不舒服的感觉时，便可以采用向上投灯饰光的壁灯或地射灯，高度空间立即出现明暗的状况，会使人觉得高空间变得适宜的感觉，不再感到空间过高空荡荡了。如果感觉室内空间过低，也可以应用灯饰光向顶面强照光的做法，会使人有着空间变高舒服的感觉。

还有是应用灯具灯饰光调节室内温度和变化空间的用途。像中国黄河以南广大地区，在公共建筑装饰装修的浴室内，安装"浴霸"。"浴霸"利用其几个强光照的灯泡，致使浴室里的温度一下子升起来，在寒冷的气候里就不觉得那么冷了。像应用灯具式巧妙组合成"浴霸"用于洗浴取暖；利用一个带灯罩落地灯具灯饰，或悬挂式灯饰，一个空旷的室内，在人感到孤独不适应时，便应用其照射在一个部位后，立即给空旷的空间局限在一个小范围内，使人有着空间变得很小的感觉。假如在夏季炎热的三伏天里，火辣辣的太阳光照射着令人很难耐时，如果在一个公共场所里，将灯饰光换成淡蓝色或淡绿色，即使没有降温设施，也会让人在这样灯饰色调下，从视觉到感觉都会"凉爽"几分的。

在公共建筑装饰装修工程竣工的应用中，对于灯具灯饰光的应用，不管是白天，还是夜晚，都有着引导的用途。像一个被装饰装修的公共室内，大都是采用灯饰给予引导。尤其是在停电的时候，安全出口指示还可以引导人安全出入的作用。

　　人们一定要充分地认识和利用灯具灯饰的多功能的用途，特别是从事公共建筑装饰装修的从业者，更要充分地意识到灯具灯饰的用途，不是局限于照明和亮化方面，却是有着多方面的用途，需要自身在实践和学习中多体会，以利发挥其更多更大的作用，为开阔自身职业前途服务。如图6-7所示。

第三节　灯饰的氛围

　　做公共建筑装饰装修工程，对于承担施工的企业，不可小看灯饰在整个工程中的用途，应当在谋划设计中，要有整体上的设想灯具灯饰给予装饰装修工程带来的氛围效

图6-7　灯具灯饰美饰

果。并认识到这种氛围的营造是很不容易的事情。既不是"硬装"能做到，也不是"软装"能取代的。而是其特有的功能，可将整体工程特色品位呈现和发挥出来。由此，必须把灯饰配装工序的施工做好，并做出特有的氛围效果，给投资业主或使用者及观赏者一个惊喜。

一、氛围的营造

　　在公共建筑装饰装修工程中，能否把灯饰配装工序施工做好，主要体现在给予整体的效果上，其营造出来的氛围是热烈和亮丽的，还是平淡一般的。必然从配装的灯饰上看到初步效果。如果在谋划设计上做得周祥和细致，会给予工程使用上带来不错效果。由此，看到灯饰的特有用途，是任何"硬装"或"软装"所不能替代的。

　　一般情况下，做的公共建筑装饰装修工程，主要注意的是照明灯饰，认为有了照明，便能解决自然光不足的问题，达到工程使用的基本要求。其实与公共建筑装饰装修工程使用目标相差甚远。"公装的成功与否很大程度上取决所创造的商

业价值。"商业空间追求的是让客户通过设计装饰获得利润的最大化。由此可见，公共建筑装饰装修工程同家庭装饰装修工程的最大区别也在这里。因而，对于公共建筑装饰装修工程的任何一道工序的施工，都必须围绕"创造商业价值"做出精彩的文章，而不是仅仅满足于达到基本要求，显然是不够的。

"硬装"主要是针对装饰装修工程的结构性的"六个面"，按照谋划设计要进行实体、半实体的处理，即给予水电、隔墙、吊顶、地面、墙面、洁具和灯具等不活动的工程施工。而"软装"又是针对"硬装"，按照实用和美观要求进行合理配饰，也就是能随意更换带活动性东西的搭配。包括家具（公用性用具）、窗帘、摆设的工艺品和绿化等。由此得知，"硬装"和"软装"都是固有的实物，是不能随意营造出特有氛围的，只能呈现和充实室内空间的效果。要给公共建筑装饰装修工程营造出不同凡响氛围的，在于巧妙地发挥灯饰的作用。

应用灯具灯饰营造氛围的方法是多种多样的。最直接和简单的是利用灯具灯饰的色调。灯饰色调是营造氛围的好作法。不管是白天，还是夜间，都是可以运用的。如果遇到公共场所举行喜庆活动，例如，给新人庆祝婚礼；给老年人祝寿；给小孩儿举办周年宴庆等，将活动大厅里的灯具灯饰配装上红色，或粉红色，或玫瑰色，便能营造出喜庆的氛围。对于公共建筑装饰装修工程竣工庆典，也完全可以运用这些灯具灯饰特有的红色色调，营造出喜庆的氛围。除此之外，针对季节性变化，运用灯具灯饰不同色调，给外来的顾客，制造不断地更新氛围，也是完全有惊喜效果的。例如，在盛夏室外烈日炎炎的状况下，给予新开张的商场、宾馆、饭庄、展览馆、博物馆等公共场所内，不失时机地更换淡绿色或淡蓝色的灯具灯饰，立即使室内氛围呈现出一种清净、凉爽的状态，每个从烈日下进入室内的人，必定有着舒适、清凉的感觉，必定会增加人气的。还有，依据实际使用需求，适时地增添适宜的灯具灯饰色调数量，既不影响到原有的灯饰氛围，又能给人一种新颖、新意和新鲜的感觉。实现这种方式，只要在做公共建筑装饰装修工程时，先做出谋划设计，在适当的区域内，留有足够的插座插孔，便能达到要求。像宾馆大厅和走道，或比较大的活动场所，尤其是在大厅活动集中的区域，正是营造和更换氛围的"点睛"重地，依据需求预留增添不同灯具的插座插孔达到目标。同样，应用减少灯具灯饰和变换灯饰色调相结合方式，也能使室内氛围发生变化，给人一种特有的感觉。所以，依据不同需求，采用相对应的做法，运用灯具灯饰特有的功能，给予装饰装修的公共场所营造出人们喜爱和惊奇的氛围，是完全可以实现的。如图6-8所示。

二、氛围的效果

众所周知，营造出氛围，其目的是提升人气。提升人气在于促进经营的活跃，

图 6-8 灯饰营造氛围

对于经营的场所显然是这样。仅以装饰装修工程的"硬装"是很难提升人气的。现代人不像以往，对环保健康一概不讲究，不懂得如何保护自己身体。如今却非常精明，特别注意善于保护自己。针对公共建筑装饰装修工程，便有着保护自己的意识。

本来，一个公共建筑装饰装修工程的竣工，会吸引不少人的光顾。然而，当他们明白伤害人体的装饰装修材料太多，便会停步不前，不会很快地进来光顾的。对于这样的公共建筑装饰装修工程，是怎么也营造不出热闹氛围的。于是，有特别多的投资业主显得很聪明，不在"硬装"上下功夫，却在"软装"和灯具灯饰上做文章。社会上便悄然兴起了"重装饰轻装修"的风潮。

实践又证明，老讲究"软装"是不够的，难以营造出理想的氛围。作为经营的公共场所，没有氛围，便没有人气和商业气氛。于是便有了运用灯具灯饰帮助"软装"赚人气的做法。例如，像那些开发传统工程，作为旅游景区的，实际上对传统工程的"硬件"并没有下多少功夫，便在附属件或配装设施上下功夫。特别应用灯具灯饰营造出氛围，致使"无烟产业"取得成功，引发全国各地纷纷效仿，做大做强"无烟产业"，多以灯具灯饰营造出好氛围。

事实上，谁能在公共建筑装饰装修工程上或使用中，善于应用灯具灯饰营造氛围，谁就在这个行业占着上风，或在经营上把握主动。如今，无论是宾馆、饭庄和商场，还是歌舞厅、酒吧和其他公共场所，在经过新近的装饰装修的，都会将灯饰营造氛围方式摆在重要位置，并从中收到很多的效果。例如，一些宾馆、饭庄在举办新人婚礼时，都在举办厅里利用灯饰营造氛围。在公共场所里营造氛围做得好，公共场所的经营效果更胜一筹。如果在公共场所缺少了灯具灯饰营造氛围，便会出现经营越来越清淡的状况。

像湖南省株洲市开发炎帝神农城旅游新景区时，不但将装饰装修工程看得很重要，做出高档次和特色品位，而且更重要的是运用灯具灯饰营造出好氛围。尽力组织人力、物力和不惜时间，将灯饰营造氛围扩大开来，与声光、水秀结合一体，虽然是晚间运用，却是吸引着成千上万的游人天天观赏。凡知晓这一信息的，不少人从千里之外，或更远的地区特意赶来，致使这个城市 4A 景区的神农城人气十足。

凡在公共建筑装饰装修工程上，灯饰工程做得好，或善于运用灯饰营造氛围的，必然会出现人气十足，经营热烈，人来人往，十分繁荣的景象。反之，却冷淡得出奇，人气不足。随着人们对公共场所的要求日益上升时，便需要越来越看重灯饰营造氛围的效果。其实，任何一个公共建筑装饰装修工程都很看重营造氛围的。这是时代进步和社会发展的趋势，谁要能识时务，谁就能乘势而上，抓住机会，发展自己。作为从事公共建筑装饰装修职业的人，必须看到和清楚利用何种方式营造氛围来得快，效果好，显得灵活方便和实惠，便要把其做好，做出效果。从目前的条件和具备基础，显然是运用灯具灯饰色调营造出好氛围来最经济。如果随着科技和人们创造出新设施、新工具和新做法，则是需要去抢占头筹，必能给公共建筑装饰装修工程如虎添翼，锦上添花，更加有利有益。需要紧紧地把握住这一点。

对于灯具灯饰营造的氛围效果是显而易见的，体会得到的。在努力做好"硬装"和"软装"工程基础上，紧紧地应用这个最经济、实惠和简便的灯饰营造氛围方法，为公共场所使用提升特色品位，做出更大更好的效果来。如图 6-9 所示。

图 6-9　氛围的成效

三、氛围的把握

明确和清楚灯具灯饰营造氛围产生的效果，也能在给承担公共建筑装饰装修工程上增光添彩，显然是很不够的，还得千方百计地发掘其潜能，很好地把握着为提升公共建筑装饰装修工程的特色品位，以及工程应用获得主动权创造条件。

原因很简单，也很直接。从现有的状态，从事公共建筑装饰装修的人员，大多看重的是"硬装"，把灯具灯饰作用，这个既不是"硬装"，也不是完全"软装"，处在特别地位的"灯饰营造氛围"，看得比较淡，显然是一种"短视"的行为。从公共建筑装饰装修行业角度上，将"硬装"的发展趋向看得重要没有错。然而，灯具灯饰营造氛围和提升"硬装"特色品位也是很重要的。如果没有这一项工程做基础，完善"硬装"空间，和营造出工程氛围，都是不牢固、难提升和长久的。

由于时代进步和社会发展，对公共建筑装饰装修工程的企望和应用更多新材的缘故，肯定会有着很大变化。如何做好新形势和新条件的"硬装"工程，故而忽视不得。正是情况和条件的变化，以及人们期望值的不一样，总是停留在现有公共建筑装饰装修要求、规格和水平上，应用灯具灯饰营造氛围的做法，必定要落后于需求，既没有了市场，也是行不通的，必须有着改变和进步，适合于需求。例如，现阶段出现的智能型状况，便给予灯具灯饰营造氛围增添了不少的内容，也体现出立体形状态。其给予营造出的氛围效果又进了一步。却还是有缺陷的，尤其在花费和造价上是很高的。不能成为普遍应用和普及型。一定会随着科技进步和发展，要改变这种状况，以满足时代进步和人们的需求。

把握灯具灯饰营造氛围的效果，在现实和发展着的公共建筑装饰装修市场上，必须有着清醒的认识和深刻的感觉。因为，同激烈竞争的公共建筑装饰装修市场一样，也存在着敏感和激烈性，要是最先敏感到，就有占着主动，把握先机的优势。特别是针对公共活动场地，时常需要有着营造出不同状态氛围的。仅仅以现有应用灯饰色调和"软装"是很不够的，必然要有着新的方法、新的手段和新的科技达到要求。对于从事公共建筑装饰装修者应当最先敏感和应用到，是利于行业发展和个人事业进步的。

再则要以"活"字上做好文章，从深度上把握。既然是挖掘其潜能，做出好的效果，便是体现出氛围在公共建筑装饰装修工程上的重要，从现有的普及应用灯具灯饰数量、质量和色调，营造出氛围给人们带来的效果上，看到、想到和捕捉到"活"的先机，从而有着更多更深刻的把握。不过，这种把握肯定有难度。难度是情理中的事，将其看作是挑战。能很好地应用和敢于迎接这种挑战，便会成为一种动力，难度会迎刃而解。如果将这种挑战看作是压力，便会在难度面前停步不前，失去把握灯具灯饰营造氛围的更多机会，落后于同行和人们的需求，给自己的从业带来被动，不利于事业发展的。

从现实中利用灯具灯饰营造氛围尝到甜头的基础上，能够更进一步地把握强电灯饰和弱电智能化有机的结合上，主要是应用于公共场所的智能化程度越来越广泛。以强电为基本转化为弱电智能化，对人们使用更为安全，也易于操作把握，也能引起投资业主或使用者的兴趣，值得去探索和把握，对承担公共建筑装饰装修工程向着适应市场化更有作用。

要把握好灯饰营造氛围的优势，还得注意到灯具生产发展的变化。灯具生产发展和市场需求是相辅相成，有着密切的联系，能够从生产发展把握住发展状况，同是对把握灯具灯饰营造出不同氛围十分必要的，是适应了发展形势要求，有利于开拓自身事业。如图 6-10 所示。

图 6-10　氛围的把握

第四节　灯具的潜能

在公共建筑装饰装修工程中，灯具运用的潜能是巨大的。作为从事这一行业者不能再"老三样"圈子里突破不出来，应当大胆地跳出来，打开思路，扩大范围，有所创新。特别能在时下的科技发展中找到一个突破口，做到应用灵活，发掘新品，能使灯具灯饰的使用潜能得到充分发挥，给予行业在运用灯具灯饰发展上带来新气象、新起色和新成效。

一、运用灵活

从现实中应用灯饰效果，远没有达到其目标要求。大多的公共建筑装饰装修工程实际中，应用的灯具灯饰基本上是筒灯、射灯和日光灯一些常用的，可以说是"老三样"。然而，灯具种类何其多，却应用的种类太少和保守，需要打开现行单调和千篇一律的状态。

从现实中出现的这种状态，应当说是整个装饰装修行业里，注重的是"硬装"和"软装"，并没有错。但是，对提升公共建筑装饰装修工程特色品位是远远不够的，对应用好的灯具潜能还很大，需要努力去开发和挖掘，最重要的在于灵活运用做出新的效果来。一方面要很好地探讨时下在公共建筑装饰装修工程中，应用灯具做法是否达到实用和人们的企望要求，能否有新突破？另一方面要有新做法，仍然停留在现有状态下是没有前途的，说不定还会失去现状。因为，灯具生产的发展是不允许停滞不前的。必须不断地大胆创新，改变被动状态为主动性。

要改变，便要运用灵活性和创造性，不要跟在别人后面，学会走在前面。从了解各类灯具性能特征开始，只有清楚了各类灯具性能和特征，才能为灵活应用打下好基础，有打破现状的可能。走出"老三样"的圈子，能出现新三样或四样等，给行业顺利应用灯具进入新领域，出现新面貌，做出新特色，给公共建筑装饰装修工程上新台阶创造条件。

运用灵活，有必要在做公共建筑装饰装修工程配装灯具时，把眼光放远一些，做法上出新招，实践上出新成果。例如，把原先的"老做法"试着改变一下，"老三样"里有新式样和新种类。在有条件的情况下全部应用新种类和新式样，会给人有着新惊喜和新感觉，便是一种好做法，应用灯具灯饰进了一大步。同时，在应用灯具灯饰上不断有新发现，新突破和新效果，才是对整个公共建筑装饰装修发展有利的。

其实，公共建筑装饰装修的"硬装"和"软装"，都在不断地变化和发展着，向着市场和人们的需求接近。而运用好灯具灯饰是为着提升公共建筑装饰装修工程特色品位创造条件。却不能把应用灯具灯饰只是为照明这样简单化，应当放大眼量，放高眼界，放远眼光，便会出现新的用灯具灯饰状况。对于从事公共建筑装饰装修工作者，不能总满足于眼前即得的效果，沾沾自喜，固步自封，显然不是把自己工作做好，将事业做强做大的行为。

要将公共建筑装饰装修工程灵活运用灯具灯饰做好，有必要从其他行业和工程竣工后使用开发灯具灯饰用途上得到启发，学会奖其适合于应用到自己行业上，既可以"拿来"方式体现出灵活，又可以借鉴方式取其之长，补己之短，或用其长，用其真和用其精，围绕着将公共建筑装饰装修工程灯具灯饰用活用好和用出好效果，为行业发展闯出一条新路子。

二、留有余地

要充分地发挥灯具灯饰的作用，实施"留有余地"的方法，显然也是为发挥其潜能的重要手段。这样做，好比书法家书写一幅作品那样，讲究留有空间的布局。既是书法家为自己书写配饰留有足够的空间，显示作品布局合情合理，实虚得当，又给观赏者留下想象回味的空间。同样道理，公共建筑装饰装修工程应用灯具灯饰实施"留有余地"的方法，一方面呈现出投资业主的发展眼光和长远用途，确保装饰装修工程的质量和特色，能有着较长时间的好效果，不轻易地让人感到是昙花一现，很快过时的灯具应用，又能为适时补充或增添新颖灯具灯饰留有机会，还能为装饰装修工程竣工后使用做着准备，另一方面也是反映出承担公共建筑装饰装修工程施工的从业人员，在应用灯具灯饰水平和专业能力上有了长足的进步。

在实际中，任何承担着公共建筑装饰装修工程的灯具施工人员，都是在努力地发挥出自己的专业能力，最大可能地体现出投资业主或使用者意愿，却也难免存在着缺陷不足，使得谋划设计和做出的公共建筑装饰装修工程的灯具灯饰配装有些实用性不够，在布局上出现一些差错和没有达到理想的状态，或者在过了一段时间后有些不适宜，有必要应用"余地"做出弥补，填充缺陷和不足，促进灯具灯饰使用功能达到理想的要求，不为投资业主或使用者感到尴尬。

应用"余地"协调动静缺陷和不足，是在工程竣工使用时，投资业主或使用者依据谋划设计的要求，巧妙地应用灯具灯饰的长处和特色，特别是对于公共场所分别出活动区和办公区，或是储藏区和加工区等的灯具灯饰配装不是很符合投资业主或使用者的实用要求，或是同发展着状况发生出入和不适宜，则也可以应用"余地"进行协调解决，达到符合实用要求，才是正确和满意的。如果没有"余地"进行协调或补充，便可能给投资业主或使用者造成被动和不实用，给承担公共建筑装饰装修工程的企业在市场竞争中带来不必要的影响。为此，不要小视了"余地"的协调功能和作用，需要有预谋和有准备地做好"余地"的谋划设计，并能帮助投资业主或使用者充分地利用"余地"优势，发挥其应有的作用，会给从事公共建筑装饰装修的企业带来潜移默化的好影响。

同时，"留有余地"的作用，是能缓解潮流的冲击，给投资业主或使用者带来主动性。由于灯具灯饰在蓬勃发展的社会潮流下，新品种和新式样会层出不穷地涌现出来，并以日新月异地速度发展着，给以往灯具灯饰使用带来了式样过时。尤其是智能化带来的冲击是防不胜防。这样，给投资业主或使用者造成心理影响和压力显然是不可避免的。针对这种状态，如果善于应用"余地"不失时机地加以补充，或改变，或应用一些新颖性、新韵味和新色彩的先进灯具，便有可能缓解潮流的冲击，满足投资业主或使用者的心理要求，对从事公共建筑装饰装修从业人员也有着一种满足感。

应用好灯具灯饰的作用，本是满足于投资业主或使用者心理需求，也是使从事公共建筑装饰装修的职业有着成就感。每当发生灯具灯饰用途出现不适宜时，投资业主或使用者必然会向承担公共建筑装饰装修工程施工企业反映情况，希望其心愿和不平衡的心理能得到安慰。作为承担工程的企业人员，便可以充分地利用"余地"根据变化了情况和需求做出相应的变化和补充，会给投资业主或使用者不平衡的心理得到调节，也给予自身心理是一种慰问，有着少有的成就感。同时，也切切实实地使得灯具灯饰的用途得到改善和延伸，让公共建筑装饰装修工程的使用，会随着灯具灯饰的补充和变化延长时间。

三、发掘新品

要改变公共建筑装饰装修工程应用灯具灯饰的现有状况，必须不断地发掘灯具的潜能和巧妙地把其新品种不失时机地应用于工程中，让更多种类的新灯具灯饰发挥其效果，也不失为一种发掘灯具潜能的好做法。

生产灯具新品种，其目的在于应用。如何能巧妙和不失时机地将灯具新品种应用于公共建筑装饰装修工程和工程竣工后的日常使用中，发挥其应有的效果。说来容易，做起来却难。至于难到什么程度，在于每一个人对其用途的认识理解和应用的方法上。如果应用得当，其难便会变得容易。假若应用得不当，其难便是真不容易了。对此，需要引起高度重视。

接受和应用一种新灯具，要有一个过程，从认识、理解到应用，必须一路顺畅。如果在应用过程中出现问题，会对新产品应用出现波折，是很正常的事情。同时，对于创新的灯具，能否适应于公共建筑装饰装修工程，也不是简单的事，需要在实践中摸索和适应，还要有胆量和兴趣，以及认真的态度去对待。假如公共建筑装饰装修企业有能力和胆量应用新品种于工程中，若遭到投资业主的不信任，便不能顺利进行。如果有投资业主的支持，也不能就一帆风顺，达到使用适宜的目的。必须有着比较成熟的条件。不过，这些不应当成为阻碍发掘新产品潜能的理由，发掘工作还是需要做下去的。

在现实中每运用一种新品种，一般要得到投资业主或使用者和承担公共建筑装饰装修工程的企业的一致同意，才有可能顺利的实施。假若没有这种条件，是很难得以实现的。但是，如果不去做发掘新品种的工作，便会给予灯具新品种推广应用带来阻碍，也给做公共建筑装饰装修工程提升特色品位造成影响，会影响到适应时代进步和城镇建设的要求，是任何公共建筑装饰装修企业最担忧的。要解决好这个矛盾，需要企业拿出真凭实据，在发掘新灯具潜能中把好关。由此，给予从事这一项职业的企业和个人提出了新课题和新使命。

所谓课题，即功课中提出要求解答的题目。就是说，对于新灯具的运用，必须要优于旧灯具，有着旧灯具没有的优势和特征。不然，则没有必要应用新灯具。例如，智能型灯具，比旧式灯具有着材质好、色调多、外形美和多项控制使用的优势，无疑被得到广泛应用。假若灯具出现优于智能化的种类，有着节能自控和自动调节等优势，开关都是自动，不需要现场操纵，使用很安全，质量有保障，必定会受到广泛的青睐，得到普遍应用的。

至于命题，则是以从事公共建筑装饰装修的企业，要自己给自己施加压力，在应用新灯具上给自己提出如何应用好并不出问题，解决应用新灯具的难题，把发掘新灯具工作做得让自己放心，让投资业主或使用者满意。尽可能地把灯具潜能发挥好，得到好效果。

显然，发掘灯具新品种和发挥其潜能是一个动态的工作，是随着灯具生产发展，需要不停顿地做的一个永久性的课题，需要有一个长期性的工作规划，一刻也停留和松懈不得。不然，会给自身工作带来被动和难度，给承担公共建筑装饰装修工程的企业造成不应有的影响。所以，不断地努力把这项工作做好和做出效果，致使公共建筑装饰装修企业在发掘灯具新品种中独占鳌头，为提高企业声誉创造条件。

第七章
公装标识和配饰

公共建筑装饰装修工程竣工验收合格后，为方便使用，在其室内外按照应用需求，配装各类标识和配饰。标识，即指示牌。在大型的公共建筑装饰装修工程中，都有这样一类指示牌，是为工程的补充。同样，配饰也是给予工程空间更多的文化内涵和品位。主要含有家具、织物、植物、绘画、雕塑和宣传广告牌等。是公共建筑装饰装修工程竣工验收后使用，必不可少的部分，必须做得认真、扎实和能见效果，致使工程更能呈现特色品位。

第一节　家具和陈列物

配饰即软装，是不同地区对其称呼不同而已。中国北方称配饰（即中国黄河以北区域）；中国南方称软装（即中国黄河以南区域）。主要指能随意搭配和更换的家具、床上用品、工艺品和绿化等，起着传达一种理念，必须以专业知识给"硬装"以合理的配饰，家具（即办公用具）和陈列物是必不可少的。如今，用于公共建筑装饰装修工程的家具和陈列物，在材质和外形上都发生了很大的变化，必须注意到这一点。

一、家具的变迁

家具由材料、结构、外观形式和功能四要素组成。其中功能是先导，是推动家具发展的动力。家具更重要的是蕴含着文化价值。任何家具都体现着一定的社会形态、生活习俗、人文理念和美观及价值理念，有着实用性和艺术性结合，并有着鲜明的时代特征、地方特色和民族风格，这都是文化体现。

用于公共建筑装饰装修工程竣工后，使用的家具（即办公用具）种类是很多的。由于公共建筑装饰装修工程中涉及的范围很广，各公共用家具千差万别，各按所需的用途状态是不一样的。过去，人们认为家具是用木头材质做的，可现在却不是这样。除特殊公共建筑装饰装修工程用家具是用木头制作的外，恐怕大多数公用家具的材质，已发生了很大的变化，能用变迁进行说明的。

可以说，现代公共家具用材几乎是现代材料，不是运用普通木料加工制作的。尤其是比较贵重木材家具，像黄花梨、红木材料等制作的家具，基本上成为藏品，只有从收藏者手中才能找得到。不要说用于公共建筑装饰装修工程里的家具。在现代公用家具用材上，均由现代的人造材制作。其材料有人造板、胶合板、不锈钢、铸铁材、镀锌材和玻璃材及软包、塑料等，组成了各式各样的公共家具，得到广泛的应用。像商场的货架，以往都是应用原木材制作的，显得又重又笨，表面应用漆色涂饰，都存在经常要涂饰保养的麻烦。如果保养不妥，还存在蚁蛀鼠咬和腐蚀的烦恼，以后，便逐步地改为钢架或塑钢材、塑料材制成的货架。现时，大多使用的货架为不锈钢架和玻璃面；或人造材加工的构架和玻璃面，显得轻巧和美观。尤其是应用玻璃材制作的公用家具，是经过钢化的玻璃材，显得很结实，不易破碎，使用很安全。

如今对于公共用桌椅，也不再是过去使用较多的实木材，却是以人造材替代，其式样或多或少地发生着变化。板式结构成为普遍性。板式结构组成的公共用家具有柜、桌、茶几和椅等。尤其在宾馆、饭庄、茶吧和图书馆、书店等使用的家具，几乎都是用人造板材加工组装成的。这些人造板材种类较多，有胶合板、木塑板、塑料板和其他各类材压胶成的板材。有直接用这些板材加工组装成的柜、桌、茶几和桌椅等；也有应用铸铁或不锈钢组成柜架，用板材以螺钉组装而成，显得简单、精致和美观；还有的应用一个圆柱形凳子，再给凳子上套上软式布罩，便成为一个坐凳；或应用塑料加工成的椅子和坐凳等，更显简单，破旧后还可回收，符合公共建筑装饰装修工程环保要求。

特别是应用不锈钢材加工组装的公用家具及用具越来越多，有大型的货架和床铺，小型的茶几和凳子，像在宾馆、招待所、医院住院部和学校宿舍等公用的床铺，不再由实木材加工而成的，都是应用镀锌和不锈钢材加工和组装成的，其使用效果很好。尤其在医院住院部难控制的公用地方，也能保证质量，还能做到升降，保证病人的使用功能，这是实木材家具组装难以做到的，显然是一个进步，符合现代公共场所的使用性，又达到环保健康的目的。

公用家具变化最大的是办公桌。无论公务办公用桌，还是商务办公桌，几乎是人造材料加工组装成的办公桌，比实木材料加工而成的桌子等用具，其质量是要稍差的。不过，随着新材质的出现，也许会被替换和得到改进的。但是，现时代和发展的将来，应用实木材料加工制作公用家具的可能性会越来越小，主要还是以人造材料加工制作公用家具。不过，也会得到不断改进和完善，也许达到比实木材料加工制作的公用家具会更实用、更经济、更美观和更能得到广泛的欢迎。同时，其在公用家具使用上，也需要更上一层楼，是时代进步和社会发展，以及科技提升，赋予人们的任务。对于公用家具的发展和其变迁必然是个无止境的事情，只会变得越来越好，越适应于人们的需要。

二、陈列物的变化

经过公共建筑装饰装修的工程，其室内外几乎都有着陈列物品的习惯，目的是为提升工程的特色品位，改善环境，吸人眼球和加强使用效果。陈列物，即指把物品摆出来供人看，或陈列供展览的物品。在现代的公共场所，尤其是经过公共建筑装饰装修的场所，为体现其特色品位和改善其环境效果，都有着陈列物品的做法。似乎还成为一种不成文的习俗。

针对经过公共建筑装饰装修的场所，从开业或使用开始，都有陈列物品的做法，而且愈演愈烈。一般是将祝贺送来的鲜花、花篮和其他物品摆在醒目的部位。有根据实际用途和美化室内外环境的需求，选用合适的物品进行陈列，以往，主要是陈列书法等一类作品，或将商品摆设整齐或做个式样进行陈列。如今，将陈列品摆到美化环境和吸引顾客的高度来看待，选用一些仿花草树木等植物作观赏用，以改善室内外环境，也有将活植物作陈列物的。这样，既作了陈列物供观赏之用，也对室内空气有所调节。不过,用活植物做陈列物品,很难管理。也有陈列陶瓷品的,像大花盆等观赏品物。还有应用塑料物品陈列的,即供观赏,又可作为坐凳。

在公共建筑装饰装修工程竣工后,陈列物品,并不是随意进行的,需要结合室内空间用途、色彩和特色等作统筹性考虑。室内空间状况和作用是千差万别的。由此,要考虑到陈列物的形态,不能给予空间过多的占驻。物品形态最好是素雅和趣味性。却不能千篇一律,有从文化品位角度考虑陈列,有从环境改善角度考虑陈列;还有从呈现热烈气氛等诸方面陈列,应以具体情况作具体布局,既能给公用场合增添着美丽的氛围,又能给经营增加吸引客户的作用,造成一个轻松愉悦的感觉,不能带来负担。

如今,陈列物品向着简单、清雅和美观方向发展。主要在于科技的发展,给陈列带来越来越多仿形物,几乎到了以假乱真的程度。例如,植物的陈列,以往应用活的花草树木作为陈列物,其优势是显而易见的。却存在管理上的诸多不便。现如今采用人造植物陈列要简单多了。从远处观看,一点也不逊色于活植物。像仿形桃花盛开的式样,一年四季花色鲜艳,没有凋谢和枯萎期,总能带给观赏者一种美丽的感觉。长青草,一年365天,天天青葱葱的,长在花瓶内,不枯不黄,只要经常地给予清洗干净,便能达到陈列的要求。

在有条件的公共场所,以真吊兰作为室内外陈列的,给予装饰装修工程空间营造出难得的生气,把美观和环保效果有机地结合到一体。也有将仿形吊兰陈列于室内,给予公用场所增添着朝气,不亚于真吊兰的作用,往往还令人惊讶,驻足观看,似乎要弄清其不枯萎的根源。

总之,对于公共场所做装饰装修后使用的陈列,需要坚持好三个原则:一是实用的原则。能给予陈列的场所增添好的氛围,给顾客一种好心情。像在公共建筑装饰装修工程里,将那些大型的真树根或仿树根,加工成一种艺术品,陈列于室内的拐角处,即能给人一种良好的欣赏效果,又能给观赏者当休息的坐凳使用。还有在室外将陈列物制作成具有很好的观赏性仿形物,很远望去,能吸引人的眼球,走到近处,却又是纯净水供给点,免费让人一饱口福;二是观赏原则。公共建筑装饰装修后的场所,陈列的物品,本就是供观赏用的,像花花草草和仿形物,不失其观赏价值,能让观赏者流连忘返,印象深刻,留下美好的记忆;三是动态原则。是一种很好的陈列做法。对于公用陈列物,一方面要作很好的保护,不要在很短时间内便损坏或破坏得面目全非,另一方面要经常性给陈列物换一换位置,不要总是陈列在一个位置上,容易让人产生不在意和厌倦情绪。作动态性陈列,不但使陈列物变"活",还会增加新鲜感和好奇心,发挥出陈列物应有效果。

给公共建筑装饰装修工程及竣工后使用,做出好的陈列效果,便是做好配饰的重要一环,显然能给工程提升特色品位增彩不少。作为从事公共建筑装饰装修的从业者，必须引起重视，能做出特色为更好。因为是"软装"的一部分，必须善于做这样的配饰。只会做"硬装"，不会做"软装"，不是一个合格的从业者，必须"两种装饰"都能做好，才是一个合格称职的公共建筑装饰装修职业者。如图 7-1 所示。

图 7-1　陈列物品的变化

第二节　布艺和绘画

　　布艺和绘画作为"软装"，即配饰的重要组成部分，在公共建筑装饰装修工程中，有着不可替代的作用。由于重要，被人们称为室内的点睛之笔，往往给予公共建筑装饰装修工程增色不少。因此，千万不要小视布艺和绘画给工程带来的效果。在作谋划设计时，便要将"硬装"和"软装"作统一性规划，不能给投资业主或使用者及自身留下遗憾。

一、布艺的发展

　　布艺，即布上的艺术，是中国民间工艺中的一朵瑰丽的奇葩。具有中国公共建筑装饰装修的独有特色。从中国古代开始，布艺便有着很广泛和深刻的渊源。人们以布为原料，进行剪纸、刺绣、绘画和制作工艺品等，成为装饰装修工程的一种综合艺术。如今，布艺比过去又进了一步，扩大和普及到人们生活中的多个方面，并成为"软装"即配饰的主要内容，同"硬装"有着千丝万缕的联系。或者说是公共建筑装饰装修工程中，两个重要组成部分，缺一不可。

据说，在 3000 多年以前，布艺便同人们的住房和生活有着关系。起先的布艺，只是中国民间为表达祈盼吉祥，将一些剪纸艺术，像花卉、虫鸟和植物之类，张贴在建筑的梁、柱和墙面上，以此，用作趋毒避凶的美好愿望。但又分有各个年龄段的人，对剪纸布艺的作用分有不同的含义。例如，老年人在建筑或在室内门窗或墙壁上张贴剪纸，如福、寿、禄字图案，是为祝愿老人健康长寿，并不为装饰室内作为"软装"即配饰的。像剪纸给予儿童的图案，多常用老虎成"五毒"（即蝎子、蜈蚣、壁虎、蛇、蟾蜍）等图案，或张贴在其房间墙壁或床头上，以取辟邪镇恶的效果，也希望小孩能强壮起来，强壮得像小老虎一样，但不是用于室内装饰的。而只有新婚夫妇使用鸳鸯戏水、红喜字和莲（连）生贵子等剪纸图案，却有着装饰房间和建筑之类的意思。这样，便与建筑装饰装修有意无意地挂上钩。

应用布艺给建筑房屋进行装饰装修，最先开始的是在皇宫和富贵人家。特别是皇宫深院和皇帝、大臣们居住和议事办工的场所，其布艺装饰是集民间中，最精华、最美观和最艳丽的，给这些公用和私用的房屋室内装扮得富丽堂皇。恐怕公共建筑装饰装修应用配饰便是从皇宫里开始，再逐渐延伸传入到民间公用场所的。因没有作深入的具体考察，不知是从中国历史上什么年代开始的。

发展到现代社会的布艺，便同公共建筑装饰装修工程的"硬装"分不开了。对于做公共建筑装饰装修工程，按阶段分为第一阶段为"硬装"，即给公共建筑装饰装修工程进行隔墙、吊顶、安门、地板、瓷砖、涂饰、洁具、灯具，以及电线、水管等施工，把建筑室内外的界面，按照一定的设计要求进行实体、半实体的处理；第二阶段即为"软装"也就是配饰。主要是给"硬装"后的工程进行专业上的合理配饰。但这种"软装"，虽然有着随意搭配，随意更换的特征，却必须同"硬装"的风格特色和使用要求相适宜，不能出现相反的状态。因为，现代布艺不是过去无意识的配饰。而是作为"硬装"工程的完善装饰装修，是给室内空间生硬的线条以适宜人们需求进行柔化，并赋予人们对居室感觉生硬带来的一种温馨格调，比"硬装"更清新自然，典雅华丽，情调浪漫等，对提升公共建筑装饰装修工程特色品位赋予真实的内涵。其布艺的内容也从过去的剪纸、隔帘和床上用品，扩大到靠垫，椅垫、沙发套和软垫等，给公共建筑装饰装修工程后的空间一个充实、柔和、清新和美丽的感觉。

如今的布艺发展也不是简单的配饰效果，而是把美观和功能作为重点。在实际中，将布艺做成实用贴切的不同造型，呈现出轻巧优雅、艳丽多彩和美丽多变的状态，从布艺的质感上，也上升到柔和、明快和厚实的效果，还从协调、匹配和平衡等多方面，将质地和装饰装修效果统一进行，使公共建筑装饰装修从"生硬"程度很随意地向着轻松、温馨、活泼和自然的方向过渡，给人们带来很惬意的韵味。如图 7-2 所示。

图 7-2　布艺的发展

二、布艺的效果

布艺配饰看上去很简单，很直接和很美观，却在公共建筑装饰装修中，除了柔化室内空间生硬线条，赋予人们一种温馨格调和清新自然、典雅华丽及情调浪漫的心理效果外，在使用上还有着装饰、保护、遮挡、隔断和包容的实际效果。

作为布艺的装饰性是最明显、最直接和最凸显的。任何布艺在满足了其使用功能后，完全可以从美观、情调和浪漫上做进一步的文章。最体现在公共建筑装饰装修工程竣工后使用的窗帘、隔帘、帷幔、桌布、沙发套等。例如，窗帘的装饰性远远大于实用性。众所周知，窗帘有着阻断视线、调节光线和保护隐私的效果。如果在不影响其使用效果的同时，能够用心挑选时尚、美观和质地好的布材料，便能在建筑的"眼睛"上，增添装饰上美观的"点睛之笔"。这种装饰性给予人们更多的是美的感觉、美的遐想、美的思念和美的享受。比"硬装"，更体现出实际和浪漫性。

布艺的保护效果是很明显和实际的。这种保护便是把不希望被磨损、和沾污的东西，应用布艺给保护起来。人们最常见和普遍感受到的是，经过装饰装修后用于经营的桌布。桌布保护桌面、茶几面和商品等。如果一张很普通的桌面和茶几面，不给予保护，用不了多长时间，便会面目全非。特别是用于饭庄、宾馆和茶餐吧等经营性场所的桌面，没有布艺的保护，其使用率显然不高。如果能挑选适用和色彩适宜的桌布，不仅仅有着保护功能，而且有着令人赏心悦目的效果。桌布要是选用橙色的，还能起到令人心情愉快，刺激食欲的作用。一般桌布挑选米色、白色和淡黄色或橙色为佳。

不要小看了布艺的效果，是室内装饰装修的一道风景，有着降低，减少回音，改善环境和放松精神的作用。能与生硬的装饰装修表面和直接条的家具，有着刚柔相继，和谐统一的韵味，两者相互交融，相互映衬，刚柔并存，在公共建筑装饰装修工程竣工后使用，带来更多的生机和无限的回味。

遮挡又是布艺在公共建筑装饰装修竣工后使用不可缺的。遮挡，即指不希望暴露在外的东西。使用布艺遮挡和遮盖起来，是公共场所常见的状况。例如，在一个硕大的空间里办公，便经常使用帷幔分成小空间为的是互不干扰办公和分出各职能的不一样。还有铁艺办公沙发，如果直接使用铸铁的沙发，则显得太过粗糙和不雅观。能用条形的皮革和软布或厚实的软绒布包裹起来，把铸铁遮挡在里面，使得铸铁沙发立即美观了许多，使用起来也是刚柔结合，相得益彰，刚性的架子很结实，柔软的包装和包布很美观，其商用价值得到直接的提升。

隔断和包装的效果是不言而喻的。隔断便是使用纺织物把需要隔断的区域分隔封闭或半封闭起来，能达到立见成效的目的。包装，则是把过于柔软、分散和飞浮的东西，按其不同使用要求包裹起来，便能达到方便使用的要求。利用布艺隔断，比隔墙、玻璃、木板和金属板隔断要方便、简单和柔和及灵活得多。不像隔墙和玻璃隔断成为一个固定、呆板和硬性的，不容易得到改变。布艺隔断在使用上也经济得多。

其实，布艺的使用效果是多方面的，对于公共建筑装饰装修工程存在的缺陷和不足，能给予很多的补充和改善。布艺体现的效果，既能衬托出用途，又能给人很强的美的感觉。例如，用于商业上的童趣布艺，可渲染童趣风格，能提升其经营效果。还可在一些特殊场所，应用布艺营造出优雅的空间，打造特殊的氛围，吸引人们的眼球，提升精神状态等。要发挥布艺效果，还得根据不同情况，不同场所，不同用途，有针对性地应用布艺，必然会得到意想不到的效果。如图7-3所示。

图7-3　布艺的成效

三、绘画的作用

绘画是一种在二维平面上，以手工方式临摹自然的艺术。是指用笔、板刷、刀墨、颜料等工具及材料，在墙壁、木板等平面（二度空间）上，塑造形象艺术形式。在公共建筑装饰装修工程中悄然兴起的绘画艺术，显然丰富和增添了装饰装修的形式，是一件难得的好事，为那些喜欢绘画的投资业主或使用者得到满足。

可以说，绘画是心灵的追求，思想的映象，个性的张扬和情绪的流放。既然有其市场，必然有着其他装饰装修手段不能替代的作用。从实践中，可以明显地体验到绘画有其独有的装饰、艺术、观赏、品位和宣传等作用。对于公共建筑装饰装修工程后期的配饰方式是不可轻视的，给工程增光添彩和进一步完善的作用，必须以慧人识珠之智，充分地发挥其特长，将这一手段的作用体现得淋漓尽致。

应用绘画手段做装饰装修工程，很明显地体现具有的装饰用途。这种用途，既是"硬装"方法体现不出来的，也是"软装"手段弥补不上的。绘画手段是在"硬装"给予墙面涂饰完成之后，再进行的一道装饰工序。一般是在浅色的墙面上，最好是在白色的墙面上进行绘画，更具有装饰的作用。绘画多以花鸟等自然景色为题材，也有应用经营项目做的，显得清秀、文静和自然。其绘画多在很醒目的部位给人一种良好的美感印象，有着感染力很强的装饰效果。

绘画，本来就是一种艺术。然而，这种艺术，不是呈现在纸面上，却反映在建筑墙面，自然而然地成为一种特殊的艺术。这种艺术比纸面上的艺术有趣和醒目得多，很让人玩味。体现着特殊的艺术，其表现方式还很多。有抽象国画、水粉画、版画、壁画和油画等手法，给人的印象是深刻的。例如，在中国北京市天安门广场上人民英雄纪念碑的版画雕像；中国北京市北海公园内的九龙壁上的雕刻图，能让人过目不忘。其艺术造诣都是非常出色和高雅的。

由于绘画处在一个特殊的面上十分醒目，又因为表现手法的不同，不但能给公共建筑装饰装修工程增光添彩，而且处于不多的状况，只有很少的投资业主和使用者，在其装饰装修工程竣工后，为提升使用品位要求，进行绘画补充装饰的，从而显现出物以稀为贵的价值，很有观赏性。这种观赏性，给予使用者带来对装饰装修特色品位的感觉，致使整个工程品质、档次和内在气质，由于绘画技术好而呈现出来，如果绘画艺术一般，其品位是很难体现出来的，只有真正体现出艺术效果的绘画装饰，才会给工程使用提升特色品位，打下良好的基础。

此外，呈现绘画作用的另一效果的是宣传性。由于在公共建筑装饰装修工程竣工后，进行墙面上绘画，许多都是针对其经营项目进行的，有作宣传的目的，同其作广告有着异曲同工的用途，不过，以绘画方式作宣传，比直接作广告还有装饰艺术色彩，给投资业主或使用者收到的效果是两个方面的。一方面给其经营项目作了深层次的宣传，让每一个观看过绘画的人，都清楚其中意义；另一方面是这种宣传是具有装饰艺术性的，不是简单的宣传，却是绘画技术，有着艺术特色，能给观看者以艺术感染性，比纯广告又增添了深层次的吸引力。例如有的饭庄在其装饰装修工程的墙面上，画有山水和风景一类的画，便是间接地宣传着旅游项目，传递着游山逛水美妙的信息。

绘画给公共建筑装饰装修工程竣工后使用起的作用，远不止这些方面，还有深刻表达投资业主或使用者的愿望，增添着公共建筑装饰装修工程吸引力和实际魅力。实现其目的，关键在于绘画选择的内容和表现艺术的高低。如果有着绘画高超的技术，呈现出来的艺术效果感染力很强，其作用是无法估量的。如图7-4所示。

图7-4 绘画的作用

第三节 标识牌的配备功能

在大型的公共建筑装饰装修工程中，都有室内外的标识牌和广告牌，是由承担工程施工的企业，布局配装的。配装质量和数量，均是按照投资业主或使用者的使用要求进行，对于公共建筑装饰装修工程竣工验收后使用关系极大。也可以说是配饰的范畴，必须做好。对于标识牌的配备和功能，以及广告牌的配置，必须按照其谋划设计和使用要求施工完成才不会给工程竣工和使用留下缺陷。

一、标识牌的配备

大型的公共建筑装饰装修工程，无论是用于办公使用，还是用于商业经营，都需要在其室内外设置和配装标识牌。所谓标志牌，即指为视觉效果而标示的标识牌。在概念上被称为板示标牌。其形式有横示、竖示、突形、地柱形和屋顶式等。在应用上，有文字、数字、符号、抽象图形及具象图形等类型。

文字和数字，即指用文字和数字作为标识的形象。其特点是表达意识清楚，不易认错，使用范围广，却存在对使用不同文字和盲文者起不到应有作用的缺陷。

符号和抽象图形，即运用符号和经过抽象化、典型化图形作为标识的形象。其特点是简单明了，具有较强的个性，适应性强。对于使用不同语言和盲文者也能起到作用。但其设计要求较高，既要简单扼要，又要有足够的信息量，否则达不到要求。

所谓具象图形，即能运用具象的写实图形或照片作为标识的形象，其特点是通俗易懂，群众性强。却存在个性特征不明显，难以给人留下深刻印象，使用范围不很广泛。

这些标识类标牌，各有适合的场合。使用时，最好能综合性应用，相互结合，取长补短。尤其对于综合型商业经营场所需要这样做，以满足不同类型人的识别，达到实用要求。

对于室内外标识牌的配备，应当根据实际情况实施。例如，公共场所的室内设置标识，一般在人流比较集中，有短暂休息，以及醒目的地方。像出入口，交叉处、转弯处、楼梯出入口处和休息场所等。设置的背景不要过于复杂，容易看到。对于悬挂的高度，应在人身高度容易看到的视觉范围之内。同时，还要考虑到夜间活动，灯饰的光照度不是很强的，采用自身照明和反光显示等方式比较好。如今，大多采用电脑或智能技术控制，使人能随意地看得见并且很清楚为佳。

配备的标识牌，一般以亚克力材料加工制作为精致，其特点是轻巧和能透光。但是，显得更为合适的为树脂标识牌，与吸塑字和亚克力板加工制成可通体发光和调和出任意颜色，并非固定的几种颜色。可根据实际情况选用不同的标识牌。如夜光标识、反光标识、安全标识和交通标识等。

在公共建筑装饰装修工程竣工后的场所里，在室内一般有门牌、楼层牌、楼层分布牌、指向牌、室内空间功能说明牌、告示牌、警示牌、疏散引导牌和背景墙标示牌等。由于受空间的局限，大多应用横式牌，即整个比例横向较长。整个面被利用为标识标牌。

在建筑的室外应用的标识牌，有建筑物名牌、建筑指示牌、多向指示牌、建筑物说明牌、户外警示牌、户外空间说明牌、户外告示牌、停车指示牌、安全集结牌和区域环境交通牌等。室外配置的大多是竖式和立体形的。为呈现其装饰装修效果，室外标识牌都显得精致和美观，多选用金属材料制作而成。但也有为做得醒目和带有标志性效果，便设置屋顶式标识牌，即指在建筑物的顶部醒目的部位设置固定的构造物，并在上面挂着或贴着板形或立方形等标志性标牌。如今，这些标识标牌向智能型转变，利用电脑或智能开关控制，室外标识牌，都应用自身光和反光显示清晰，有利于夜间识别。其光源有内藏日光灯饰透现出来，也有应用霓虹灯进行发光处理，更呈现出其装饰性效果。

二、标识牌的功能

公共建筑装饰装修工程竣工后，为方便使用并给予人们带来便利性，才需要配备室内外标识牌。特别是城镇化建设日新月异，市场竞争十分激烈的状况下，更能显现出标识牌的功能效果。其功能主要体现在方便、引导、管理和美化等多个方面。

首先显现出的是方便功能，即便利和省事。在近一段时间来看，国家倡导城镇化建设，全国各地如火如荼地兴起建设高潮，高楼大厦，鳞次栉比，楼堂馆所，比比皆是。如果出差到一个不常去或根本没有到过的城镇，要找一个地方，即使是一个歇脚住宿的宾馆或招待所，只要认得字，便能从房顶部的标示牌上立即看到。在深夜时分，下车船或飞机，也很方便地通过这些标识牌上快捷地找到宾馆等地方。如何在陌生的地方，找到自己的目的地，一般也是从交通标识牌上做到的，显得十分地方便，不用太担忧。这些例证都充分地呈现出标识牌给予提供的方便。进入一个大型商业经营区域，抬头看去，到处是琳琅满目的商品，使人眼花缭乱，要随意走出去不很容易，有了装饰装修配置的标识牌，便简单方便多了。由此认识到标识牌，无论是室内近处还是室外远处，给人们带来的方便性是显而易见的。

其次是显现出引导功能，即带领作用的意思。这种功能对于任何人都是有用的。当在大型商场内找不到方向时，只要抬头看到标识牌后，就像有人带领着一样。其实，标识牌的引导功能是很广泛和实在的，涉及方方面面。例如，在大型的综合楼里，被经营的货物和商品将空间挤得满满的。只剩下不到 1 米的通道，横竖交叉着，客户进来之后，都在围着货物或商品走来走去。如果要顺利地在短时间内找到电梯或扶梯下楼去。标识牌的引导功能体现出来。看着室内的标识牌，便很容易地分清楚出口方向找到电梯或扶梯。

逛商场最让老年人和小孩感到尴尬的是寻找洗手间。由于商场太大，洗手间多在比较偏僻的地方。如果没有标识牌的引导，是很难找到洗手间的。如果急着要找洗手间，在一个开业时间不长的公共建筑装饰装修内，有了标识牌的引导，便可沿着标识牌引导的方向走出，一切问题也就迎刃而解。

再次是显现出管理功能。一个综合性的楼房，或宾馆、饭庄，或办公楼、商务楼等，层多面广，区域繁杂，使用者很多，尤其是经过装饰装修后，情况发生很大变化，给物业管理造成很多不便，管理起来真是千头万绪，不知从何入手。特别是针对出现的问题，更是无法很快找到地方或部位。然而，经过用心和细致将每个楼层、每个通道和每个部位，以标识牌表示得清清楚楚，便能依据标识牌的编号、楼层、通道及楼梯等，很快地找到区域和部位，有针对性地依据实际状况进行管理，或有条不紊地解决出现的问题。

在一个大型空旷的空间里，或在一个醒目的部位上，依据装饰装修工程风格特色，有目的、有选择、有针对性和有规划地设计好标识牌，无论是在大庭广众区域，还是通道和出口处；或建筑的室内和室外，将室内的楼层牌、通道牌、指向牌、警示牌、告示牌和疏散牌的尺寸大小和色彩及背景光，或将室外的建筑说明牌、户外警示牌、户外空间说明牌、户外宣传广告牌等，从材质、色彩到光亮做出统一性和适应性布局及安排，不仅使空荡荡的室内空间多了适宜的物件和补充的色彩，而且能和装饰装修风格特色相协调，必然能使整个工程增光添彩，给予人们的视觉效果也是非常舒适。

第四节 广告牌的配置要求

按照公共建筑装饰装修工程运用要求有不少工程是为商业经营使用的。凡是这一类的都需要做大量的商业广告，既有室内的，也有室外的。这种配置不是随意和简单的，必须做好设计规划，要体现其作用，又要与公共建筑装饰装修工程风格特色协调统一，不是很容易做到，却又必须做好和做出效果来。

一、广告牌的适宜要求

作为公共场所，特别是商业经营场所，在经过装饰装修竣工验收使用，需要作广告牌是情理中的事情。况且这种广告牌是很正规的，需要征得广告管理部门的同意，由专业单位绘制，显得十分醒目和美观。如果条件允许，还得配以灯照的灯箱广告和霓虹灯广告。霓虹灯广告比灯箱广告还醒目和美观。主要安装在公共建筑装饰装修工程主要入口处和中心地带，既作了广告宣传，也点缀了工程，还给城镇建设添彩。随着科技的发展，广告牌的形式会向着更先进方向发展，能应用声、光、色和味等更人性化技术，使广告牌更加吸引人和感染人。

广告，是一种商业上的信息，借由媒体的传递来告示消费者前来购买，增加厂商利润和扩展市场的手段。具有资讯产品特色和销售价格及场所的告知、说服、提醒的功能，还有传播信息，影响社会和产生经济效益等作用。从其广告的作用来说，一面制作好的广告牌和选择准确部位的做法，有吸引人目光、表现空间、性能可靠、适应广泛、容易招商和美化市容市貌等效果。因而在不少大型的经过装饰装修竣工验收后的商业经营场所，会不失时机地布局广告牌做广告宣传。一个新开业的商业场所，尤其在比较适宜的部位，对其经营的商业项目进行多方面的广告宣传。能够让做广告者比较青睐部位的是经营场所的内外，做灯箱广告牌，或墙体广告牌，或屋顶广告牌等。

这里所说的广告，要达到适用适宜需求，多是从狭义的角度，而不是从广义的角度，不过，针对一个大型的公共建筑装饰装修工程，必须在其室内外相适宜的部位，组建适用的广告牌。特别是经营性的，要从经济角度考虑，依据各自的需求建立广告牌，也叫商业广告，以盈利为目的广告。这种广告通常是商品生产者、经营者和消费者之间沟通信息的重要手段。其主要目的是要扩大经济效益。例如，一个商场在经过装饰装修后，准备开业，或重新开业，则必须不失时机地在其商场的室内外，或屋顶部位，或墙体上，向大众作宣传广告，传播其开业时间和商品信息，是很适宜适用的。不过，这种广告是要有广告牌，或LED屏幕做基础的才能显示出进行传播的。

如今，在大型的公共建筑装饰装修工程上作广告，还有着非经济性广告。这种广告不以盈利为目的广告，又称效应广告。主要是有政府部门、社会事业单位及个人的各种广告、启示、声明等，目的是为推广。例如，像湖南省株洲市神农商业圈，就在其屋顶面的LED户外电子显示屏幕上，经常性的做着非经济性广告。这样，便很清楚地说明，广告不但局限于经济性，也需要作非经济性的，其目的在于扩大自身的影响。

人们常说："广告的本质是传播，广告的灵魂是创意。"同样道理，在建立公共建筑装饰装修工程室内外广告牌时，需要从"传播"和"创意"上做好文章，既要达到"传播"的要求，又要在"创意"上做出文章，不仅仅是为做广告牌而施工，同样是为装饰装修工程增色增辉。因为，广告牌有着其独特性，从造型和色彩及亮光上，能为工程风格特色增光彩，若是选用灯箱式，能为室内外亮化工程增亮；若是选用霓虹灯系列式，则为整个工程和城镇增彩。如图7-5所示。

图7-5 广告牌的适宜要求

二、广告牌布局要求

针对公共建筑装饰装修工程做的广告牌，尤其是大型的装饰装修的商业场所的广告牌布局，并不是那么容易做好的。主要在于一个大型商业场所的建筑外形是方形、或长形、或圆形、或圆弧形、或是不很规则凹凸形等，一定要依据各种实际情况进行布局，做到不影响室内外装饰装修风格特色，能为其增光添彩为佳。

要实现这一目标，必须善于抓住装饰装修工程内外特征，针对进出口、房顶面和墙面，以及环建筑的周边路面，特别是人流比较集中和引人注目的部位。广告牌是针对人们容易看到的部位做的。广告牌的作用才能体现出来。因此，广告牌的布局必须配装在醒目的部位。例如，一个长方形的建筑物，如果是连体形的，在其中间部位必须有着大型的出入口，即大型的出入门，门上方墙体和屋顶正面，便是广告牌布局的最佳部位之一。广告牌尺寸大小，则要视建筑物高低大小不同，作针对性安排。如果是大型的商业场所，一般建筑不会高过八层楼，在30米以下的高度。这种高度建筑物的广告牌布局应当是大型的，长度可达到十几米，高度可达到四、五米，其长宽高的平面形比例以相对称为好。

由于科技发达，在长方形的建筑物屋顶面，大多选用 LED 户外大型电子屏幕。这种广告形式比较活跃，形象逼真，比固定的广告牌虽然造价高，但现代人越来越青睐于这种形式。其广告容量大，变化快，形式活跃，关键是对市（镇）容市（镇）貌增色美化效果大。尤其是有利于亮化和美化城镇作用大，比较固定式广告牌，即使是灯箱广告牌，其作用也是无法比拟的。

长方形的建筑物布局广告牌，除了正对面中间部位外，建筑物的屋顶面和墙体面上，也是比较好布局广告牌的部位。如果地面有环建筑的道路，其背面建筑中间部位，同样是布局广告牌不可忽视的地方。这样的地方，假若是处在坐北朝南建筑物上，其所处的部位是非常醒目的，可以从早到晚都处在太阳光的照射之中；假若是坐西朝东的建筑物，其两端头的广告牌的醒目程度则差多了，其耀眼部位便是东西方向。

针对正方形的建筑物广告牌的布局，也应注意到其座向状况，处于东西方向布局的广告牌的醒目程度，要好于南北方向的。

至于凹凸形建筑物户外广告牌的布局，一方面要注意到凸显部位和向阳地方，作为重点选用，另一方面要选用平面上东西方向，有着自然光直接照射的部位。选择醒目和向阳部位，其目的在于和广告内容重要、次要和一般的联系起来，进行选择性布局。如果是商业场所的，其广告内容便需要布局在耀眼的部位，其他则布局在次要和一般部位。广告牌的布局，一定要以实际要求进行，不可以千篇一律。

同样，对于地面和环路面的广告牌的布局，表面看可以一个样地环建筑和环道路做出布局。其实，还是有着区别的。地面广告牌一般是落地式。选用地柱形，还是匾额形，却是需要因实际情况和广告内容来确定的。地柱形有方柱形，也有圆柱形，要依据具体广告内容和地形地貌进行选择布局。如果是圆形建筑物商业场所，选用圆柱形比方柱形要好一些。而长方形或正方形建筑则选用方形或扁牌形布局要适宜一些。不过，不管选择何种形状，一般由太阳光直接照射到的部位或地方，应当将广告内容重要的布局相应的部位上，而不要忽视和广告内容作相同重要、次要和一般的相关布局，对于这一点应当引起重视。如图7-6所示。

图7-6　广告牌的布局要求

三、广告牌制作要求

广告牌制作质量要求是很严格的。主要在于其所处的作用和环境要求，以及地位的特殊性，决定了其制作的工艺技术不能同一般比较，必须有着独有方法，把其制作成支座稳妥、基础牢固、防水防锈、外观耐看、颜色正确、引人注目的效果。

由于广告牌的作用是为传播信息服务的，而传播的信息又是经常变化和更换的。于是，便要求用作固定性构造部位，包含有基本构造、支座和支架等，是需要经得起更换广告的折腾，不发生任何问题。还要显示出耐用，不用在很短的时间里，就要重新制作，是很不合算和不适用的，也是决不允许的。

为了达到实用和耐用的目的，从要求配装广告牌开始，就要谋划设计好图纸，选用好材料并在确定工艺技术上下功夫。谋划设计图纸，主要是确定广告牌是用于室内。还是用于室外，尺寸大小，基础结构和选用材料等。广告牌制作室内用和室外用的工艺技术要求是不相同的，选材也不一样，要分别对待和作不相同的处理。制作室内用广告牌架，要从构架大小上分清楚选材的不相同。特别是不少商家制作的橱窗广告牌选材和加工情况更不一样。室内用广告牌（含橱窗）选材和加工，一般都围绕着醒目和美观选材和加工的，大多是用不锈钢或镀铬钢板材加工组装而成的广告牌，布局在进商场门两边或商店的橱窗内，以漂亮美观来吸引人的眼球。至于商场门头上的广告牌，要分不同情况制作和选材。如果是门头下处于室内的，选用不锈钢架镶亚克力板，内配装日光灯做门头内广告牌。假若是门头上的属于室外的广告牌，则要做钢架结构，同室外广告牌制作工艺技术一致，只是在形式上有些区别，或做灯箱式，或做霓虹灯式，或做直接简单式等。例如，将商店名号做成每一个字形，字形内配装灯光，字形用透明板或色彩透明板做成，形成每一个字成一个独立体，再由多字组成一个广告内容，或商场名号、或商品种类、或招商要求、或招商电话等，呈现广告需要的内容。

室外广告牌的制作，基本上按照谋划设计要求，进行选材和加工制作的。由于室外广告牌要经得起日晒雨淋和雪打风吹及自然界其他意想不到情况的影响，必须针对不同广告牌作实际选材和加工制作。室外广告牌一般要求基本结构牢固，支座稳妥，选材正确和装配合理。室外广告牌有多种形式，有地面地柱形、墙面平面形和房顶面立体形等，有需要防锈防水和漂亮美观的；有无需防水，却需防锈的。广告牌要求结实、牢固和醒目美观。例如，布局在墙体面大型的广告牌，有几十个平方米大的广告牌。由于是垂直立面平面形，并固定在外墙面上垂直重量有几吨、十几吨、或几十吨，选择的结构用材一般是镀锌的 50 毫米 ×50 毫米角钢材，经过地面焊接框架和配装上灯具支架及灯具后，再安装在外墙面的龙滑架上，其结构和支架都必须要求质量和安全上万无一失。为防水防锈，其结构框架外是使用不锈钢架罩面，一方面形成广告牌整个框架漂亮美观，另一方面要保护内钢架不发生渗水和生锈，保证密不透水，才能做到广告牌的耐用和不发生安全隐患。

不过，更值得重视的是房顶上广告牌的制作质量。由于市场竞争激烈缘故，不少商场和经营企业为提高自身的知名度，特意将房顶面的广告牌做得醒目和美观。制作广告牌最基本的要求，一是实用醒目耀眼，二是漂亮美观耐看。最值得重视的是牢固稳妥安全。因为房屋顶面的广告牌影响力大，受自然力破坏也较大，不能发生意外事故。美观要与室外环境相协调，为城镇容貌添彩。

第五节　绿化配饰的运用

绿化配饰越来越被人们重视，似乎没有绿化配饰，就不能成为公共建筑装饰装修工程竣工验收后使用的场所。特别是公共建筑装饰装修工程竣工后开业，都要选用一些绿色盆景，最好是欲开花的盆景，给开业场所带来喜庆的气氛。前来祝贺开业的人们，也多选送绿色植物为主，由此可见，绿色是公共建筑装饰装修工程不可缺的配饰。由此，充分体现出室内外绿化的重要，是被广泛看好的配饰。

一、绿化的益处

绿色植物一直以来，被城镇人们喜爱和看好。进入现代社会，人们更是看重绿化，提倡环保健康和低碳生活，室内绿化日益重视，尤其是当人们了解到装饰装修会给室内产生有害气体和造成空气污染的情况后，凡有条件的地方，以栽种盆景，插花和选择盆中花草等来显示自己对有害气体消除的心意。

的确，室内绿化能够改善室内环境，调节室内温度和湿度，净化室内空气，减少有害气体对人们身体的影响和侵害，降低噪声。绿色植物对于人类社会的益处是多方面的，却又不尽相同。像在中国南方普遍看到的观叶植物，比常年绿色小叶植物，有着不一样的好处，有着遮阴吸热，吸收水分，在空调中平衡空气中的正负离子，调节人们对空气中不适的感觉。

在室内使用绿色植物装饰居室，能给人以生机盎然和回归自然的感觉不再受着装饰装修工程状态的束缚，这种效果是任何装饰物不能替代的。如果能依据空间配置好植物，既有着增添春日里的气氛，又有益于身心健康，增加对装饰装修工程空间审美的情趣，给人们的心理带来别有一番的滋味。

作为公共建筑装饰装修工程的室内，一般情况下，由于选材的不同，特别是过多地使用有放射性的天然花岗岩、天然大理石和人造水泥材等，放射出的二氧化碳、二氧化硫和其他方面的有害气体也是不一样的。有的直接辐射到人体内；有间接影响到人体；如果长时间地受到这些有害气体的侵害和影响，便会有许多意想不到的恶果发生。在这样一种状况下，能有绿色植物给予人们化去和吸收有害性物质，实在是人们的福气。

在公共建筑装饰装修工程室内，能直接给人们带来益处，给危害气体起过滤器作用的植物有很多，若按照人们生活习惯和喜爱的植物，应用得最多，受益常见的绿色植物有：

像月季花，是室内装饰装修后，被人们常养植的盆景。这种植物有着一年四季开花不断的好处，让人们经常观赏到花朵，闻到花香感到非常的舒服。月季花给予人们的益处，就是能吸收空气中的苯、苯酚、乙醚和硫化氢等有害物质，是抗空气中污染理想的花卉，既能给装饰装修工程空间增景添色，又能给新竣工的工程除尘消害，益处很多。

又像吊兰，其黄绿相间的叶子，神奇般地将装饰装修工程室内的一氧化碳和其他有害气体吸收和化解，将其输送到自身的根部，经土壤里的微生物化解成无害物质，作为养料吸收，而经过其吐发出来的有益物质，溶解到空气中，给人们呼吸后，觉得清新舒服，是公共建筑装饰装修工程室内难得的绿色植物。

还有，人们常养植的仙人掌和仙人球，它的肉茎细孔在夜间会呈张开状态，能释放氧气，并吸收空气中的二氧化碳和其他有害气体，既给自身根部输送生长的养分，又给空气中增添氧气，对公共建筑装饰装修工程室内空气提升清洁是再好不过了。

对于公共建筑装饰装修的室内带来益处的绿色植物还有很多。绿色植物给予人们带来的是美色、美景和美气，只要人们能采用科学的管理方法和妥善的态度，经常地给绿化植物光照、浇水、培土和施肥，以及通风防风，防止病害，不要肆意虐待它们，它们会以其茂盛的绿色，给人们带来企望得到的环保健康。如果人们能够在公共建筑装饰装修工程中的室内外，种植和培育出各种各样的花草和树木，能让它们健健康康地生长，长成茂盛的花草和参天的大树，健壮的灌木，它们会给人们带来更多的益处，室内室外，绿色交映，花香纷纷，引来鸟声啼啼，引蝶满地。这样的室内外环境便会给公共建筑装饰装修工程造成的空气污染，放出的有害气体吸尽化掉，给精致的装饰装修工程锦上添花。如图 7-7 所示。

图 7-7　绿化的益处

二、绿化的规划

了解到绿色植物给人们带来的益处，在每一个公共建筑装饰装修工程里，必须有着绿化的规划，是有利工程配饰和使用效果的。

从人们的印象里，公共建筑装饰装修工程施工大多在城镇区域，不会有太多的种植花草树木的机会。即使在城镇中心的繁华区域，有着寸土寸金的部位，更要把绿化看成必不可缺的工程。人们常听到一句俗语："见缝插针。"如果有着这样一种思想，就是再紧张再难绿化的状态，也要有着绿化规划，见到绿色植物，给美好的公共建筑装饰装修工程增添活的绿色配饰了。

绿化规划，绿色配饰，无论在中国的任何一个城镇的公共建筑装饰装修工程中，都是需要和不可少的，也是有机会和有条件做到的。一个大型的公共建筑装饰装修工程竣工验收后，不管做何使用，不要拒绝绿色植物，要有着绿化规划和种植绿色植物想法。

时下，对于室内绿色植物崇尚的是盆景，尤其是针对新装饰装修工程竣工后使用，一般作室内绿化规划，很少能有成片植树栽花的土地，多以盆景植物规划为主，不能像在郊外有着大片大片的成林成园的空地。不过，只要有着"见缝插针"的绿化规划，是能够见到绿色的。特别是在中国的黄河以南广大地域，有着适宜于绿色植物生长的环境和气候条件，只要有科学的管理，是能够种植和种好绿色植物的。室内绿化主要是要充分地利用好"边角"和"死角"以及多余的空地。作室内绿化规划布局，一方面为调节公共建筑装饰装修工程室内空气、温度、湿度和增添绿色生气，另一方面则作为点缀装饰装修工程的风格特色的衬景，提升整体工程品位效果。其实，室内陈设盆景用地不多，但其衬托和渲染的气氛效果却是很大的，能同装饰装修工程上一些亮点共同形成人们视觉上的兴趣点。

作室内绿化规划，一定要因地制宜，依据实际情况来进行。首先应当结合室内使用的具体情况和其周边空间大小进行布局，不能想当然，不论实际种植盆景或选用盆景，必须符合实际情况，方能收到好的效果。同时，室内种树植花一定得注意质量，呈现出绿色葱葱，不能为绿化而胡乱种植，却没有绿色，只有枯色，显然不是真正的室内绿化规划和绿色种植，也就失去了室内绿化的意义。

如果针对大型多层的公共建筑装饰装修工程空间，在规划布局室内绿化时，需要作统一规划，不能显得太零乱，既要布局在使用者认为很不起作用的部位，又要在让人们能感觉到和欣赏得的地方。像电梯边、进门处、走廊边和拐角处等，绿化方能出现好的效果。有着吸引人和促进经营繁华的景象。

像有条件的公共建筑装饰装修工程，能够将其建筑周边的闲散地做出规划，能种植乔木一类名贵品种和成活率好的花草，有着四季葱绿的景色，形成室内室外绿色葱葱，争奇夺艳的景观。像有的城镇发展向着原人口不稠密的区域建设景区，便是充分地利用原有的小山小水地区作规划，建立山水活动区，山上山下植树种草，水里养着水草和鱼虾，这样，形成城区内的景区，有山有水，有景有林，小桥流水，并建立一些休闲亭院和水面长廊，与室内的装饰装修工程形成相近的风格特色，让到来的人们流连忘返。

　　不过，针对公共建筑装饰装修工程风格特色，作出改善环境绿化规划和布局，不能凭空设想，应当依据投资业主或使用者的愿望，以及空间环境特色和功能要求做为佳。室内室外都一样。室内绿色植物的选用，应当依据空间大小和光线强弱，以及温度、湿度情况确定，保证植物成活率高的要求。不然，则不能出现理想中绿化效果。

　　同样，公共建筑装饰装修工程的室外绿色绿化规划，也一定要得体，花草与树木的种植要相宜，乔木、灌木和花草配植，以及培植要与当地的气候地理环境相适应。必须要做到规划得到好的绿化效果，而决不能做纸上谈兵的事情，讲究实际和实效，做出能给装饰装修工程风格特色增光添色的绿化效果，而不是出现室内繁华，室外凄凉的感觉。如图7-8所示。

图7-8　做出绿化的规划

三、绿化的应用

　　清楚了绿化的益处和做好公共建筑装饰装修工程室内外的绿化规划，还得善于应用绿化效果，为投资业主或使用者服务好，才能真正体现出其作用。

　　针对公共建筑装饰装修工程竣工验收后使用，进行绿色配饰，则一是要发掘其潜能，才有可能体现出其应有的作用。一般情况下，经过装饰装修的公共场所，或多或少会有着空气的污染，各类有害气体散发在室内外，既看不到，也摸不着，甚至还闻不到，实际上却在时时刻刻地侵害着人的身体，造成严重的影响。于是，便要不失时机地利用室内外种植的花草和树木帮助清除空气中存在的有害物质，净化空气，提高空气质量。

　　绿化的应用，不能一概而论，笼统陈述，必须有针对性进行和体现。由于每一个工程所处的环境和做装饰装修时选材，及施工工艺技术上的区别，造成室内外空气污染程度和存在有害气体的不相同，绿化规划和种植的绿色植物是有区别，要做到有的放矢，才会收到事半功倍的效果。例如，一个公共建筑装饰装修工程因选材的缘故，造成有害气体增大，或是空气中有害物质超标，应用种植仙人掌或仙人球的做法，如果不能达到灭菌净化空气要求，便有针对性地采用室内种植紫罗兰盆景和室外种植乔木的方式，形成内外夹击的手段，给装饰装修工程造成的空气危害以净化，达到提高空气质量的目的。

　　面对公共建筑装饰装修工程竣工后使用，其室内大量存在着空气里的二氧化碳、二氧化硫增多的状况，仅种植一、两种绿色植物，恐怕对净化和调节空气中这种状况和温度、湿度，以及增加氧气成分等，是很有限的，于是，需要区别不同情况种植多类植物，形成乔木、灌木和花草立体形的，方能达到过滤和净化有害空气，提高空气质量的效果。在室内以种植多种多样灌木和花草盆景的做法，在室外采用见缝插针的方式种植多样性绿色植物，进行综合性治理，为的是取各种植物之长，补其不足。例如，针对一个公共建筑装饰装修工程竣工之前，有针对性种植或购买多种类盆景用于室内，像紫罗兰、吊兰和月季花等，形成一个室内芬芳气味碰鼻和红、绿、黄等色彩入眼，必定会不同程度将室内空气中有害气体进行净化，提高空气中的氧气成分，有利于人体能吸收得到好空气。

　　除了利用绿化绿色植物清除公共建筑装饰装修竣工被污染的空气外，还能应用室内绿化种植的花卉和植物盆景，布置室内环境和强化庄严肃穆及活跃的氛围，以及美化的作用，致使被装饰装修工程改善了的状态得到进一步的提升，例如，在经过装饰装修过的大会议室内组织专题性会议，却又担心在新装装饰装修的环境下，有着不适应的情况存在，即装饰装修后留下污染空气的各类气味。给与会者造成不好印象。于是，便在会议室台前和周围摆上几十盆绿色植物，有的正盛开着红色、紫色和黄色的花朵，尤其是台前依次摆满了松柏、茶花和月季花等一类盆景，既强化了会议室内庄严的气氛，绿色植物又散发出的青气和香气，必然会使与会者有着一种肃穆的起敬心理和生气活现的感觉。

　　如果在经过刚装饰装修的展览厅内举办书法展览，并在悬挂书法品的地面摆满了艺术性盆景，像艺术性很强的松柏、万年青、梽树、月季花、茶花类盆景，立即会令观赏者有着纸墨艺术和植物艺术双重感染的不同作用，会留下深刻难忘记忆。同样，依据不同季节在新装饰装修的公共场所里，举办喜庆活动，摆放各式各样的盆景，也是能让人有着生气勃勃和季节信息感染力的。例如，在有条件的地方，可以按不同的季节给公共建筑装饰装修工程的室内摆上不同的盆景，像春季摆放海棠；夏季摆放牡丹；秋季摆上杜鹃、菊花；冬季摆上腊梅、松柏等，一定会给美妙的装饰装修工程风格特色添加无限风光并呈现生机盎然的景象。

在公共建筑装饰装修工程室外有条件的地方，完全可以应用绿色植物，作景区式布局，形成有山有水，有树有花和草地。这样，不仅使新开张的室内外环境得到改善，而且使得室外环境成为休闲的好去处，形成购物、消费和休闲活动区，必定会提升公共建筑装饰装修风格特色和品位效果，给投资业主或使用者带来获利条件的。如图7-9所示。

图7-9 绿化的应用

第八章
公装发展和趋向

　　随着中国经济的日益增长和城镇化建设速度的加快，社会上各行各业竞争更加激烈，要在公共建筑装饰装修行业里占有一席之地，竞争中独占鳌头，则必须把握好其发展和趋向，重点应放在套装普及、新材涌现、意识超前、环保更严、细节讲究和内外协调等方面的趋向，致使自身把握工作主动性，立于不败之地的可能。

第一节　注重套装普及的趋向

套装，即借助于衣裤和衣裙配套用词来比喻公共建筑装饰装修工程上出现的同类状况。通常说的是由同色同料或造型格调相近的装饰式样，其变化性主要体现在色泽不同和尺寸大小上。一般情况下，以色泽和造型相同体现特色，给人的印象是，整齐、和谐和统一。如今，在实际中，无论是公共建筑装饰装修，还是家具式样上都出现了"套装"的状态，并呈现出施工上的优势。随着人们认识上的增强，应用于公共建筑装饰装修工程中的可能性增大。注重套装普及的趋向，对于每一个从事公共建筑装饰装修者，必须引起关注和重视的事情。

一、套装的特征

从严格意义上，凡在公共建筑装饰装修工程中，按照一种风格特色进行施工便有着接近于"套装"的意味，只是在式样上还没有达到标准。但在实际中，却出现了"套装"式，是人们还没有充分认识到。假若人们一旦认识和理解到其色调和式样是"套装"式，便会很快得到认同和要求普及了。

在公共建筑装饰装修工程中，以套装形式出现的就有"套装门"像木门、防火门和铁门等，都是以"套装"式配装在现场进行的。例如，套装式木门，主要是以实木作为主材，外加贴中密度板为平衡层，以天然木皮为饰面板，经过高温热压后制成，再外喷高档环保木器漆的复合门。这种套装门的特征是，从内到外都是木材，外喷的漆色是一个样的色彩，给人一种很舒适的感觉。

同样，在给电梯、扶梯进行的外包装，也体现出是"套装"的形式。一个工程中，所有的电梯、扶梯的外包装选用的材料和色调及造型是一样的，十几台或几十台电梯、或扶梯，从选材到色泽及造型，都是应用同类式样进行包装，看上去显得整齐和统一。给人的感觉是很和谐的。

在家庭装饰装修工程上，人们给"套装"起名叫"集成装饰"，便是体现出"套装"的优势。其特征是整合与家具相关的所有产业源，由企业统一加工成套的家具，为凡是使用该家具的家庭装饰装修工程，提供了一个式样成套的家具。其目的是为消费的客户节约装饰装修的时间和成本，节约材料资源，体现环保健康和一体化的家居模式。由此可见，套装的特征是非常明显的。呈现出统一，简洁、和谐与节约的效果。

体现在公共建筑装饰装修工程上的"套装"，也有着统一、简洁、和谐与节约的特征。当然是投资业主或使用者愿意和青睐的效果。特别是"套装"的部件和整套的加工件，均由专业企业加工出品，不会像在现场由机具或人工加工的部件存在着不规范性，装配上去后成统一、整齐与和谐的效果，能节约时间和成本，保证质量和安全，实在是值得推广和普及的装饰好做法。

从公共建筑装饰装修行业的宗旨上，体现出的是投资业主的需求，便是行业的奋斗目标。投资业主或使用者认识和清楚"套装"的特征和优势，只是时间长短的问题。假若时间来得很快，作为从事公共建筑装饰装修从业者不能够体会到，还有些反应迟缓，或是故步自封和停步不前，显然是要落后吃亏的。在行业里的激烈竞争和把握主动权的要求下，必须有着清醒的头脑，清晰的思维，清楚的观念，才能适应行业里的竞争，有占领一席的可能。否则，便在不知不觉中被淘汰。注重套装的趋向是情理和职业发展的需求。如图 8-1 所示。

图 8-1 套装的特征

二、套装的扩展

"套装"在公共建筑装饰装修工程中，是有着独有特征和优势的，必然在人们认识和理解后，有着很快扩展的可能。在现阶段，虽然只有成套的门和家具以及个别成套的装饰装修，却不能说没有发展。在不少的公共建筑装饰装修工程中，有不少近乎套装式的工艺技术和套装工序得到广泛的应用。

最呈现出特色是建筑室外墙面的装饰装修工程，几十万平方米的人造石板材的干挂件，一样的石板材，一样的尺寸，一样的色泽，一样的工艺技术和一样的加工形状，以及体现出来的一个式样。如果一个城镇上的建筑室外墙面的装饰装修工程，都应用这一样的材料和工艺技术成型，必然会给城镇建设品位带来少有的特色效果，还能加快施工时间和节约成本。

在一个大型的公共建筑装饰装修工程中，给扶梯和坡道梯的外包装使用同种材料和色泽，由专业企业加工成型的式样，将加工成型的部件，只在现场进行包装施工，便很快成为美观整洁的装饰效果，用不着在现场加工部件，便可实现工程施工成功的目的。比现场加工部件配装要快得多和好得多。节约了大量的时间，提高了装饰装修工程质量和安全，降低了工程成本。这种工艺技术已得到普遍应用，几乎成为一种"连锁"的模式，与套装没有区别。

笔者在参加湖南省株洲市神农太阳城23万多平方米的大型公共建筑装饰装修工程中，建筑上有40多个式样相近的天井周边进行包装，应用的材料都是加工成型的铝板材，色泽和尺寸及外观一个样，由专业企业统一加工成型的，在现场只做钢龙骨架，将每块铝板成型材依次钉固在钢龙骨上，便完成了天井的外包装，给人的眼观感觉是统一、整齐、和谐与美观的，成为不是"套装"的装饰效果。如果不是应用"套装"方法施工，是很难完成这40多个天井装饰装修工程的。如果作同样的装饰装修工程，采用这样的"套装"方法，对承担工程的企业和投资业主，在做好工程，节约时间，加快装饰装修速度和降低成本诸方面有百益而无不适应用的。

从"套装"原义上，指经过精心设计，有上下衣裤或衣裙配套，或外衣与衬衣配套。从二件套，发展到三件套。对于公共装饰装修工程上体现出来的，有从二件套的茶具家具和套装式材料，必然会发展和扩大到"三件套""四件套"不等。最明显要数被普及了的"软装"窗帘、隔帘和床上用品等，均以"套装"式给"硬装"配饰带来了诸多方面。例如，床上用品的枕套、被套、被罩和床单等，以同样布料，同样色泽，同样式样。组成一个和谐、统一和整洁美观的床上套装，给公共建筑装饰装修"硬装"配饰增加特色和提升风格品位。

其实，"套装"的扩展远不止这些，在公共建筑装饰装修工程中应用的组合柜，也是套装式的。原本是框架式的办公柜，如今发展成板式柜，便以套装式形成的。全国各地应用的板式柜，几乎都有套装式的。柜架式的办公柜很少使用。因为，应用人造板组成办公柜，以套装式组合显得简单、方便和统一，而且都是由专业企业统一加工成型，不需要在工程现场临时加工，只做组装而成，显得简单明了，节约时间和成本，受到广泛青睐，其普及速度是很快的。

在公共建筑装饰装修工程上，扩展"套装"方式是很多的。应用"套装"施工，简化了工序和工艺技术。随着科技的发达，人们对事物认识的加深和理解，应用于工程上的"套装"，必定会越来越多，并日益扩展下去，对现代和将来做公共建筑装饰装修工程施工人的也显得简化和方便。关键在于要敏感到这一发展趋向，

紧紧抓住和把握好，不能视而不见，显然是不利于职业发展和行业竞争要求的。

三、套装的掌握

注重"套装"普及的趋向，必先懂得和掌握"套装"的工序及工艺技术。因此，掌握是注重的前提，只有掌握"套装"做法和发展趋向，才能实现注重的目的，达到其要求。才显示其意义。其实，掌握"套装"做法，并不是一件容易的事，但是，需要简化"公装"工序和工艺技术，提高其专业性和工程质量，缩短其施工时间，节约成本，却是不可抗拒的发展趋向，对此，要有充分认识。

对于"套装"做法的掌握，难就难在没有现成的模式，需要在工作实践中发现、摸索和总结出来。在现实中，便存在着掌握"套装"工序和工艺技术的，却不能认识，能认识的则不能做或不会做，是很矛盾的。要做到注重"套装"发展趋向，需要整个行业人员的共同努力。特别是在现场工作的人员，以及从事公共建筑装饰装修的施工人员。好在从事这一工作的青年人比较多，有着文化知识和这方面的理论基础。只要在实践中，善于发现和总结经验，要注重"套装"发展趋向，掌握和做好这一项工作就不是太难的事情。

"套装"做法的掌握，必须从工作实践中摸索出规律性的东西，必须通过较长时间总结经验，并经过多次的检验。才有可能发现一些规律。规律，也叫"法则"事物发展过程中的本质联系和必然趋势。任何事物都有自己的发展规律。规律是各种事物本身所固有的。人们不能凭主观愿望制定，或改变它。但可以认识它，利用它来发挥积极作用，克服其不利因素。对于公共建筑装饰装修工程中，能出现"套装"新事物，就在于利用其积极有利的一面，为投资业主或使用者节约成本，减少浪费，为从事公共建筑装饰装修工程施工人员节约时间，提高工作效率，获得好的工作成果。例如，套装门的出现，便是为满足投资业主或使用者的要求。解决公共建筑装饰装修工程施工的困惑，由有着自然木材资源的地区，按照施工现场的需求，在实践中总结出经验来，摸索和发现出其规律性，做出门页和门框配套，并形成批量生产，达到应用于公共建筑装饰装修工程成套的装配。其套装门还分出等级，有高、中和低档几个等级，分别应用不同材质和不相同的工艺技术加工组装而成。以满足城镇建设中公共建筑装饰装修工程的需求。这样，由专门企业加工出套装门，既解决了城镇建设公共建筑装饰装修工程中出现的难题，又能为投资业主或使用者得到方便并节省了时间，加快了公共建筑装饰装修工程的进度，各得其所，促进了这一行业发展。

同样，对于套装的掌握是多发面的。在今后的实践中，还会不断地出现新式的"套装"形式。像套装式办公用具便是很好的一例。所谓掌握，即把握和了解，并能充分地加以运用。的确，掌握，就是为了运用。针对公共建筑装饰装修工程中，出现的"套装"做法，是有利于行业发展的。由于客观情况的存在，必然会出现适应的方法。例如，城镇建设和公共建筑装饰装修行业发展加快，也促进了人造材料的快速发展，又使得相应"套装"的公用家具不断地涌现等。只要从事公共建筑装饰装修和辅助行业的人，认真有效地从这些"因"和"果"关系中，能有所发现，有所总结，有所创新，便会不断地出现新问题和新事物，套装式就会逐渐地形成和积累起来，成为一种趋向是很自然的情况。

如果当情况发生时，作为从事公共建筑装饰装修从业者，却不知晓和不懂得，则不是一件好事情。不仅对自己的事业进步没有好处，而且对整个行业发展都是无益的。特别是当行业的辅助业为公共建筑装饰装修工程产生出许多有利于"套装"的条件时，则会让自身出现太多的被动，在行业中，既无太多的竞争力，又不能把承担的工程做好，或做得不能让投资业主和使用者满意，便会失去很多的信任，则显得太过悲哀。

掌握"套装"专业很强的工艺技术，也不是一件轻松的事情，必须要时刻关注公共建筑装饰装修行业的新动向，了解到更多更广的信息，在最短的时间内了解"套装"的工艺技术，并学会和掌握。因为，每出现一个"套装"的工序，其工艺技术都是不一样的，其中有许多细节，既要在实践中摸索和掌握，又要善于从实践者身上间接地了解和学习到，并要从其经验中善于发现问题进行完善后，才算真正掌握。只有真正掌握，才有可能达到关注的基本条件，再应用到自身的工程中，会取得更好的效果。

第二节　注重新型材料涌现的趋向

公共建筑装饰装修行业的发展，需要更多的新型材料。因而注重新型材料涌现是情理中的事情。由于，每一个从事公共建筑装饰装修职业的人，受条件和信息及眼界的局限，特别是许多从事实际工作的人，又受精力和知识及专业的局限，对不断涌现出来的公共建筑装饰装修新型材料，更是知道得较少和有限，显然是不利于职业进步和行业发展的。这种状况必须得到改变。作为企业领导和材料专业人员，应当广作装饰装修材料的调查，及时地向企业中的相关人员作出通报，督促他们随时随地能关注到新型材料的出现和性能了解，为做好工程和城镇建设服务好。

一、新材涌现的必然

随着公共建筑装饰装修行业的蓬勃发展和自然材料资源的逐渐匮乏，为适应行业需求，人造材料会像雨后春笋般地涌现出来。作为从事公共建筑装饰装修从业者，必须有着其职业敏感度和责任心，以及做好内行的要求，严格地把握住新型材料涌现的信息，特别要关注好同自身职业用材相关的信息，不能出现自封和被动状态，才是有利于职业进步和责任要求。

公共建筑装饰装修是适应中国城镇化建设和现代人的需求兴起的。对于新型人造材料的涌现，是为弥补材料资源的不足。在当今的公共建筑装饰装修实践中，已充分地体现出这一点。例如，公共场所的装饰装修存在的情况比较复杂，对于室内装饰吊顶的石膏板由于要检修，容易被检修者稍不小心便踩踏，吊顶面即被破坏。投资业主或使用者面对这种状态，便有着防踩踏，不开裂，又防水的企盼。于是，便有了"三防"的石膏板。却还是不能满足实际上一些特殊情况的发生，必须有新型适应材料的出现。

塑钢材是公共建筑装饰装修工程用于推拉门窗的常用材料。在应用实践中，人们发现其易老化的弊端，希望在防老化和开裂上能有改观。于是，在不久的时间内，便有了防老化防开裂的塑钢材。有些室内和室外的公共建筑装饰装修工程中，由于水气重和水浸的缘故，使用经过特殊处理的防腐木材越来越少，而这种防腐木材还有着使用寿命短，易变形和开裂等不足。人们急盼着有新型材料的替代。这样，市场上便有了木塑板材和枋材。木塑板材比防腐木的优势在于色泽多样，材质清香，能防水防火和不易腐烂，又能防虫，不翘曲开裂，加工安装能像天然木材料一样，能锯能刨，用螺钉固定的新型材料。

新型材料是应公共建筑装饰装修工程和城镇建设需求涌现出来的。据说，每年有成千上万种新型装饰装修材料投入市场使用。常用的公共建筑装饰装修材料，每年都在发生着变化，其材质和功能在按照实际应用和人们的期望，变化得更有利于使用，比天然材料更有人性化。例如，石材板在公共建筑装饰装修工程中得到广泛应用。以往，天然石材板大多应用于室外的工程。由于其天然性纹理和可塑性得到广泛的青睐。但其放射性过大，不宜做室内装饰装修工程的选材，还因其天然石材资源的有限，不适宜太多选用。于是，便出现人造石材和仿石材，其情其景便得到很大的改观。人造石材和仿石材的有害放射性就小得多，其外观和材质比天然石材要好得多。其仿石材的纹理可达到以假乱真的程度。特别是有不少仿石材在外观上做了美化后，更让人喜爱，还可提升公共建筑装饰装修工程的风格特色和品位效果。

由于社会发展和科技进步，人们对公共建筑装饰装修工程用材质量、安全、环保和外观的期望值越来越高，作为其配套的辅助业竞争，也是日益激烈，为了在竞争中夺得一席之地，必然会按照市场需求和人们的企盼进行开发和创新。创新是企业发展的希望。这样，也就形成适合公共建筑装饰装修工程施工新型材料不断地涌现出来。凡能将新型材料生产压力变动力的企业，便会快马加鞭，加速新产品的开发，努力创造和生产新材料投入市场。假若是将新材料开发和生产作为压力或包袱的企业，则不会有生存和发展的前景。任何一个开发和生产装饰装修材料并要持续发展下去的企业，必定将压力变为动力，奋发图强地让自身兴旺发达起来。如果有着几千、上万家企业，每年能有一、二种新型材投入市场，应用于公共建筑装饰装修工程中，必然会出现新型材料涌现的局面。作为从事公共建筑装饰装修从业者，一定会从中感受到这个涌现的气势，应当有所触动，按照自身在实践中的需求取舍新材，将工程做得更适宜于投资业主或使用者的需求。如图 8-2 所示。

图 8-2　应用于外墙面的木塑新材

二、新型材料涌现要清楚

在知道新型材料不断涌现的情况后，还必须得关注其动向，清楚新型材料的特征、性能和用途等，善于用材取舍，不做被动者，是每一个从事公共建筑装饰装修从业者，必须具备的基本条件。面对新型材料涌入用材市场的时间不长，便要求分得清楚，弄得明白，作为一个合格的专业人员，却必须要求这样做，并且一定要做到。不然，就很难适应新型材料涌现的趋向，抓不住施工用材主动权。

一种新型材料涌现在装饰装修用材市场，如果有着新颖、新鲜和新奇的特色，必然会受到广泛的青睐。作为承担公共建筑装饰装修工程的企业和施工者，却不了解或不清楚新型材料，不能满足投资业主或使用者的心意，及时有效地将新型材料应用于工程中，会让其很失望的。显然是一种工作失误。这种失误是不能一而再，再而三的发生的。其结果是会遭行业淘汰的。

新型材料涌现清楚的目的，是在自身上不出现尴尬状态。对于每一种新型材料要弄清楚，恐怕不太现实。但对于大多的新型材料，尤其是与工程施工密切相关的，要清楚其基本特征、性能和用途。无论是主材，还是辅材；是新材，还是配材，都有着各自的特征。所谓特征，即一事物所特有的，区别于其他事物的显著象征或标志。只有弄清楚每一种材料的特征，才能懂得如何应用并且应用得好。不然，便会出现质量和安全问题。针对涌现出来的新型材料，要从弄清楚其特征开始，不能将其搞混淆了。例如，用于室外的防腐木和木塑材，从表面上看，都是防水防潮的材料。但是，木塑材的特征不同于防腐木。防腐木是由木材加工而成，属于易燃品，木塑材却不是由木材加工成的，虽有着防水防潮和易于加工的特征，还能阻燃，其性质是采用树脂等原料加工而成，同防腐木是不一样的，有着很大的区别。要弄清楚不同新型材料的特征，便能在使用中得心应手，用得顺利，不出或少出用材错误，还能让投资业主对施工用材放心。

其次，便是对涌现出来新型材料要弄清楚其性能。所谓性能，即新型材料所具有的性质和功能。任何涌现出来进入装饰装修用材市场的新型材料，必然有着其明显的性能和功能的。不然，就不是新型材料。例如，以往用于瓷砖辅贴的粘贴材料是 $325^{\#}$ 水泥，但随着瓷砖材质性能的改变和辅贴工艺技术的变化等，便出现粘贴上的质量问题，经常发生空鼓和脱落现象。现用于瓷砖辅贴的是新型材料"砖粘剂"，是针对新瓷砖辅贴专用的粘合材料，即使是采用大型瓷砖 800 毫米 ×800 毫米尺寸的，甚至更大尺寸的瓷砖，也没有发生不粘合和空鼓这类的质量问题。还有针对仿型的饰面板，由于其有着新鲜、新颖和新奇的特征，进入公共建筑装饰装修用材市场，便受到广泛青睐。对于新型材料，必定得弄清楚其性质。不然，则不能为承担的新工程所应用。所以，在短时间内，对涌现出来进入用材市场的新型材料的性质，做到了解、清楚和掌握，便不会出现尴尬的事情。

同时，针对新型材料，还要弄清楚其用途和起的作用。因为，新涌现出来的新型材料有主材、辅材和配材。根据不同时期兴起的公共建筑装饰装修风格特色，应用的主材、辅材和配材是有变化的，不能说新涌现出来进入用材市场的，便是最好和无缺陷的，显然是不正确的。只有在实践中应用，经过检验才能确定下来，其性能、特征和用途才分得清楚，有何优点和缺陷，便一目了然，让人心中有数。

其实，针对涌现出来新型材料要弄清楚其特征、性能和用途的方法是很多的。有直接和间接的做法。能应用直接方法弄清楚的不是很多，大多是通过间接方法弄清楚。也就是向材料经销商和各实际应用者，或从事公共建筑装饰装修管理的材料员多请教，或是在闲暇时间里，多到用材销售市场和施工现场，以及投资业主处，多看、多走和多问，以及做一些专题性的实验，便会了解和掌握更多的情况。关键是要做有心人，时刻都关注着涌现出来进入用材市场和工程中新型材料，才有可能不会感到陌生和一无所知，显然对自身的职业是有很大的帮助。同时，把关注放在敏感的头脑里，不断地增长专业知识，就能掌握到施工用材主动性，做到用材自如。

三、新材涌现要善用

新型材料涌现到装饰装修用材市场后，在清楚其特征、性能和用途后，最重要是做到善于应用，善用不是与生俱来的，必须靠多用和多辨别。多用是从试用开始，试用便是辨别的基础。能够做到这一点。不是一件容易的事。不过，对于常用的新型材料，是需要做试用和辨别的。尤其是面对从未接触过的新型辅助材料和配用材料，比主材更没有把握，因而，以试用和辨别达到善用的目的。

作为经常在公共建筑装饰装修工作的从业者，对于新涌现到市场的材料很关注，并采用比较多，也就熟悉和了解得快。倒是对辅助材料和配用材料关注得不多，应用也很少，就有不熟悉和了解少的可能，造成工程施工经常出现意想不到的质量和安全问题。例如，在工作实际中，便出现让现场施工人员伤透了心，还弄不清原因的事。过去泥工师傅辅贴地面瓷砖和墙面瓷砖，其规格尺寸多是 300 毫米×300 毫米，或 300 毫米×450 毫米的半瓷砖。做了二十多年辅贴瓷砖施工的老师傅，在辅贴一间卫生间墙面 450 毫米×300 毫米规格尺寸时，不到半年时间，整个辅贴面全空鼓，有的还脱落下来，这位师傅怎么也没有弄清楚，干了几十年瓷砖铺贴，竟出如此大的质量事故。后经调查发现，其问题出在不懂得新情况和新型材料得按新做法，主要在于没有弄清楚新型材料的特征和性能。必然会发生意想不到的质量事故。

面对拿不准和未使用过的新型材料必须应用直接或间接的方法弄清楚，做到心中有把握，做得很顺手后，才能放心大胆地应用于工程施工中去。不这样，便容易出问题。要做到新型材料应用不出问题，就得有不怕麻烦，不怕吃苦，愿费工夫的心理。俗话说："磨刀不误砍柴工。"便说明了对于新型材料性能和特征等的了解，同旧型材料一样，为善用新型材料做准备和铺垫，才算得上是真正的注重。

注重新型材料涌现的趋向，必须从思想到行动上有着充分认识和准备，不仅要密切关注，时刻清楚其涌现的状况，而且弄清楚每一种新型材料的特征、性能和用途等，学会善用，做到善用，从试用开始，还必须要常用，不能在试用后便停用，是做不到善用的。只有在常用中善于观察和总结经验，充分地利用其长处，知晓其短处，还要摸索到克服其短处的方法，便能为善用新型材料知根知底，掌握到应用的主动权。

值得注意的是，注重新材涌现的趋向，要有着长久的毅力和耐心，持之以恒，不停顿地关注着新型材料的涌现，不间断地积累着各类新型材料的知识和经验，长期性地摸索和总结其规律。因为，不少新型材料是逐渐地形成和完善，经过发明和创造出来的新型材料并不多，大多数是有着其基础，或在应用中改形或弥补其缺陷涌现出来的。其特征、性能和用途很相近，只是新型材料比旧型材料，从外形、质量和使用上有提高。例如，人造仿形材，不少材料的特征、性能与原有同类材料是接近的。旧式的仿形材显粗糙或简单，新仿形材要精致美观得多，可以达到以假乱真，或比真实还显美观，很吸引人的眼球，其经营效果显然得到提升。

面对受到广泛青睐的新型材料，不仅要关注其特征、性能和用途，而且要关注其市场行情。市场行情好的，便是广大投资业主看重和喜欢的，也是公共建筑装饰装修工程中用得多的，为善用积累了经验。针对这一类新型材料。投资业主是很期望得到应用的，而在工程上没有得到应用，便会引起其猜疑。显然不是一件令人愉快的事。这种猜疑会涉及承担公共建筑装饰装修工程的企业是否善用新型材料问题，致使自身工作处于尴尬和被动地步，带来消极影响，显得很没有必要。

第三节　注重环保更严的趋向

环境保护对于做公共建筑装饰装修工程的人来说，是义不容辞的责任和义务。按理说，做公共建筑装饰装修工程，就是在改善和美化环境。这种环境的改善和美化，不是针对个人和家庭，却是为着城镇和公共社会，便是全体人员的生活、工作、学习和活动等，很明显地要求合理利用自然和社会资源，防止环境破坏和污染。要按更严格的标准做，做出高标准、高质量和高健康公共建筑装饰装修工程。

一、施工更文明

文明施工一直被作为公共建筑装饰装修行业重点抓的工作，经过几年的努力，比较过去有了很大的进步，对于环境的损害和影响也日益见小。不过从严格角度上，要达到文明施工和促进环境保护的高境界，却是存在差距的。如今，社会和人类要求保护环境的呼声越来越强烈。因此，今后的公共建筑装饰装修要求文明施工更加迫切和严格。对于这一要求。必须清醒认识到和有着充分的思想准备。

从环境保护的角度看，公共建筑装饰装修行业，就是从事这一项工作的，将一个环境和外观很不好的建筑室内外状态经过精心设计和施工，变得美观漂亮起来，不仅有着整洁、雅观和清新的外观环境，而且还促使人们有了保护环境，提高身心健康的意识。就是这样一个行业，却因为在公共建筑装饰装修工程施工中，出现野蛮和不检点行为，使用劣质材料，致使行业声誉受到极大的影响，被说成破坏环境和浪费资源。这种状况是不能允许存在的。

作为从事公共建筑装饰装修企业和从业者，不能从名义上挂着改善环境，清洁环境和美化环境的招牌，实质上在干着破坏环境、污染环境和影响环境的勾当。即使能承担一个或两个公共建筑装饰装修工程的施工，却是不能长时期承担工程施工的。原因便是不文明和野蛮施工，让投资业主不信任并且不愿合作。

实现文明施工，不仅仅是对一个企业的企盼要求且严格做到的，却是整个行业和从事该职业者共同努力的事，是衡量人类社会进步的一个标准。从事公共建筑装饰装修职业，虽然只是认识和改造社会及自然中千万个职业之一，但其担负的角色和所处的地位不同一般，有着直接性的特点。然而，不能胜任自己的职业，甚至有悖行业宗旨和人们的期望，就不配干这一职业。遭到行业和社会淘汰也就很自然。

社会不断发展，人类不断进步。为解决现实中和潜在的环境问题，努力协调着人类与环境关系，为的是保障经济社会的持续发展。显然，作为公共建筑装饰装修行业是改造社会和自然环境的一个重要环节，却不能破坏和污染自然环境、人文环境和经济环境，必须平衡其关系，建立起共同持续发展的条件。实现这一目标，就得从承担公共建筑装饰装修工程文明施工开始。无论是针对建筑的拆、改和建，还是直接地做公共建筑装饰装修工程施工，都不能忘记自身所担负的责任和义务，尽可能地以文明施工方式进行，不能出现同职业宗旨相违背的事情。

要求文明施工，说得容易，却不容易做到。特别是现实中实施的，公共建筑装饰装修企业承担工程，另招聘劳务人员具体施工。如果是承担工程的企业自身人员直接施工，或许好把握一些。承担工程企业只有施工员组织施工。如果施工员认真负责任的，也许还能文明施工。假若承担工程的施工员不负责任，既不到现场组织施工，也没有严格的制度规定，任由劳务工自行施工，是做不到的。这样的状况同文明施工相差太远，不但做不到文明施工，反而会出现破坏文明，野蛮施工的现象，与注重环境保护趋向背道而驰。

针对只顾野蛮施工，不顾环境状态的企业和个人，一定要采取有效得力的措施，给予其应有"惩罚"，既要提高其文明施工的意识，又要从经济上给予一定处罚，让野蛮施工没有"市场"。不然，不仅对环境保护没有效果，而且给公共建筑装饰装修企业或行业造成恶劣影响，降低信誉度。注重环保更严的趋向，不是个人，企业单方面的事情，涉及全人类的事情，还同社会发展和人类进步有着千丝万缕的联系。对不文明施工行为应以"过街老鼠"视之，让其没有市场。如不这样，要提高环保质量，则是一句空话。

二、用材更精致

注重环保更严的趋向，要做到文明施工，同时，也要做到施工用材更精致。主要在于公共建筑装饰装修行业的发展，自然材料资源日见匮乏，大多应用人造材料。由于利益的驱使，不少劣质材料进入用材市场，严重地污染和影响着社会和自然环境。劣质材料污染环境的成分有甲醛，苯和其他有害物质，对自然环境的污染和人体的危害，已防不胜防。于是，在今后的公共建筑装饰装修工程施工中，再不能使用劣质材料。必须应用环保健康更精致的材料，是长期坚持和不可忽视的重要环节。

用材更精致，主要是新型材料，不仅以外形上显得精巧细致，而且从材料质量上，尤其是在有害物质的控制上达到国际或国家规定的标准，对人体和大自然的影响都控制在国家标准允许的范围内。据说材料挥发出的有害气体，不是一年或两年的事，有着十多年的时间。如果应用劣质材料，其挥发的有害气体影响时间是连续性的，给人体造成的危害是多发面的，特别是给小孩身体成长的危害会更大。例如，天然花岗岩放射性很大，即使是破碎的花岗岩加工成人造花岗岩材的放射性也较大。如果人体长期受这种放射性的影响，必然造成一些难以预防的病因。因为花岗岩有着放射性核衰变，放射出 X 射线，对人体造成外照射；另外是一种氡气的释放，对人体造成内照射。氡气是地壳中，放射性铀、镭和钍的脱离产物，主要诱发肺癌的产生。特别是红色和绿色的花岗岩的放射性最高，对人体危害最大，而白色和黑色花岗岩的放射性相对小一些，对人体也是有危害的。因而，对于公共场所的室内装饰装修工程，最好不要选用花岗岩或天然大理石。而人造真空大理石是经过人工改造的，其放射性最小，对人体几乎不造成影响。

由于环境保护成为全人类关注的大问题，必须将其摆到公共建筑装饰装修头等大事抓好。除了做好强化管理和文明施工外，最主要的是在选材上。面对新涌现的进入用材市场的材料，最重要的是要关注其能否达到国家规定的标准，能否成为环保的产品。凡没有达到国家规定的有害物质标准的材料，特别是对那些有害物质严重超标的"三无"产品的材料，一律不要选用。如果为了蝇头小利，不顾国家规定和人们的身体健康，选用不达标，质量差，有危害的材料用于工程，不但危害社会和自然，而且害人害己，是绝对不允许。一旦被检查出来，对承担工程施工的企业会带来灭顶之灾。

按理说，公共建筑装饰装修工程在选用材料上，不仅仅是保障工程质量上能不能达到要求，而且还关系到工程外观上有没有特色品位。凡是做公共建筑装饰装修工程，在选用材料上应用劣质产品，不仅是对环境造成伤害，同时给人体造成的影响更是严重的。不过，这种伤害和影响有着看不见，摸不着，有的还闻不到，并且是长期的。甚至有的因材质差，能从装饰装修外观上给人造成很不舒服的感觉，从而感到工程质量和安全令人很不放心。

一般情况下，粗劣材料用于公共建筑装饰装修工程上，比较精致材料，从外观上便差很多，根本够不上档次，更不要说有风格特色品位效果。会与投资业主的企望相差甚远。尤其是选用劣质材料用于工程散发出的难闻气味，就会给人一种很不好的感觉，最容易被专业检测部门检验出，也是过不了环境保护这一关，需要拆除重做，便不是一件好事情。

随着人类社会对环境保护的认识进一步的提高，给公共建筑装饰装修工程选用材料的标准会日益严格，除了要求选用有着环保标志的材料外，对于选用的主材还需要送相关部门进行严格的检查，经检查〈即抽查〉达不到环保标准的产品，是不能用于公共建筑装饰装修工程施工的。如果在检查中发现有假冒伪劣的环保产品，会让承担公共建筑装饰装修工程的企业，出现尴尬难收场的境地，还有可能让这样的企业声誉一落千丈，不但造成工程干不下去，或出现严重亏本的状况，而且对使企业有着被行业或社会淘汰的可能。若出现这样的状态，对于任何一个企业，都不是一件很光彩的事情。因此，为维护一个企业的利益和声誉，营造一个环保健康的环境，创造和谐安全的社会气氛，还一个清新安详的大自然效果，做公共建筑装饰装修工程，就一定要选用更环保健康的精致材料完成每一个工程，切不可做污染环境和危害自然事情。

三、管理更严格

做公共建筑装饰装修工程，要注重环保更严的趋向，还得从管理上下功夫，制定更严格的管理制度和措施，向管理要环保，向管理要效益，显得非常的必要，不可缺少。

管理，广义上说的是社会组织中，为实现预期目标，以人为中心进行协调活动。其重点是对人进行管理。对人管理，不是由人去管理。而是制订规定、规范、标准和计划等进行管理。即由制度进行管理。管理过程中，还要针对制度执行情况进行检查和总结。总结经验，找出差距，并将经验转变为长效机制或新规定，再按执行情况进行检查，发现问题进行纠正。这样的管理，必须是良性循环的，才能获得好的效果。从目前的公共建筑装饰装修的企业管理情况，不是很乐观的，管理上存在滞后、松散和控制不力等，比比皆是，必须增强和改善，才有可能适应环保更严趋向的需求。

现实中出现的问题不容忽视，也不可回避。做公共建筑装饰装修工程，普遍实行责任承包制和项目管理制。这种制度在落实过程中，存在着以包代管，管理不善的严重问题。问题出在承包工程后，由项目部自己临时到社会上招聘临时劳务工。这些劳务人员大部分是农民工，有相当多的没有系统地学习装饰装修技术，只有少部分人干过木工或泥工。由这些人组织承包工程施工。存在能按工序和工艺技术施工的问题等。在实际中，这些由劳务"老板"组织起来的人，在承接到施工任务后，由承担工程的项目经理给承接施工的"老板"交代工程施工要求，再由"老板"将工程具体施工情况布置给劳务人员，进行作业。具体施工人员以完成施工面积为计酬单价。其中还有着劳务"老板"的份额。于是，具体施工人员以如何多完成面积多得报酬为目标，至于文明施工和选用精致材料便顾不上。而劳务"老板"若有包工包料的机会时，就会有使用劣质材料的可能。虽然，承担工程的项目经理下面有施工员。若施工员责任心和有管理经验还能谈得上管理，如果施工员不负责任，任由劳务"老板""我行我素"和"独来独往"，其管理是很成问题的。如果让这样的管理状况长时期的实行下去，不但工程质量和安全保障不了，而且对保障工程环保健康就会是一句空话。

注重环保更严的趋向，文明施工和用材精致不能缺，关键还在于管理更严格。人们常说："向管理要环保。"这是从长期的工作实践中总结出来行之有效的经验，却没有得到发扬光大。以包代管，显然不适应于环保更严的趋向要求。承包和管理两者对于解决问题的作用是不一样的，不能偏颇，缺一不可。缺一对适应环保更严的趋向是很不利的。因为，承包的作用是加强人的责任心，利于发挥人的主观能动性。管理则是加强检查督促，只有责任心加强和提高，又有经常的检查督促，才能使制定的计划和设计的蓝图得到很好的落实。加强检查督促严格管理，才能使人的责任心持久和提高，因此，不要小看管理的作用，是以包代管替代不了的。

做到管理更严格，主要在于坚持管理制度，按照管理制度要求严格对照检查，纠正问题，有条不紊地按照制度执行，落实到位。既要文明施工，坚持按工艺技术要求作业，又要杜绝粗制滥造不合格材料进入施工现场，更不能用于公共建筑装饰装修工程上。针对野蛮施工和滥用有害材料及偷工减料的行为，应当给予惩罚和经济处罚；对不负责任，不坚守职责和玩忽职守者，既要给予教育，又要给予处罚，对屡教不改者，应当剥夺其管理权利；对劳务人员要经常地进行纪律、技术、文明、责任和道德的培训，不断地提高其素质。同时，政府的相关部门和行业，要建立健全专业性管理机构，对竣工的公共建筑装饰装修工程，必须进行环境保护的检测查验，作出准确性的环保报告，发现有害物质超过标准的，要提出限期整改到位要求。对一个公共建筑装饰装修企业在承担工程中，接二连三出现严重污染环境的，应当不失时机地取消其承担工程施工的资格。再则是要规范公共建筑装饰装修出现"游击队"行为，对其承接的小型的工程，也要进行严格的环境保护的测试，对不符合环保要求的。则责令投资业主给予控制，限期整改到位。否则，不准其使用。如果发现有严重违规行为和严重污染空气的工程，要追究投资业主的相关责任。只有这样，清新自然，净化空气，环保才能明显见成效。

第四节 注重细节讲究的趋向

细节是公共建筑装饰装修工程的关键，也是企业生存和发展的根本。由于种种原因，注重细节讲究的趋向日益呈现出来。特别是加快城镇化建设中，人们对公共建筑装饰装修工程细节的讲究越来越严格，不再是成为"苛刻"说，却成为普遍要求。凡是从事公共场所施工的企业，如不能敏感到这一问题，显然是不利于自身生存和发展的。

一、细节讲究的成效

细节，即不容易起眼的小环节、小事和需要细心去做的事。讲究细节，本是承担公共建筑装饰装修工程施工具备的基本条件，却似乎成为一种"苛刻"的说法。作为公共建筑装饰装修工程，施工效果好不好和有没有品位，关键是看其细节处理得怎样。工程施工细节，不仅有饰面的，而且有内部，尤其是隐蔽工程的细节要处理好，才不会发生质量和安全隐患。

对于公共建筑装饰装修工程细节处理讲究，从城镇化建设搞得好的区域开始，越是城镇化建设搞得好的区域，对于公共建筑装饰装修工程施工中的细节就越讲究。反之，便不讲究其细节。特别是像北京、上海和广州等一些大城市中，做公共建筑装饰装修工程施工，其讲究细节做好，比较做家庭装饰装修工程还要严格。为此，出现了在这些大城市做公共建筑装饰装修工程施工时间较长的劳务人员，干活质量就不一样，经过其干过的工程施工细节上便显得细腻多了。笔者听到一个长期在中等城市做公共建筑装饰装修的技工师傅说，像他这样的技术在中等城市里干还是很不错的，如果到北京等大城市干就不行了。因为他曾受邀到北京市干了3个月时间，自己便觉得吃不消后，立即返回到原来长期干的城市，就觉得很适应了。原因就在于，无论做公共建筑装饰装修工程，还是做家庭装饰装修工程施工，给他的体会便是细节讲究上严与不严的区别。

事实上也是如此，长时间做家庭装饰装修工程施工的人员，便不适合做公共建筑装饰装修工程。问题出在其"毛糙"不起来，被承担公共建筑装饰装修工程的"老板"认为干活"不利落"。这种以"毛糙"做公共建筑装饰装修工程的做法，显然是不能长久下去的。随着城镇化建设的深入，人们越来越看重细节处理好不好。粗制滥造，不注重公共建筑装饰装修工程施工细节。特别是在公共场所最显眼的部位，众目睽睽之下的细节施工，若是处理得不好，色调不和谐，用材很粗糙，饰面不细腻，做工很毛糙，便会给人一个视觉不雅观，心里不舒服的感觉。

注重细节讲究的趋向，对于做公共建筑装饰装修工程施工，是一件值得很重视的事情。主要在于人们对公共场所的外观关注率日益提高。公共建筑装饰装修工程做得有无特色和品位，是关系到一个城市或小城镇地位和档次高低的问题。人们喜欢美观漂亮的城镇景致，不喜欢丑陋污秽的城镇面貌，而这些状态，主要体现在公共建筑装饰装修工程的风格特色品位上，假若每一个公共建筑装饰装修工程施工很讲究细节，会给人很好的感觉。细微之处见美观，就是这个道理。

要做到注重细节讲究的趋向，并不是一件很容易的事。必须有着充分的思想准备和良好的工作习惯。不但要求现场管理和施工人员做到，而且从企业领导到所有管理人员，都要有很强的思想意识和严格的要求，还要落实在行动上。

注重细节讲究的趋向，并不只是投资业主或使用者的要求，却是承担公共建筑装饰装修工程的企业本身必须严格做到的。如果不能从组建企业开始，便抓紧企业上下养成注重讲究细节的作风，时刻将讲究工作细节放在首位，并将这种作风落实到做工程施工上，形成良好的习惯，是有利于做好工程的。倘若一个从事公共建筑装饰装修工程施工的企业，不能在自己承担工程施工中有着抓细节扎实的作为，做出的工程不能让投资业主或使用者满意，屡屡出现这样或那样的失误，显然是不能在激烈的竞争中长久下去的。也许只能在承担一二个工程的装饰装修施工后，便会同行业和市场无缘了。这不是危言耸听，是发展形势所迫。如果承担公共建筑装饰装修工程施工，还停留在原有的思想观念和工作水平上，以干公共建筑装饰装修工程不讲细节，只赶时间，毛糙施工，显然是不适应城镇化建设需求的。如图 8-3 所示。

图 8-3 细节讲究的效果

二、细节引起的争议

前不久，在参与一个大型的公共建筑装饰装修工程竣收中，遇到投资业主的物业管理部门同承担工程施工的项目经理，就卫生间顶部吊顶收边收口留缝过大的事情发生激烈挣执，施工方开始认为不影响使用功能，不愿做整改，却被投资业主的管理部门不予验收签字逼迫下，才同意把收边收口整改到满意为止，才使事情了结。从这一事件中，就更进一步地坚定细节讲究不再是有疑问，必然会成为公共建筑装饰装修工程施工日益重视的重点。

做公共建筑装饰装修工程不讲究细节，恐怕成为历史，不能再忽视了。主要是城镇建设和人们的期望值提升。既然要改善公共场所的使用环境，不做则已，要做就要最好的效果，不能给城镇化建设拖后腿，不能干费力不讨好的事。现代人对于改善环境不再局限于家庭这个小圈子，而是注意到自己居住的小区、街道和城市。特别是对公共建筑装饰装修工程更是非常看重，什么风格特色，档次品位和细节美观等，都看在眼里，说在嘴上。自各部门建立健全物业管理体制后，更看重所管理的公共建筑装饰装修工程施工细节，几乎到了挑剔的程度。

由一个细节而引起的争论，或是为维护自身管理的公共建筑装饰装修工程使用有好效果，挑剔施工中的细节缺陷。窥斑见豹，很让人受到深刻启发，做公共建筑装饰装修工程是要讲究细节的，细节做得好的，给人一种舒适和美观的感觉。同时，是提升城镇化建设质量不可缺少的环节。特别是对于经营性场所，公共建筑装饰装修做得不好，条件和环境没有得到改善，顾客是不愿意前往的。因此，对于公共场所做好环境和提高条件已成为一个不争的事实。改善环境，特别是达到一个优等和优雅环境标准，必须从提升公共建筑装饰装修工程风格特色和档次的品位上，下功夫，费力气，做好工程的细节，让内行人看到感到舒服，让外行人看了感觉美观。如今，有了专业人士来把公共建筑装饰装修工程竣工验收关，是由不得承担工程施工的企业不注重细节的。

注重细节讲究的趋向，已不是可讲可不讲的问题，却是必须引起从事公共建筑装饰装修工程施工的企业，特别关注的大事。细节没做好，则是工程没做好。工程没能做好，又怎能为提升城镇化建设水平增光添彩？随着人们对公共建筑装饰装修能改善环境重要性认识的提高，以及物业管理走上正规化后，不再是一件小事。要求将做好工程细节，提高工程风格特色落实到企业管理和行动上，当作从事公共建筑装饰装修的企业、个人生存和发展的大事抓紧抓好。尤其是在城镇化建设做得如火如荼，引起人们广泛重视的时候，不要把公共建筑装饰装修工程施工细节看成不起眼的小环节和小事情，一定要挂上企业生存和发展的大事上，联系到在激烈竞争中能够取胜的高度看待。在公共建筑装饰装修行业里，流行着这样一句话:"细节决定成败。"当人们把公共建筑装饰装修同现代城镇化建设,都是改善环境,提高人们生活质量联系起来,便会把做好工程施工中的细节看作一件不平常的事情,与装饰装修行业的重要性联系起来。哪个企业在承担工程施工中,把细节好坏看成儿戏,不去抓好和做好,哪个企业就可能成为"失败者",早早地被踢出行业的大门。小事不小,细节不细,能不能做好公共建筑装饰装修工程施工中的细节,既关系到企业的"生命",又关系到行业的声誉。尤其在社会发展到提高人们的生存环境和生活质量的今天,不要停留在"原始"的观念上不前进,应当不断地督促着自身进步,改变着自己思想观念,才有可能使自己深切感受到做好公共建筑装饰装修工程施工细节,是推动企业发展的动力,却不是压力和包袱,既能为改善社会环境和提高人们生活条件出一份力,又是为企业发展创造条件。

三、细节彰显出功底

公共建筑装饰装修工程细节做得好与不好,可以明显地看出一个企业的管理水平、组织能力和技术功底及用才效果。同样,也会体现出一个企业在行业中竞争力的大小,还是决定着工程施工成败的关键。因而,一定要高度重视公共建筑装饰装修工程施工细节,千万不要因施工细节没做好,影响到工程竣工验收和企业的信誉,并在行业竞争中失去了底气。

工程施工细节能不能做好,最明显地呈现出一个公共建筑装饰装修企业的管理水平。管理有着实现做好工程施工的具体目标、工作协调和用制度对施工人员进行检查督促等工作内容。特别是能够对检查出来的问题做针对性纠正,并能总结出经验,把经验转变为长效机制或制定出新规定,以利于提高企业的管理水平,有利于实际中把工程施工做得更好。一个有着相当管理水平的企业,是能够把承担公共建筑装饰装修工程施工做得很好的。至于细节问题在管理水平高的企业组织的施工中不会成为问题,只有那些管理松散的企业,才会把细节做得很粗糙,不能充分地体现公共建筑装饰装修成功的状态,让投资业主或使用者感到很不舒服,成为一个很严重的问题,会使承担工程施工的企业人员感到很尴尬,认为是故意"挑剔"让其过不去,显然是错误的。

一个企业的管理水平同该企业领导的组织能力很有关系。企业领导组织能力强,相应地其企业管理水平会高,反之,因为企业领导组织能力的影响,带给企业管理效果比较松散。企业领导的组织能力,主要体现在敢不敢管理和怎样管理的问题。一个企业领导敢于管理,尤其敢于针对公共建筑装饰装修工程施工细节问题提正整改,并善于总结经验。如果企业领导不敢管理和对问题不提出纠正,任由施工人员我行我素,显然不利于工程施工细节做好的。

至于怎么管理，主要是用建立健全的制度进行管理。能够将企业的管理制度贯彻落实下去，将承担的公共建筑装饰装修工程做得让投资业主或使用者满意，顺利地通过专业人员的竣工检查验收，便很明确地体现出领导的组织能力和企业管理水平，完全能把工程施工做好和在细节上不出现问题。

细节彰显出企业的功底，还有一个重要方面，则显现出企业中的技术力量是否雄厚，也是指企业的技术骨干和技术人员素质很好，为企业承担公共建筑装饰装修工程有着充分的技术力量和扎实的施工技术功底。这一点对注重细节讲究的趋向很重要。主要在于在承担工程中，仅能知道施工细节问题，却没有技术人才能解决好，便是一种空想。任何公共建筑装饰装修工程中的施工细节要做好，重要之点是能扎扎实实和漂漂亮亮地把工程中的每一个施工细节，尤其是有着显眼的造型细节处理得好，让每一个看到的人都觉得是给造型带来添彩之笔，俗话说："细微之处见真功。"一个公共建筑装饰装修工程，一般情况下，都有着吸人眼球的"亮点"之处，而这个"亮点"反映出来的是细节做得好。一个造型做出来后，能给人眼前一亮的感觉，便在于施工中把细节做好，体现出栩栩如生的效果，才能体现出细节的作用。而细节做得好与不好，是从企业里技术人才的技术功底反映出来。一个公共建筑装饰装修企业必须有着相应的技术过硬的人才，才能谈得上技术功底。归根到底，让人感觉到的还是体现在工程施工细节能不能做好和有没有技术人才，则是注重细节讲究趋向的根本。

同时，能把施工细节做好，还需要在用材上引起重视，用材要做到适宜、适用和适可。这样，既可把工程施工细节做到恰到好处，又不会无缘无故地提高施工成本。在组织施工中，运用工序和工艺技术一定要正确，不能出现差错和人为地出现差错。不按工程工序和工艺技术施工，或者是乱用材，用不好材，用劣质材，即使花了高成本，也是不能将细节做好的。说不定还会弄巧成拙，便不是做好工程施工细节所具备的条件。总之，一个专门从事公共建筑装饰装修工程施工的企业，一定要把工程施工细节做好落实到行动中，不出和少出问题。不然则会让企业在行业中失去竞争机会的。

第五节　注重内外协调的趋向

如今做公共建筑装饰装修工程，已不再是过去的概念，只管室内，不管室外，显然是过时的思想观点。随着城镇化建设加快，对于每一个涉及的公共建筑装饰装修工程，既要讲室内装饰风格特色，又要讲室外环境美观舒适，不能影响城镇整体规划要求。于是，每一个工程施工的内外协调和同整个城镇环境和谐统一，是非常重要的，且是一种趋向，必须做好，达到标准，才能给企业生存和发展创造条件，适应新形势的要求。

一、内显风格

　　面对发展迅猛的城镇化建设，能为之增光添彩的公共建筑装饰装修工程，应当对其有全面性的考量，不能再独立性地只为自身承担的工程谋划设计，必须作整体性的规划，既谋划设计好室内装饰装修要有着独有风格效果，又要规划设计好室外环境美观效果，达到室内外协调，又不失同城镇环境的和谐统一。按理说，承担一个公共建筑装饰装修工程的施工，只要将室内谋划设计好风格效果，达到投资业主或使用者的要求便足够了。然而，却达不到应有的目标。主要是城镇化建设整体规划有着规定，只能给予其提高档次增辉，不能影响其建设。因此，做一个公共建筑装饰装修工程设计和施工，不再是单纯独立体，却必须考虑到工程同城镇化建设相关因素，才能显示工程做得是成功的。

　　不过，城镇化建设要求每一个公共建筑装饰装修工程室外与之相关联，却没有过多对室内工程提出明确要求。这样，对于室内装饰装修工程，就有发挥其主观能动性的余地。不管是商场、酒楼、宾馆、写字楼、办公楼、影剧院，还是学校、医院、展览馆、图书馆等，大型的独立体装饰装修工程，都有着选择表现各自风格的自由。一般状况下，公共建筑装饰装修工程，均是选用现代式风格，选用现代材料，呈现大众化式样。但作为有功底和有远见及有经验的企业，却能从室内装饰装修风格上做出诸多好文章，并为室外环境显特色创造条件。

　　例如，谋划设计一个酒店的装饰装修工程，虽然是选用现代式风格，完全针对酒店的风格和品位将室内装饰好，从装饰装修式样到陈设及用具选用，都显现出酒店的风格，以适合酒店整体风格效果来满足宾馆的吃、住、用、玩等基本要求外，便又以现代人喜好来烘托酒店的内部氛围，增强文化气息渗透着装饰装修工程各个细节里，发挥着文化艺术的内在魅力。酒店的文化有酒文化、食文化、住文化和用文化等，同酒店主体密切相关，给每一个到来的宾客，或多或少地进行着酒店文化的熏陶，留下美好记忆。却不能以不伦不类装点其外表，会造成弄巧成拙结果的。如果是地处少数民族区域的酒店，可以选择具有独立民族风格来装点。

　　公寓楼现在城镇中占有一定的比例，给予其室内选用的装饰装修风格，也不能像以往那样显得简单。除了依据其处于的区域、规模和环境做出准确定位外，还要根据其室外所处环境允许，在室内应用现代式装饰装修风格和应用现代材料施工，还可以引入绿色景观到室内来，改变其式样，则是兼顾办公、休闲、会议和培训等功能如一体，以适应市场的需求。同时，根据科技发展条件的允许，并将智能化引入进来。随着无纸化办公的实现，所有信息都是通过网络邮件和传真机等设施，达到内部联络的实现。办公自动化也成为公寓楼室内装饰装修谋划设计的主要因素，以适应现代要求的最佳做法。

同样，针对商场、办公楼、影院景区、学校、医院和园区等公共建筑装饰装修工程，都是可以依据其不同实用性特征，做出不同风格的。例如，百货大楼内装饰装修后，呈现出明亮愉快的氛围，既可让商品呈现出五光十色来，又能引导顾客的购物欲望。地处不同城镇商场能显现出不同风格。若是旅游风景区的商场，比较城市中商场室内装饰装修风格要活跃一些，可以将更多的绿色植物引入室内，便更有利于室内外氛围和谐统一。如果给专业性茶楼做装饰装修工程，应以亲和力好的黄色调为主风格，便能呈现出高雅、温馨和舒适的感觉。茶楼室内的布局不可以过于庄严和高贵，会拒茶客于门外，清淡经营效果为最适宜。总之，对于各不同的公共场所室内装饰装修风格，为做到和谐适宜，应当依据实际状况，因地制宜地决定风格，才更有利于实用。如图 8-4 所示。

图 8-4　内显装饰装修风格

二、外呈特色

以从事公共建筑装饰装修工程工作者以往的观念，只做室内工程，不管室外情况。然而，随着社会发展和城镇化建设的深入，要做公共建筑装饰装修工程，便要注意室外环境变化，并要求室外必呈特色，对于这种要求显得日益强烈。如果任何一个公共建筑装饰装修工程室外不呈现特色，这样的工程做得不是很成功的。主要是同城镇化建设相差甚远，给城镇容貌造成不好影响，会要做整改的。

外呈特色同室内公共建筑装饰装修工程有着明显的联系，却又不是唯一的联系。这种特色不仅仅是针对室内公共建筑装饰装修工程风格而言，却是同公共场所使用状况有着千丝万缕联系。情况是多种多样的，必须依据实际状况进行选择。大城市里的公共建筑装饰装修工程，外观特色，很难直接地体现出来。小城镇里，外观特色便能从公共建筑装饰装修工程里找到端倪，只要顺着找下去，便能完全找得到。如果从旅游景区去查找，也能从外观特色上找到所求的去处。主要在于各处环境不一样，给予呈现的外观特色标志也不一样。例如，在旅游区景点的装饰装修工程外观特点，同宾馆外面环境的装饰装修状态是完全不相同的。虽然有的旅游景点外面也有摆摊设点购物的，却同宾馆外摆摊设点的状态有着明显地区别。不能相提并论。在大城市，车水马龙的繁华地段，从公共建筑装饰装修工程外观上，辨认公共场所便不是很容易的。外观上看，似乎是一个办事机构，一样的门庭，一样的台阶，一样的摆着石狮，只有到近处看到门牌或广告牌，才能分清楚场所。然而，在旅游景区的一些公共建筑装饰装修工程，可以从外观特色上看到室内装饰装修工程的风格。像呈田园式特色，看到室内是自然式风格的装饰装修。但是，这种状态不是很多，也许只有自然风景很好的环境，投资业主或使用者喜好这种风格，才将室内工程装饰装修成的。如果投资业主或使用者不喜欢自然风格，其室内装饰装修便要选用其他风格了。

从外观特色存在的状况上看，是千差万别的。主要是为着内外协调，和谐统一。关注这一趋向有利于今后公共建筑装饰装修企业的生存和发展为目的。外观特色的装饰装修工程，既与内部风格相协调，提升工程特色品位和使用效果，又要为室内使用提供条件和创造基础。例如，一家宾馆的室内装饰装修工程很显风格效果，而室外却显得平平淡淡，没有一点特色。外来顾客根据不知道其做什么用的，显然对室内使用造成了一定的影响。如果宾馆在做完室内工程后，相应地对室外做出宾馆特色，必定给室内使用带来很好效果。像一家综合性大型商场，室外的空间，从立面、顶面到路面，都配合室内装饰装修竣工后使用进行修饰，顶部墙面做大型的 LED 户外电子屏幕，墙立面配装整洁美观的玻璃幕墙和干挂石材板墙面，中间配装醒目的灯箱广告牌和宣传广告；道路沿着商场树立鲜明的灯柱和竖式宣传广告牌，既给路面做着明显的标识，又给建筑室外做着美观的配饰，让外来人从这些室外配饰上，很远就感觉到其室内经营什么，从而扩大了室内装饰装修工程使用效果。

对于建筑室外的特色呈现，至少可以达到两个目的：一是同室内装饰装修风格相协调，达到和谐统一，能为室内使用增光添彩。像有的酒店装饰装修工程做到了内外协调。室内有着酒店特有的特色品位；室外有着明显的酒店标志，让每一位进来的顾客，有着惬意的感觉，能迅速地扫去旅途疲劳，满意之情油然而生，不愁顾客不光临。二是同城镇化建设达到和谐统一。由于各个区域的城镇化建设要求不同，有要求室外墙面做灰色基本色的；有要求室外墙面呈银灰色的；有要求室外墙面为淡黄色的等。因而，作为新建立起来建筑室外墙面色彩要求基本相近，不能成影响城镇容貌的典型。

注重公共建筑装饰装修工程室内外和谐与统一，要求外观特色，除了从工程施工做些文章外，也可以从色泽选择、图案造型、配饰式样和其他方面做出好的效果来。例如，对于公寓楼、办公楼、商务楼、图书馆和展览馆等，特别是旅游景区景点的公共建筑装饰装修工程。给予室内多引入绿色景观，做自然式风格特色；给其室外多建成园林式布局景色，是再好不过了。特别是对于有条件的公共建筑装饰装修工程室外，多建成森林式，多种植绿色乔木，使新建立的建筑室外，有着成片的树木花草和绿色草地，让绿色充满着室外空地。即使是城镇中心区域，在建筑室外走廊，或台阶两边，或墙角拐角处，摆满盆景，使每一个公共建筑装饰装修工程室外，形成百花争艳，绿树成荫。这样的室外特色，一定能为室内装饰装修风格争辉无限，必定能为城镇化建设争光不断，成为城镇建设的典范。如图 8-5 所示。

图 8-5　室外显示特色

三、内外协调

所谓内外协调，主要是指室内外的装饰装修工程效果要和谐统一，配合得当。对于公共建筑装饰装修的趋向，已被人们越来越看重。原因在于随着经济增长和人们生活改善，针对公共场所条件的追求，也到了"苛刻"的程度，特别是针对旅游景区的公共场所，城镇中的休闲处和购物场所，及城郊接合部的公共活动地等，甚至一些办公场所，其追求的环境内外协调，为的是有一个舒适、舒服和舒坦条件。对于这样一种趋向，一定要引起公共建筑装饰装修从业人员的高度重视。

针对公共场所的装饰装修工程，要求内外协调，便是条件提高了，不能像过去只要求室内的环境，通过装饰装修得到很大改变，使用条件改善，室外环境以一种应付方式，能改善则改善，没条件则将就着。如今可不同，在承担室内装饰装修工程时，一定要想方设法将室外环境同室内装饰装修工程一样，要得到改善。对于有条件的公共场所，要求室外环境改善还得优于室内。因为，关系着整个城镇化建设，局部不能影响全局，全局的环境，即城镇化建设的规划，是不允许受到影响的。

俗话说："人往高处走，水往低处流。"面对迅猛发展着的城镇化建设，各公共场所的工程施工建设标准，只能提高，不能降低，尤其针对公共建筑装饰装修工程，不能再如过去只管室内，不顾室外，如今是要室内外环境同改善，室外环境改善比室内更重要。因为室内环境只会影响到一个公共场所的使用，室外环境却影响到多个公共场所，甚至影响到整个城镇的容貌，有损于对外的形象，其影响力不是一个室外环境改善能解决的。

这样，给承担公共建筑装饰装修工程的企业提出了一个新课题。做公共建筑装饰装修工程，必须要进行室内外谋划设计，且室外环境改善还要优化于室内。就是说只有室内竣工是行不通的，还得给室外环境明显改善，才能使室内工程得以竣工。这样做的公共建筑装饰装修工程才是成功的。其存在事实摆在现实面前，不容视而不见，听而不闻，必将成为一种趋向，会日益严格地要求从事公共建筑装饰装修工程施工的企业，清醒地看到这一点，并有着充分地准备，达到新要求。

做到注重内外协调的趋向有备无患，要求从事公共建筑装饰装修的企业和个人，应当充分地认识和理解到，实现室内外协调不是一个简单的问题，却是一种趋向，不能用"权宜"方式对待，要以认认真真、扎扎实实的行动来解决。除了从工程设计到施工，有着很好方法，给一个公共建筑装饰装修工程内外环境做得很协调，达到了和谐统一。同时，也要从工程造型、色彩选择、配饰补充和绿化效果等手段致使工程室内外状态处于一个协调的环境的状态中。例如，在做一个公共场所的装饰装修工程时，致使一个地处荒芜的建筑室内环境得到改善，针对室外则进行园林式改造，在荒凉的地面上种植乔木、灌木和栽种花草，垒置假山，开辟道路，有条件的地方，还修成小溪和瀑布，建筑小桥和休闲活动的地方，建成一个美丽舒适的休闲出处。

凡能达到室内外环境协调的公共场所，不但改善了人们工作、学习和经营的环境，而且还为提升城镇化建设创造了条件。同时，也给从事公共建筑装饰装修工程的企业和个人带来了施展才华和智慧的机会。承担一个工程施工，不仅仅只让室内空间发生变化，还要让室外环境变成花园式、园林式、休闲式和旅游景点式一样，任由设计和操作者发挥着自己的专长。一个不被人们看重的职业变得如此重要，也显现出职业范围不再局限于泥、木、漆这些工序和工艺技术，将会扩大到规划、园林、绿化、道路、广告和美学等多个学科，让行业不由自主地扩展开。也就是对于从事公共建筑装饰装修这个行业，其知识面和思维面，将随着城镇化建设和人们的需求，在不断地扩大和发展着。这就是注重公共建筑装饰装修工程室内外协调，达到和谐统一，所面临的新课题。能够认识和理解这一点，对于从事公共建筑装饰装修行业的企业和个人，又是一个新的考验和检验，需要从适应到自如运用新要求，在激烈的行业竞争中，寻找机会，争取更大的主动性。

第六节　注重意识超前的趋向

注重意识超前的趋向，其目的是，要变被动为主动。对于做好公共建筑装饰装修工程实在是一件好事，也有利于职业提高和开始。必须要有着意识超前的思维和行动，致使自己处在一个非常主动的状态中。要做到再困难也要做，而且要尽力去做好。

一、意识超前的体现

注重意识超前的趋向，已在现实中很明显地体现着，至今为止，却不能停留下来。主要在于人们能够依据社会和行业实践的进步，有着很明显的渴望和要求，并具有这方面的能力构成超前意识，既是在总结现实对象时，就包含着很多未来征兆的信息，又是依据事物发展规律，从中推测或预知到未来某些东西，从而形成一种意识，便是意识超前的体现。在公共建筑装饰装修实践中，这种体现也是很明显和明确的，只是未做出很好的总结，不是很清晰罢了。

在现代的实际生活中，最感觉强烈和明显的是智能意识。这种模拟人脑指挥操作的方法，虽然还不是很好，不如自动化，但其控制操作却是很不错。尤其是应用于公共建筑装饰装修工程竣工后使用的一些设施上，已进了一大步。例如，控制灯饰和亮化工程上，给人们带来了很多的方便。还有给"鸟笼"式的安防保护上，有着智能式的安防报警装置，或者是在电器使用上等，都达到了很好的效果。特别是智能家居和家具，给人们生活带来了更多的方便。快捷简便很符合现代人的生活方式。当人们还在担心公共建筑装饰装修工程竣工后使用，觉得很不方便和不安全时，智能设置给人们的担心加上了"保险装置"。不但家具使用是智能控制，显得很保险和很安全，而且给公共建筑装饰装修工程竣工后使用，由智能控制，也显得安全多了。即使发生偷盗的事件，也能通过智能式报警和监控，一下子便清楚发生事件的情况。因而，这种意识超前的做法，让不少的投资业主或使用者尝到了甜头，应用于公共建筑装饰装修工程竣工后使用，得到广泛的欢迎和喜爱。对于智能式用具的使用，经过实践的检验和完善，也一定会成为未来发展方向，值得普及的。

在实际中，对于意识超前的体现最明显的是环保意识。这种意识是指人类为解决现实或潜在的环保问题，运用自身的智慧来改善和防止着。很明显和有效的方法，要求公共建筑装饰装修实行低碳方式，即在施工中，减少能量消耗和不使用有害及放射性材料，特别是在施工中，控制二氧化碳的排放量，减少对大气的污染，减缓生态环境的恶化，多应用可回收材料，这是现人类普遍关注的问题，又是迫切需要解决的问题。当公共建筑装饰装修行业开始响应号召，推广这一环保意识时，便得到广大投资业主和企业的积极响应，立即行动，已初见成效。这种意识超前的体现，对于公共建筑装饰装修行业是很大的促进和提高。如果不是有着意识超前，便不会有着快捷的环保意识和行动。虽然是符合广大投资业主或使用者的需求，而采取的果断措施。

在现实中，还体现出超前意识是"留白意识"。这是借书法作品留下相应空白的说法，为的是达到"简约就是时尚"的效果。同时，也是尽可能地为多年后的发展，留有一定的空间。因为，随着科技的进步，智能化将日益完善，对于公共建筑装饰装修做法，又有着电气化和自动化的运用，必须要有着意识超前的准备，并为此做着相应的工作给予铺垫，才能够感到自然和水到渠成，是每一个企业时刻要关注和小心翼翼，需要有着意识超前的。

面对着不断发展着社会潮流，也面对着公共建筑装饰装修企业自身的进步和追求，必须具备意识超前的准备和行动。不然，是要吃亏的。在做公共建筑装饰装修工程中，清楚地体现出的公众意识和人性化需求，就非常强烈地告诉这个行业：必须意识超前。例如在大型的商场和商务楼及公众活动地，增添残疾人专用卫生间和修建无障碍通道，都是过去从未有的做法，只有在当今的工程中明显体现出来。还有在当今全国各地实施的"无烟产业"的旅游开发区，增添室外纯净水免费供给设施，供游人自由享用，如此等等，都是需要意识超前的。不仅要有这方面的思想意识，还须赋予实际行动。不然，便落后于形势的要求，落后于现代人的需求，给公共建筑装饰装修工程竣工使用造成一定的影响。

二、意识超前的必然

所谓意识超前，简单地说，对一些事情有预见性，并为此做出相应的准备。凡有思维的人，或多或少都有着意识超前的观念。主要在于人们依据自己以往工作经验和对某个事物的认识和理解，从中总结出经验，再按照其经验，得到新的感觉，产生出新的意识。这种意识，便是超出现有的一般意识。仅公共建筑装饰装修行业而言，便有着依据过去的装饰装修，提出摒弃粗放和奢华修饰及琐碎的功能，主张简洁、通畅的风格，关照到人文层面，以其简约明快和自然景观，感觉到如同清新的空气净化人的身心一般，给人无限的温馨，因而，有人提出"简约"，就是"最好"的理念，这是针对追求环保健康和低碳的公共建筑装饰装修，又怀疑到一些人造材料的危害，便提出这样的意识超前观念。

由于现代人喜欢追求新生活、新时尚和新感觉，而现实中往往又存在着这样或那样的问题，也就自然而然地促使意识超前来引领着向前看了。可以说，意识超前是必然的。所谓必然，是不以人们的意志为转移的客观规律。必然在未被人们认识时，自发地发生作用，人们对它是盲目追求，只能听任它的支配。一旦通过社会实践认识了客观规律，并在实践中自觉地利用客观规律有效地做好事情。这种必然也就长期存在和不断地发展下去。

意识超前的必然，在现实中是普遍存在的。在公共建筑装饰装修行业里，就有着："重装饰，轻装修"的观念，这种观念便有着意识超前的意味。是从追求新生活和新时尚中产生的。因为，在工作实践中，由于为着装修室内空间，应用了各种材料，把整个空间装得满满的，但给人的感觉却又不理想，没有达到初衷的愿望。当人们还普遍要求那样做时，便很必然地产生出现实的意识，主要是不满意一些太过保守和陈旧的做法，便想着运用一种新方法进行替代，是人的思维可以做到的。这便是意识超前产生的必然了。

随着市场化的成熟和承包制的深入，意识超前还会不断地必然产生着。市场化和承包制都是新形势下的产物。市场化给公共建筑装饰装修行业带来激烈的竞争。要争夺取胜，必然要有新招。如围绕着旧的或过时的方法，便没有取胜的可能。那么，必然会有着新意识和新方法参与进来，而这些又没有经过实践检验的，行与不行，好与不好，谁也拿不准。但比较旧式的又值得试一试。这样便形成许许多多的新意识。同样，作为工程承担者，在组织工程施工中，为提高工效和降低成本，也必然在投资业主的赞许下，呈现出不少新意识理念，用于实践中。不过，这种意识超前是针对如何做好公共建筑装饰装修工程，同争夺工程承包权的意识应当是一脉相承，目的和作用也一样。因为在市场化竞争中，如果没有意识超前的理念参与进来，是难以获得好效果的。

同样，在当今科技进步和创新风气盛行的促使下，产生意识超前的理念，也会成为必然。由于科技进步，公共建筑装饰装修新型材料不断地涌现出来，给工程施工带来很多的方便，特别是仿型材的逼真，在工程造型上日益增多。于是，便很自然地设计产生出新意识理念，其中，必然有很多是超前性的。会引起投资业主的广泛兴趣。由此，给设计者和施工者更多的创新劲头。在这当中，也必然会出现意识超前的理念，每当得到广泛信任和充分肯定时，又会调动广泛的积极性，他们会自发地发挥着主观能动性。这样，便形成很好的良性循环，意识超前的理念，便像雨后春笋般地涌现出来，使得行业发展得更快更成熟，更有利于城镇化建筑和人们生活的变化，也有利于行业在社会地位的特殊作用。

与此同时，在投资业主或使用者，对于公共建筑装饰装修行业的认识和理解越来越清楚后，对于自己所要进行出包或发包的工程，也会有着意识超前的理念。于是给承担工程施工的企业和施工人员，得

图 8-6　意识超前的必然

到启发和促进，从而又形成很好的公共建筑装饰装修新理念，给予行业和社会发展将造成极其活跃氛围和活泼有为的作风。这样，又会形成创新之风盛行，推动着行业向更高水平进步。如图 8-6 所示。

三、意识超前的迫切

时不待我，我不待人。做公共建筑装饰装修工程，必须有着意识超前的迫切性。不然，赶不上时代发展和现代人生活、工作及学习需求节奏的。便会显得很被动，不是从事公共建筑装饰装修行业者的作风。本来，这个行业的兴起，便处在一个高起点、快节奏和好时代中，是现代经济发展和时代进步，给这个兴新行业迅猛发展的机会，有着良好的基础和紧迫的要求。面对着快速进步的时代，没有理由不加快步伐，不发展和不进步的。有着意识超前的迫切感，才是可取可求的作为。

要有意识超前的迫切感，不是被动和无奈，却是主动和积极寻求的。时下，中国特色社会主义市场经济还处在一个不很成熟和摸索阶段中。但是，作为一个新兴的行业，很快进入这个环境中，不应当处于被动和落后的状况，而应当积极主动出击迫切地自我进行意识超前的准备，是值得倡导和赞许的一种好作为。这

种作为还不能是一时兴起和短暂的兴趣，必须有着长时期性思想和行动要求，稍有一点松懈，对整个行业或企业及从事这一职业者，都是很不利的，必须清醒地看到和意识到。

意识超前的迫切感，不仅仅是思想上的，还应当是行动上的。在每经历一个阶段后，必须得总结出很好的经验，并在这个基础上制定出新的规划和要求。例如，公共建筑装饰装修的辅助业发展，就容不得意识停滞，更不要不跟上新材涌现的节奏，必须时刻有着超前意识在督促着自己。

由于是市场行为，竞争显然是激烈的，没有资格和面子可言，必定是要处在"风口浪尖"上作为。像智能化、电气化和自动化，在科技飞速发展中，不需要很长时间便能实现。这样，也就迫切地要求意识超前，才能适应的。不允许存有侥幸和等待心里。稍不留神，便会与之失之交臂，错过良机，再要抓住，会多费上千百倍的努力，则显得很没有必要。时刻有着意识超前的准备，就不会出现一步被动，造成步步被动的状况。

有着意识超前，才会有"用武之地"。这是由有着充分的思想准备和良好的行动给予的方便。也是自身对时刻变化着的情况，做到洞察秋毫的效果。时代进步和科技的飞跃，对于公共建筑装饰装修行业促进和发展，是难以估量得到的。由于时刻有着意识超前的准备，也许同行业的变化不会相差太远。如果不是这样，可能会出现差之毫厘，失之千里的状况，显然对自身所处的企业和个人职业发展是很不利的。必须以急迫的心理和意识超前的思维准备着。

世间事物发展就是这样，有无意识超前准备是大不同的。有着意识超前准备和行动者，对待即将发生的状况，便会胸有成竹，应付自如，而没有这种思想准备者，则会感到心中无底。当情况发生时，才忙于应付，还会出现各种问题，是不利于自身事业发展和进步的。俗话说：不怕一万，就怕万一。从这个角度上要求。也需要有着意识超前的准备和行动的。

对于如何才能做到意识超前，不少人感到束手无策。一般地说，应当有着灵敏的信息感触和迅猛的反应。意识大多是从总结现实经验上捕捉到，不是无中生有的。例如，从智能化感觉到自动化意识；从低碳生活感觉到环保意识；从新型材料上感觉到"重装饰，轻装修"意识等。正如人们常说的"世上无难事，只怕有心人。"只要有着敏感度并做有心人，便能从自身经历的工作实践上，感觉到别人感受不到信息，能将收集到的信息，经过认真分析和仔细辨别，便能做到去粗取精，去伪存真，由表及里，意识也就形成了。况且许多的意识是别人没有感觉到的。这样，便会比别人在职业和行业的某些方面能得到主动权，对自身从事的公共建筑装饰装修工作，会有益无害的。假如长久性地能做到这样，还能善于总结经验，便有可能在行业中，独占鳌头，在竞争中，稳占一席之地。

第七节　注重多元并举的趋向

多元，即指事物发展到一个很丰富的境界，便有了多种分类和多种行业。而多元装饰装修，即指使用多种装饰装修元素。这些装饰装修元素融合得十分自然，呈现出一个温馨而迷人的空间氛围。在现行的公共建筑装饰装修工程中，出现的多元装饰装修做法和多行业及多个手段、途径一起应用的状况，是值得广泛关注和把握好的。否则，将给从事这一职业者带来意想不到困难和难以估量到的麻烦。因而，注重多元并举的趋向是不可回避的。

一、多元并举的到来

多种装饰装修元素，在公共建筑装饰装修工程施工中，应用已越来越广泛。同时，为一个工程环境的改善，还有着多个行业参与进来的可能，致使工程施工，不再局限于建筑装修的范围，却是扩大到多元并举，完全显示出现代手段的气息和现代人做公共建筑装饰装修工程的风格。这是一个新的动向，必须引起广大从业者高度关注，应当适应新的公共建筑装饰装修的做法。

过去，做一个公共建筑装饰装修工程施工，主要是泥、木、漆工种唱主角，虽然现在还离不开这些工种的施工，将来能不能离开，却不得而知。从笔者参与的多个大型公共建筑装饰装修工程施工中，就经历了多个行业和多工种同时参加工程施工的情况。像专业性很强的机电行业中的安装人员，玻璃幕墙安装的专门打胶人员，石材干挂的专业人员，管道铺设的专业人员，强弱电施工专业人员，以及园林种植人员等，都与泥、木、漆施工人员不相干。各专业人员的专业性很强，不是随意可以替代并参与施工的。作为承担工程管理的项目经理和施工员，不再是泥、木、漆的组织施工这么直接，需要成为多行业和多工种施工的行家里手。

从多行业和多工种同时参与一个公共建筑装饰装修工程施工来看，很能说明现代和将来的公共建筑装饰装修工程的施工，也不是那样简单和轻松，有着多种类和多因素。例如做一个综合性大商务楼装饰，参与工程施工的有多工种和多行业，都是为着改善室内外的使用条件服务。强弱电使用，表面上同公共建筑装饰装修没有多少关系，实际上却有着很多的联系，甚至成为一个系统组织，与工程竣工验收的照明、引导牌和安全监控及卫生间的盛应装置等，都是同公共建筑装饰装修工程施工密切相关，只是行业工种不同，显示出多元并举的状态。

如果延伸到公共建筑装饰装修工程竣工后使用的配饰工程，同样也显示出多元并举。有给公共建筑装饰装修工程室内外空间配饰布艺、家具和植物的，有给工程使用电梯、扶梯和生活经营的煤气管道、送风管、空调管、落水管、进水管、消防管、风幕机和扶手栏杆等，都是各不相同专业，围绕着完善公共建筑装饰装修工程使用服务的，缺一不可。缺一则达不到现代公共建筑装饰装修工程竣工后的使用要求，更不要说达到将来使用目标。

随着城镇化建设和人们生活要求的提高，对公共建筑装饰装修工程标准也相应地会提升。于是，仅停留在泥、木、漆工艺技术施工标准显然是不够的。必然要扩大到更多的行业和工种上。例如，应用于公共建筑装饰装修的包装工艺技术，便有着专业性很强的加工业为之服务。如果没有专业性加工业，只在现场加工是做不到的。不但从工艺技术上做不到，而且加工出来的质量效果相差很远。还有很明显的家具一条龙服务，也是依靠专门加工企业加工成批件，再运输到现场组装成型的。天然材料套装门也是如此，从零星材料加工成批件，再将批件运输到现场组装成套装门。套装门也不是在现场施工能完成的。

多元并举，是现代或将来承担公共建筑装饰装修工程施工，完成作业达到竣工使用目的必然手段了。公共建筑装饰装修工程施工使用的现代材料和要达到现代人使用目标，特别是实现环保健康这一标准，都是由多行业和多工种实现的。例如，改善室外环境的工程施工上，装饰装修工程施工的泥、木、漆工种，可进行庭院、小桥和道路的施工。如果要提升环境品位，便要扩大到园林工艺、修造假山及种植花草树木等，才能完成工程，达到使用的目的。特别是城镇化建设中强调"亮化"工程，使需要懂得灯饰布局和装点的人员来完成。

作为承担一个大型或综合性公共建筑装饰装修工程的企业，要使工程施工做得令投资业主满意，必须要应用多元并举的方法。这种施工做法，已经在现行的大型公共建筑装饰装修工程施工中，得到普遍应用，并在逐渐地扩展开。对于这样的状况，应当很清楚，不能够视而不见，听而不闻，需要认真扎实地总结经验，才有利于把公共建筑装饰装修工程做得符合现代人和现代社会的需求。

二、多元并举的优势

多元并举在公共建筑装饰装修工程施工中的优势，是显而易见的。主要体现在加快了工程施工进度，提高工程质量，降低安全隐患，提升风格特色品位并适应了现代城镇建设发展要求，符合低碳生产和环境保护理念，为将来行业进步打下了良好基础。因而，充分地认识到这种优势，把其运用好。

由于现代公共建筑装饰装修辅助行业的迅猛发展，给工程施工的大量用材、造型用材和局部、细部及面部用材，都能做到应有尽有，能满足工程施工要求，带来诸多方便。即使是泥工工序造型，就有拼着造型、整体造型和特殊造型等，既有仿型材料，又有专门性造型，给施工提供很大的方便，达到满意效果。虽然天然木材很有限，但是，各种人造材料和仿型材料，对于工程施工提供了很大的方便性。许多木制仿型材料都是专业加工企业生产出品的,施工现场只要照葫芦瓢,便能到达设计造型要求。尤其是依据现场公共建筑装饰装修工程施工需要,给工程某个工序进行包装或套装的配件,不需要在现场运用人工加工,只要将设计图纸交给专业性加工企业,便能在很短的时间内加工出来。不但加工工艺技术好于现场加工,而且质量和美观也好于人工加工的,完全符合设计标准,还缩短了现场施工时间,保证了公共建筑装饰装修工程的效果。

针对专业加工企业出品的公共建筑装饰装修配件,按照工艺技术标准装配到现场的工程部件,减去了不少加工时间和施工工序,其装饰装修质量完全得到保证。例如,在一个大型的商业场所,土建施工留下几十个天井,需要装饰装修工序给予装饰。如果应用以往的施工方法,逐渐地在现场加工材料和配装,其进度是很缓慢的。无论应用木材板还是金属板配装,都需要做面部涂饰,便会延长装饰装修施工时间。然而,工程施工人员采用送图到专业加工企业出品配件,现场配装的做法,缩短了一半的施工时间,还保障了工程施工质量和安全。

因为,应用专业机械和专业加工配件,比人工加工出来的,不但从外表上显得美观整洁,而且从材质内部损害程度,都能保证了良好的状态,结构和材质未受到任何的损害。以往的公共建筑装饰装修工程施工,采用现场由人工加工出配件后组装成功的。虽然也能完成承担的工程施工任务,却存在加工配件时间长,质量无保障,表面显粗糙等不利状况。如今,采用专业企业加工配件,既不受时间和气候条件等局限,又能呈现出机械加工的优势,还能保障加工件的质量和外表美观。应用于现场装配比人工加工配装要好得多,能充分地体现出装饰装修风格特色。如果在设计上能显示出特征,其施工质量和特色品位则用不着担忧。过去,往往担心配件加工不出和存在质量问题,如今有了多元并举的状况,再也不用担忧。从某个角度上,应用多元并举的做法,公共建筑装饰装修工程质量和安全,也得到很好的提升。

由于全国各地城镇化建设加快,或多或少会影响到自然和社会环境便提出公共建筑装饰装修工程施工,实施低碳作业和环境保护的理念。如果每个工序和配饰加工,仍然实行现场解决,显然做不到保护环境,还会影响到大气层和人们的生活质量。有了多元并举的做法,特别是要求室内外多种植树木花草后,给工程施工和改善环境带来了很大的方便性。本该在现场处理扬尘噪声和空气污染及表面环境的问题,均因有了多元并举的做法,得到了极大的改善,显然是有利于城镇环境保护的。

这种多元并举的方式,将随着科技发展和社会进步得到进一步增强,其优势还会得到不断的显现。作为从事公共建筑装饰装修的企业和职业者,应该首当其冲,充分地运用这一优势,发挥其有效作用,为自身从事的职业和促进城镇化建设服务,把公共建筑装饰装修工程施工做得更好,更有利于人们生活质量的提升。

三、多元并举的前景

明确和清楚了多元并举的诸多优势,则一定要很好地运用其优势,为发展和做好公共建筑装饰装修工程发挥更大的作用。展望其前景是风光无限和前途更好。主要体现这样几个方面。

一是有利于公共建筑装饰装修行业的开发。对于多元并举方法的前景,首先要看对公共建筑装饰装修行业及其相关行业的开发,是有利还是无利,是极其重要的。如果对行业和其相关行业开发有利,多元并举的做法前景,便是风光无限,必须看好和抓好,为做好公共建筑装饰装修工程发挥出更大的作用。由于科技进步和市场经济的形成,致使做好一个公共建筑装饰装修工程,特别是做好一个大型或综合式工程,不再像以往完全依靠人工和比较落后的施工方式作业,至少可以发展到运用机械化,或电气化等作业方式。这样,不仅仅使公共建筑装饰装修工程施工,得到好的发展和提高,减轻了人们的劳动强度,更重要的是促进多种相关行业的进步。因为,各相关行业,为适应公共建筑装饰装修工程作业,必然要进行许多的改进和改革。同时,还要开发出新方式、新型材料和新作为来。不然,便不能达到适应要求,达不到多元并举效果,不会被看好。因而,只有开发和发展到同公共建筑装饰装修行业工作紧密相连,非常适应、适宜和适用,才能有着其美好的前景。例如,同公共建筑装饰装修行业密切相关各辅助业,其开发和发展必须是围绕着进行的,更适应、适宜和适用于公共建筑装饰装修工程施工的工艺技术要求,便会得到广泛的运用和推广,达到多元并举的要求。否则,便不能成为多元并举性。

二是有利于城镇化建设和就业的需求。由于公共建筑装饰装修行业是为城镇化建设服务的。应用多元并举方法作业,加速了公共建筑装饰装修行业的发展,提升了工程施工质量和特色品位,也使得城镇化建设效果进一步增强,人们的生活质量得到很大改善。这样,随着城镇化建设需求,促进了公共建筑装饰装修行业及其相关的开发和发展,也就有了就业的机会,让更多热爱和热心公共建筑装饰装修行业及相关行业的青年,踊跃地参与进来,增添其新活力和新的成分,形成良性循环,致使多元并举方法得到开发,其前景会明显地体现出来。如今,在公共建筑装饰装修工程施工上,形成多元并举方式还不是很明显和广泛,只要其优势得到多方面开发和发展,一定能被人们广泛青睐,其前景是不言而喻的。

三是有利于经济建设的开拓和发展。公共建筑装饰装修是一个新兴的行业,又能很快地形成多元并举的方法进行作业,致使其行业和相关行业得到开发和发展。由此,建立在科技发达基础上的公共建筑装饰装修行业和其相关行业,便会很快地发展起来，形成很大的优势后，显然对社会经济建设的开拓和发展，也会形成有形或无形势力带动起来。反过来，经济建设和科技的发展，又会提升城镇化建设速度，给公共建筑装饰装修行业及相关行业又带来生机。如果能形成很好的良性循环，便能促进整个社会经济的开拓和发展，给多元并举方法带来意想不到的机会，其前景是不可估量的。

四是有利于加快智能化和自动化的进程。由于实施多元并举的方法，显然对公共建筑装饰装修工程施工带来很大方便，也有了很大的进步。然而，其施工仍以手工操作为主，特别是在现场组装作业的手工劳动成分还很大，即影响到公共建筑装饰装修工程施工进展速度，又始终让施工处于一种繁重的体力劳动之中，显然不符合解放生产力和促进生产力的发展要求。因而，只有加快电气化、智能化和自动化的发展，提高公共建筑装饰装修工程施工成型材的效果，才有利于公共建筑装饰装修工程施工现场的作业，不再是以人工为主的体力操作，有利于电气化和自动化的作业。这样的多元并举的施工方式才会让更多的人感兴趣，只身投入公共建筑装饰装修行业，才有可能使这个行业兴旺发达起来。

注重多元并举的趋向，要充分地发挥其有利于公共建筑装饰装修行业开发和发展积极有用的一面，克服其消极无用一面，多进行自主创新，致使加工配件和现场组装施工，能有着智能化和自动化逐步地参与进来，却不能总停留在由机械化或自动化加工配件，仍由人工现场组装或配装这样一个多元并举的水平上，停步不前，显然是不完善和不合理的。只有智能化和自动化也进入现场参与施工，才是多元并举方法真正形成。